황금 역사와 분포지를 알면
누구나 금을 채굴할 수 있다

대한민국

발간사

지질학과를 졸업하고 공기업에 입사해 34년 동안 금, 은, 동, 연, 아연, 철, 몰리브덴, 중석, 희토류, 석회석, 규석, 고령토 등 다양한 광물자원을 탐사해 보았습니다. 여러 종류의 광물 중 금(金)과 은(銀)은 탐사하기 쉽지만, 또한 탐사하기 까다로운 광물 중 하나였습니다. 다른 광물들과는 달리 현장에서 금(金)과 은(銀) 광맥을 확인하여도 그 속에 금과 은이 있는지 없는지 눈으로 직접 확인하기 어렵기 때문입니다.

금과 은은 여러 광물 중 가장 많이 등록된 광물의 하나로 사람들의 관심이 많은 광물이기도 합니다. 많을 때는 전국 방방곡곡에 금광이 있었다 해도 과언이 아닐 정도였습니다. 그렇지만 그 광산들이 언제부터 개발되었는지를 물어보면 잘 모릅니다. 1960~70년대에 개발된 금광들은 여러 곳에서 자료를 확인할 수 있지만, 그 이전 일제강점기와 조선시대, 고려시대, 삼국시대의 금에 대한 기록을 찾는 건 불가능했습니다. 역사를 공부하는 분들이나 사극을 만드는 방송사도 왕조의 탄생이나 전쟁, 정치, 사회적인 사건 또는 왕실에서 일어난 사건을 위주로 다루고 있고, 또 실록이 어려운 한자로 되어 있어 사실상 금에 대한 역사 기록을 찾는 것은 거의 불가능하였습니다.

그렇지만 최근 국사편찬위원회가 실록과 일제강점기 기록을 많이 정리해 일반인도 쉽게 접할 수 있도록 한국사 데이터베이스를 만들어 제공하고 있기에 금에 대한 기록을 많이 찾을 수 있었습니다. 지질학을 공부하고 수많은 금광을 탐사해 봤기에 금에 대한 역사 기록을 찾아보지 않을 수 없었고, 찾아보면 볼수록 신세계가 아닐 수 없었습니다. 그래서 금에 대한 기록을 발췌해 정리하기 시작했고 이를 책으로 발간해 많은 사람이 볼 수 있도록 해야겠다고 생각하게 되었습니다.

황금에 대한 전반적 흐름을 담기 위해 기록을 있는 그대로 가져와 실었으며 저의 의견은 최소화했고, 황금과 함께 지질학적으로 의미가 있는 사건과 광산 기록들을 함께 볼 수 있도록 구성하였습니다. 그리고 평소 많은 사람이 궁금해하던 우리나라의 황금 분포 지역을 모두 정리해 수록하였으며, 금맥 사진을 함께 첨부해 금에 대한 지식을 높일 수 있도록 하였습니다. 그리고 최근 금값의 상승과 맞물려 사금을 탐사하는 분들에게 즐거운 취미 생활이 되기를 바라는 마음에서 구(舊)광산 금광맥의 하류 하천이나 충적층 위치도 새롭게 정리해 수록했습니다.

여러 곳에서 부족한 부분이 많을 것입니다. 이 책의 출판을 계기로 황금에 대한 새로운 논문이나 여러 학설이 탄생하길 바라며, 역사학이나 지질학, 자원공학을 전공하는 사람들과 금광산(金光山)을 경영하거나 개발하려는 분들을 비롯해 황금(黃金)을 사랑하는 많은 독자 여러분이 소설처럼, 보물을 찾는 것처럼 재미있게 읽는 책이 되기를 바랍니다. 이 책이 출판될 수 있도록 사진을 제공해 주신 분들과 18분의 자문위원님, 한국금거래소 대표님과 관계자를 비롯해 출판사 여러분, 그리고 역사 기록을 정리하여 국민들이 쉽게 볼 수 있도록 해 주신 국사편찬위원회 여러분께 깊은 감사를 드립니다.

2024. 10. 31

신종기

추천사

박맹언
전 부경대학교 총장

인류가 처음으로 금을 이용한 시기는 분명하지 않으나, 기원 4700년~4200년에 조성된 유럽의 네크로폴리스 무덤과 조지아 유적지에서 금 유물이 발견되고, 인도에서 기원전 2세기 전부터 금을 채굴하여 오늘날까지 생산하고 있는 것으로 볼 때, 그 역사가 매우 오래됨을 알 수 있습니다.

인류 역사를 통하여 금의 생산과 가공 기술은 인류 문명과 삶을 창조적으로 발전시키는 원동력으로서 국력을 가늠하는 중요한 잣대가 되어 왔습니다. 금의 역사에서 빅토리아 시대와 클론다이크를 비롯해, 19세기 미국의 캘리포니아와 같은 세계적인 대규모 골드러시는 금을 향한 인간의 욕망을 보여주는 한 단면이기도 합니다.

'우리나라 황금 2천 년의 역사'를 다룬 이 책은 삼국시대, 고려, 조선과 더불어 일제강점기와 해방 이후의 현대에 이르는 각종 금에 대한 기록이 담긴 삼국사기, 조선왕조실록, 중국의 위서 동이전(魏書 東夷傳), 진한서, 삼국지와 일제강점기 동안의 조선총독부 문헌, 삼천리 잡지의 내용 등을 중심으로 집대성하였습니다. 또한 우리나라 역사 기록에서 금의 생산과 이용에 대한 다양한 기록뿐만 아니라, 금광의 지질학적인 기원과 생성 환경에 대한 학술적인 내용을 총망라하여 담고 있습니다. 그러므로 이 책은 우리나라 역사에서 금에 대한 가치와 금 문화의 발전을 이해할 수 있는 중요한 자료집인 동시에 역사책으로서의 성격을 지니고 있다고 생각됩니다.

이 책의 저자는 지질학을 전공하고 한국광물자원공사에서 자원 탐사와 개발에 헌신해 온 광물자원탐사 전문가로서, 새로운 유형의 자원 탐사를 위한 탁월한 분석력을 지닌 지질학자일 뿐만 아니라, 자원지질학계에서 간과해 왔던 우리나라 금광에 대한 다양한 역사 자료를 수집해 온 분입니다. 저와는 오랜 기간 태백산 광화대의 스카른형과 칼린형 금광상 조사를 위해 함께 땀 흘리며 산야를 누볐던 분이기도 합니다,

이 책을 통하여 우리는 가야인이 금으로 여긴 것은 금(gold)이 아니라 쇠(철)였고, 금을 쇠와 구별하여 따로 황금이라고 한 것을 알게 됩니다. 삼한시대의 금제 유물 출토를 비롯하여, 고려 충렬왕 시대의 금 채굴과 세공품을 만드는 관서, 그리고 최근까지 금을 캐던 천안의 직산금광(稷山金光)이 이미 고려의 기록에 등장하는 것은 우리의 긴 황금의 역사를 보여준다고 하겠습니다. 그 외에 고구려 유리왕이 상으로 황금 30근을 하사한 내용, 신라의 일성이사금이 백성의 금 사용을 금지한

기록은 대규모의 금 생산과 사용이 대중화되었음을 알려주며, 일본에 광업 기술을 전한 백제의 우수한 기술을 추측할 수 있는 부분입니다. 그러나 조선시대에 중국의 강제 금 공출로 인해 금 채굴이 금지되어 금광업이 쇠퇴하고, 결국 일본에서 금을 수입하는 상황에 이르는 것과 일제강점기 때 우리나라에서 수탈해 간 전체 금의 무게가 400톤이 넘는다는 내용은 우리의 안타까운 역사를 되돌아보게 합니다.

이 책을 통해서 고구려와 백제의 많지 않았던 금 유물이 세계적으로도 유례가 없을 정도로 신라의 유적에서 많이 출토되어 '황금의 나라'로 불리는 그 많은 금의 출처를 찾고, 또 지금까지의 문헌자료에서 확인되지 않은 고대 우리나라 금의 산지를 찾아내는 새로운 연구의 출발점이 되기를 바랍니다. 이 책은 금과 관련된 역사를 연구하는 전문가뿐만 아니라, 금 문화에 관심이 큰 일반 독자에게 찬란했던 우리나라 황금 문화의 역사를 되돌아보는 새로운 계기가 될 것입니다.

책의 출판을 진심으로 축하드리며, 최근 정년퇴임을 한 저자가 이렇게 짧은 기간에 방대한 우리나라 금의 역사를 총망라한 열정과 수고에 경의를 보냅니다. 특히 올해는 지질학 분야의 올림픽으로 불리는 '제37차 세계지질총회'가 우리나라에서 처음으로 열린 해여서 이 책의 발간은 더욱 뜻이 깊다고 생각됩니다.

추천사

송종길
(주)한국금거래소 대표이사

대표적인 안전자산인 금값은 연일 사상 최고치를 경신하고 인류의 아프리카 기원 이래 반짝이는 금에 대한 관심도와 투자심리는 그 어느 때보다 뜨거운 시기로 기원전 11년부터 현재까지의 대한민국 '황금'을 집대성한 이 책의 출판은 금에 관심 있는 모든 분의 길잡이가 되어줄 것이라 확신하며 널리 알리고 싶은 간절한 마음 담아 적극 추천하고자 합니다.

세상의 모든 것은 흔적의 발자취가 있고 지나온 역사적 관점으로부터 교훈을 찾을 수 있어 금 투자 또한 역사적인 사이클을 안다면 투자 시점, 방법에 대한 방향성을 알 수 있습니다.

신종기 저자님이 대한민국 황금 2천 년 역사를 집필한다는 소식을 듣고 귀금속 업에 종사하는 한 사람으로서 금의 역사를 제대로 이해할 수 있는 좋은 책이 되었으면 좋겠다고 생각했는데, 역시나 기대에 부응하여 알지 못했던 사실들을 전문적인 영역까지 하나하나 알게 되면서 명쾌한 해답을 찾을 수 있었고 특히, 우리나라 황금 분포지와 사금 유망지 공개 부문은 사금 채취 동호회 및 전문 유튜버들께는 황금 백과사전이 될 것입니다.

금값의 장기적인 우상향 가능성이 커짐에 따라 자산가들을 중심으로 안전자산 선호 심리는 지속될 것으로 전망되며 러-우크라이나 전쟁, 이스라엘의 가자지구 전쟁, 미국의 막대한 부채, 미국 연방준비은행의 금리 인하, 신흥국 중앙은행들의 탈달러화 목적에 다량의 금 매수 영향 속에 금값은 2024년 최고치를 경신하며 향후 온스당 3,000달러가 전망되는 등 금값의 우상향은 이제 막 시작되었다고 전문가들은 지적하고 있습니다.

미국의 지질조사국에 따르면 전 세계 금의 총 매장량은 244,000톤이며 채굴된 양은 192,000톤, 잔존 매장량은 52,000톤으로 매년 수요량 약 4,800톤 대비 11년 내 고갈되며 매년 채굴량 평균 약 3,500톤 대비해서는 15년 내 매장량은 고갈될 수 있다고 하여 금의 희소성은 금값 상승 요인으로 작용할 것입니다.

역사가 증명하듯 승자는 언제나 금이었고 자국 이익 중심의 냉전시대로 회귀하는 듯한 지금의 글로벌 환경은 사람들로 하여금 안전자산인 금을 더 선호하게 할 것으로 보이며 디지털 대전환기 고성능 전자제품에 금 소재를 더 많이 사용하게 할 것입니다.

영원불변의 가치 황금, 그 역사를 다룬 이 책은 여러분께 황금 나침반이 될 것입니다. 감사합니다.

CONTENTS

제3부 황금 탐사 방법

제1부

황금의 역사

기원(紀元) 전후(前後) 기록

우리나라에서 금은(金銀)을 사용한 최초의 기록은 〈삼국지(三國志)〉 위서(魏書) 동이전(東夷傳) 한(韓) 편에 '불이금은 금수위진(不以金銀 錦繡爲珍)'이라는 문장에서 찾아볼 수 있다. 이 말은 '구슬을 귀하게 여겨 옷에 꿰매어 장식하기도 하고 목이나 귀에 달기도 했지만, 금은과 금수(錦繡-비단)는 보배로 여기지 않았다.'라는 뜻으로 금과 은보다는 구슬을 더 귀하게 여겼으며 금과 은이 많이 사용되지 않았다는 것을 보여주고 있다.

또 같은 책에 철(鐵)에 대한 기록이 나오는데 '변진(弁辰)에서 철(鐵)이 생산되며, 한(韓), 예(濊), 왜인(倭人)들이 모두 와서 사 간다. 시장에서의 모든 매매는 철(鐵)로 통용되고 있어 마치 중국에서 돈을 쓰는 것과 같으며, 낙랑과 대방의 두 군(郡)에도 공급했다.'라는 내용이 있는데, 당시에는 철이 화폐나 칼 또는 창을 만드는 재료로써 변진으로부터 여러 나라가 수입해 사용했다는 것을 알 수 있다.

또 다른 기록은 김원룡의 〈한국문화의 기원〉이라는 책에서 찾아볼 수 있는데, 삼국시대에 신라가 낙랑(樂浪)과 대방(帶方)을 통해 금의 채집과 가공기술을 배웠으며 신라의 귀걸이 형식이 낙랑의 것과 비슷했다는 기록이 있고, 서기 3세기경 낙랑이 멸망하고 신라의 영토가 북쪽으로 넓어지자 낙동강 상류에서 금은(金銀)의 채집(採集)이 성행했다는 기록도 있다.

〈삼국지〉 위서 동이전 부여 편에 '대인(大人)은 그 위에다 여우, 삵괭이, 원숭이, 희거나 검은 담비 가죽 등으로 만든 갑옷을 입었으며, 또 금은으로 모자를 장식하였다.'라는 내용이 있다. 또 '부여 사람들은 가축을 잘 기르며, 명마와 적옥(赤玉), 담비와 원숭이 가죽 및 아름다운 구슬이 산출되는데 크기는 산조(酸棗-대추)만 하다. 활, 화살, 칼, 창을 병기로 사용하며, 집집마다 자체적으로 갑옷과 무기를 보유하였다.'라는 내용도 있다.

부여 구슬(기원전 2세기)

부여에서 금은을 모자 장식용으로 사용했으며, 한나라에서 금은보다 구슬을 더 좋아했다는 것과 부여에서 대추 크기 정도의 구슬, 즉 마노로 추정되는 구슬 같은 돌이 산출되어 이를 사용했다는 사실들을 볼 때 삼한시대에는 금은을 많이 사용하지 않은 것으로 해석할 수 있으며, 창이나 칼과 같은 무기를 만들기 위해 철을 생산해 주변국이나 일본에 수출했었다는 것을 알 수 있다.

삼한시대로 부를 수 있는 부여나 낙랑군, 대방군의 역사는 그 시작 시점이 분명하지 않으며, 멸망 시점은 삼국시대와 함께하기 때문에 정확히 역사의 선후를 결정하기는 어렵다. 또 황금에 관한 기록도 정확히 몇 년도의 기록이라고 나와 있지 않아 황금의 역사 기록으로 확정할 수 없다. 다만 이 시절에는 황금에 대한 사람들의 관심이 그렇게 많지 않았지만, 황금을 사용하고 있었다는 것은 분명히 알 수 있다.

삼국시대

삼국시대 금은에 관한 기록은 〈삼국사기〉 고구려 본기, 백제 본기 및 신라 본기 등에 잘 나타나 있다.

:: 고구려

〈삼국사기〉 고구려 본기에서는 기원전 11년(유리왕 3년) 4월에 유리왕이 선비를 계책으로 굴복시킨 부분노에게 상으로 황금 30근(18kg)과 좋은 말 10필을 주었다는 내용에서 처음으로 황금 기록을 찾을 수 있으며, 그다음은 중국의 〈삼국지(三國志)〉 위서(魏書) 열전(列傳) 고구려 편에서 '해마다 10월이 되면 하늘에 제사를 드리는데 나라 사람들이 모두 다 모인다. 공식적인 모임에서 모두 수를 놓은 비단옷을 입고 금은(金銀)으로 치장을 한다. 쭈그리고 앉기를 좋아하고 밥 먹을 때는 조궤(俎几-제사용 그릇)를 사용한다. 키가 석 자쯤 되는 말이 나는데 옛날 주몽이 탔던 말이라 하며 그 말의 종자가 과하마(果下馬)이다.'라는 내용이 있다.

또 〈삼국사기〉 고구려 본기에는 504년(문자왕 13년) 4월에 예실불이 북위에 사신으로 가 황제를 알현하고 말하기를 '소국은 정성껏 대국과 관계를 맺어 여러 대에 걸쳐 지극한 정성으로 우리 땅에서 나는 토산물을 조공하는 데 허물이 없습니다. 다만 황금은 부여에서 나고, 가옥(珂玉-하얀 옥)은 섭라(涉羅)에서 생산되는데, 부여는 물길(勿吉-나라 이름)에 쫓기는 바가 되었고, 섭라는 백제에 병합되는 바가 되었습니다. …(중략)…'라는 기록이 있는데, 〈삼국지(三國志)〉 북사(北史) 열전(列傳) 고구려 편에도 유사한 내용으로 '고구려는 하늘과 같은 정성으로 여러 대에 걸쳐 충성하여 땅에서 나거나 거두어들인 것은 조공에 빠뜨리지 않았습니다. 다만, 황금은 부여에서 생산되고, 주옥은 섭라의 소산물인데, 지금 부여는 물길(勿吉)에 쫓김을 당하였고 섭라는 백제에 병합당하였습니다. …(중략)…' 라고 되어 있는 것을 확인할 수 있다.

연가 칠 년 금동불 입상(539년)

이처럼 고구려에서의 황금 기록은 삼국시대 전체를 통해 가장 빠른 시기인 기원전 11년경 처음으로 나타나는데 황금을 상으로 주었으며 사람들 사이에서 장식용으로 많이 사용했지만, 고구려 지역에서는 황금이 많이 산출되지는 않았고 백제 지역에서 많이 산출되었다는 것을 알 수 있다.

:: 백제

〈삼국사기〉 백제 본기에 따르면 260년(고이왕 27년) 2월에는 품계에 따라 관복을 정했는데, 6품 이상은 자주색 옷을 입고 은 꽃으로 관을 장식하며, 11품 이상은 붉은색 옷을 입고, 16품 이상은 푸른색 옷을 입게 하였다는 내용이 있다.

271년(고이왕 38년)에는 금화로 장식한 오라관(烏羅冠-관모)을 착용했다는 기록이 있는데, 유사한 내용으로 〈당서(唐書)〉에 '왕은 소매가 큰 자포(紫袍)에 푸른 비단 바지를 입고, 흰 가죽띠에 까만 가죽신을 신으며, 오라관(烏羅冠)에 금꽃(金花) 장식을 하였다. 군신들은 모두 비색(緋-붉은색)으로 옷을 입고 은 꽃(銀花)으로 관모를 장식하였다. 일반인들은 비색과 자색을 입지 못하였다.'라는 내용이 있다. 434년(비유왕 8년) 10월에는 '신라가 좋은 금(金)과 구슬로 답례하였다.'라는 기록이 있다.

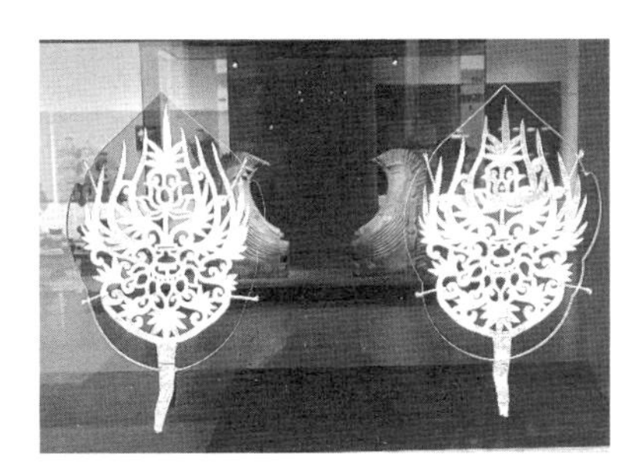

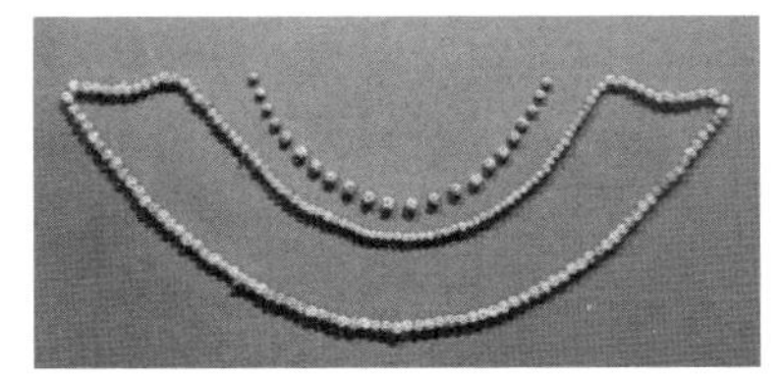

5세기 백제 무령왕 왕비의 관 꾸미개(상)와 금 구슬(하)

〈삼국유사〉에는 백제 무왕의 어린 시절 서동에 관한 기록이 전해지고 있는데, '함께 백제에 이르러 모후(母后)가 준 금(金)을 내어 장차 살아 나갈 계획을 의논하니 서동이 크게 웃으며 말했다. "이것이 도대체 무엇이오?" 공주가 말하기를 "이것은 황금이니 백 년의 부를 누릴 것입니다."라고 하였다. 서동이 말하기를 "나는 어릴 때부터 마를 캐던 곳에 황금을 흙처럼 많이 쌓아 두었소."라고 하였다. 공주는 이 말을 듣고 크게 놀라면서 말했다. "이것은 천하의 지극한 보물입니다. 그대가 지금 그 금(金)이 있는 곳을 아시면 부모님이 계신 궁전으로 보내는 것이 어떻겠습니까?" 서동은 "좋다"고 말하였다. 이에 금을 모아 언덕과 같이 쌓아 놓고, 용화산(익산시 북쪽의 미륵산)의 법사께 가서 금을 실어 보낼 방법을 물으니 법사가 말하기를 "내가 신통한 힘으로 보낼 터이니 금(金)을 이리로 가져오시오."라고 하였다. 공주는 편지를 써서 금과 함께 가져다 놓았다. 법사는 신통한 힘으로 하룻밤 사이에 신라 궁중으로 보내어 두었다.'라는 내용이 있다.

〈삼국사기〉에는 639년(무왕 40년) 10월에 '또 사신을 당나라에 보내 금제 갑옷과 조각한 도끼를 바쳤다.'라는 내용도 있다.

699년(효소왕 8년)에는 '신촌(충남 보령시 주포면 보령리 일대) 사람 미힐이 무게가 100푼인 황금 한 덩어리를 얻어 바치자, 남변(南邊-남쪽 변방) 제일의 관위(官位)를 수여하고 벼(組) 100석을 내려주었다.'라는 내용이 있다.

804년(애장왕 5년) 5월에는 '일본국이 사신을 보내 황금 300냥을 바쳤다.'라는 기록이 있으며, 882년(헌강왕 8년) 4월에는 '일본 국왕이 사신을 보내 황금 300냥과 명주 10개를 바쳤다.'라는 기록이 있다.

백제도 고구려처럼 금에 관한 기록이 신라처럼 많은 편은 아니지만, 백제 무왕의 어린 시절 일화나 충남 보령지역에서 주운 황금 덩어리에 관한 사례를 볼 때 당시 백제 지역에 사금이 산출되었으며, 금에 대한 가치도 현재와 같이 아주 높았다고 볼 수 있다. 또 고구려와 신라와는 달리 일본에서 조공 물품으로 황금을 보내온 것을 보면 일본도 금을 많이 생산해 왔음을 알 수 있는데 왕실에서 조공 물품으로 황금을 사용했다면 민간인들 사이에도 황금 거래가 상당히 있었을 것이라고 유추해 볼 수 있다.

:: 신라

신라에서 금에 대한 최초의 기록은 〈삼국유사〉에 처음 등장하는 김알지의 탄생 신화에 나오는데, 서기 60년 음력 8월의 기록을 보면 '영평 3년(후한 明帝 때 연호로 사용) 경신년 8월 4일 호공(瓠公)이라는 사람이 밤에 월성 서리를 가는데 시림(始林-계림을 말하는 것으로 탈해왕이 김알지를 이곳에서 얻은 후 계림으로 바꾸었다고 함)의 가운데 크고 밝은 빛이 있으며, 자색 구름이 하늘로부터 땅에 뻗쳐 내려온 것을 봤다. 구름 속에 황금 상자가 있는데 나뭇가지에 걸려 있고 빛은 상자로부터 나오며, 흰 닭이 나무 밑에서 울고 있었다. 호공이 이것을 왕에게 아뢰었더니, 왕이 친히 숲에 나가서 그 상자를 열어보고 사내아이가 누워 있는 것을 확인했는데, 누워 있던 아이가 바로 일어났다.'라는 내용에서 찾아볼 수 있다.

〈삼국사기〉 신라 본기에는 서기 144년(일성이사금 11년) 음력 2월에 영을 내리기를 '농사는 정치의 근본이며, 먹는 것은 백성이 하늘로 여기는 바다. 여러 주와 군은 제방을 수리하고, 완성하여 농사지을 들판을 넓게 개척하라.' 하였으며, 또 '민간에서 금은(金銀)과 주옥(珠玉-구슬과 옥)을 사용하는 것을 금하였다.'라는 내용이 있는 것으로 보아 평상시에도 민간에서 금과 은을 많이 사용했다는 것을 알 수 있다.

434년(눌지마립간 18년) 음력 10월에는 '왕이 황금(黃金)과 빛이 나는 진주를 백제에 예물로 보냈다.'라는 기록이 있는데, 이 기록은 백제 본기에도 나와 있다.

금동관(가야 4~5세기)

금관총 금동 물고기 장식(5세기)

금령총 금 허리띠(5세기)

황남대총 남분 금 사발(5세기)

황남대총 북분 금은(金銀) 굽다리 접시(5세기)

5세기 황남대총 금관(상)과
금 허리띠(하)

황남대총 북분 가슴꾸미개(5세기)

금령총 금 목걸이(6세기)

천마총 금관(6세기)

6세기 금 귀걸이(상), 금목걸이(중), 금팔찌(하)

574년(진흥왕 35년) 음력 3월에는 '황룡사(皇龍寺) 장륙상(丈六像)을 주조하여 완성하였는데, 구리의 무게가 35,007근이고, 도금한 금(金)의 무게가 10,198푼(分)이었다.' 한다. 이와 관련된 기록은 〈삼국유사〉에도 나와 있다.

> '큰 배가 하곡현 사포(河曲縣 絲浦-지금의 울주에 해당)에 정박하였다. 조사하여 보니 첩문이 있었는데 "서축(西竺-인도로 추정)의 아육왕(阿育王-Asoka)이 황철(黃鐵-구리로 추정) 5만 7천 근과 황금 3만 푼을 모아 장차 석가 삼존상을 주조하려고 하였으나 아직 이루지 못해 배에 실어 바다에 띄웠고, 원컨대 인연이 있는 나라에 이르러 장육존용(丈六尊容)을 이루어라" 하고, 아울러 일불이보살상의 모형도 실었다. 현(하곡현)의 관리가 장계를 갖추어 왕에게 아뢰니 사자를 시켜 그 현의 성 동쪽 시원하고 높은 곳을 골라 동축사(東竺寺-진흥왕 34년 573년에 창건)를 창건하고 그 삼존불을 맞아 안치하였다. 그 금(金)과 황철은 서울(당시 경주)로 옮겨와 대건 6년 갑오 3월(574년으로 추정)에 장육존상을 주성하여 한 번에 이루었다. 무게는 3만 5천 7근으로 황금 1만 1백 9십 8푼이 들어갔고, 두 보살에는 철 1만 2천 근과 황금 1만 1백 3십 6푼이 들어갔다. 황룡사에 안치하였다. …(중략)…'

또 이와 관련된 기록으로 〈삼국유사〉 별본(별책)에 '…(중략)… 남염부제(南閻浮提) 16대국, 500 중국, 1만 소국, 8만 취락을 두루 돌지 않은 곳이 없었지만 모두 주조하지 못하였다. 마지막으로 신라국에 이르자 진흥왕이 그것을 문잉림(文仍林)에서 주조하여 불상을 완성하니 상호가 다 갖추어졌다.'라는 내용도 있다.

진평왕 시절(재위 579~632년)에는 '지혜(智惠)라는 비구니가 있었는데, 새로 불전을 만들고자 하였으나 힘이 모자랐는데 꿈에 여선(女仙)이 나와 말하기를 "나는 선도산 신모인데, 네가 불전을 닦고자 하는 것이 가상하여 금(金) 10근을 보시하여 돕고자 하니 마땅히 나의 자리 밑에서 취하여 주존과 삼상을 장식하고 …(중략)…"라고 하니 지혜가 곧 놀라 깨어 무리를 이끌고 산사의 자리 밑에 가서 땅을 파서 황금 160냥을 얻었고 잘 따라서 완공하였다.'라는 내용이 있다.

648년(진덕왕 2년)에는 '이찬(伊湌) 김춘추와 그의 아들 문왕을 당나라에 보내 조공하였는데 …(중략)… 어느 날 (김춘추를) 연회 자리에 불러 사사로이 만나서 금(金)과 비단을 매우 후하게 주고 …(중략)…'라는 내용도 있다.

653년(진덕왕 7년) 음력 11월에는 '대당(大唐)에 사신을 보내 금총포(金總布)를 바쳤다.'라는 기록이 있으며, 680년(문무왕) 3월에는 '금과 은으로 만든 그릇과 여러 채색 비단 100단을 보덕왕(報德王) 안승에게 내려주고는 드디어 왕의 여동생을 아내로 삼게 하였다.'라는 기록도 있다.

668년(문무왕 8년) 10월에는 국원(國原) 사신 용장이 잔치를 벌여 문무왕과 여러 시종을 접대하는 자리에서 '15살인 간주의 아들 능안에게 등을 어루만지며 금잔(金盞)으로 술을 권하고 폐백을 꽤나 후하게 내려주었다.'라는 기록이 있다.

723년(성덕왕 22년) 4월에는 '당나라에 사신을 보내 과하마(果下馬-말) 1필, 우황, 인삼, 미체(美髢-머리카락), 조하주, 어아주, 매를 아로새긴 방울, 바다표범 가죽, 금은(金銀) 등을 바쳤다.'라는 기록이 있는데, 이와 유사한 내용으로 〈중국정사조선전〉 신당서(新唐書) 동이열전(東夷列傳) 신라 편에 '현종(玄宗-당나라 임금)이 이따금씩 흥광에게 서문금(瑞文錦), 오색라(五色羅), 자수문포(紫繡紋袍), 금은(金銀)으로 정련(精鍊)한 기물을 내려주니, 흥광도 이포마(異狍馬), 황금(黃金), 미발(美髮) 등의 여러 물품을 바쳤다.'라는 내용이 있다.

순금제 입상부처(692년)와
아미타 좌상(706년)

724년(성덕왕 23년) 2월에는 '새해를 축하하기 위해 김무훈을 당나라로 보내 조공했으며, 당나라가 김무훈 편에 비단 두루마기(錦袍)와 금대(金帶-금 허리띠) 및 채색 비단과 흰 비단을 합해 2,000필을 보내주었다.'라는 기록이 있다.

730년(성덕왕 29년) 2월에는 '왕족 김지만을 보내 조회하고, 작은 말 5필, 개 한 마리, 금 2,000냥(75kg), 두발 80량, 바다표범 가죽 10장을 바쳤다. 현종이 지만에게 태복경을 제수하고, 비단 100필, 자주색 두루마기, 비단으로 만든 가는 띠를 내려주고, 그대로 숙위하게 하였다.'라는 기록도 있다.

733년(성덕왕 32년) 12월에는 왕의 조카 김지렴을 보내 조회하고, 은혜를 베풀어 준 것에 사례하였다. '일찍이 황제가 왕에게 흰 앵무새 암

수 각 한 마리씩과 수놓은 자주색 비단 두루마기, 세공한 금은(金銀) 그릇, 상서로운 무늬가 있는 비단, 다섯 가지 색깔로 물들인 비단을 포함해 모두 3백여 단을 내려주었다. 금은 보물의 세공은 보는 이의 눈을 부시게 하였다.'라는 기록이 있는 것으로 보면 이 당시 금은 세공 기술이 상당히 뛰어났다는 것을 알 수 있다.

734년(성덕왕 33년) 4월에는 '왕의 조카 김지렴을 보내 은혜에 사례하고 작은 말 2필, 개 세 마리, 금 500냥, 은 20냥, 베 60필, 우황 20량, 인삼 200근, 두발 100량, 바다표범 가죽 16장을 바쳤다.'라는 기록이 있다.

738년(효성왕 원년) 2월에는 '왕이 당나라의 사신 형숙 등에게 금(金)으로 된 보물과 약물을 후하게 주었다.'라는 내용이 있고, 739년(효성왕 2년) 1월에는 '당나라 사신 형숙에게 황금 30냥, 베 50필, 인삼 100근을 주었다.'라는 기록이 있다.

752년(경덕왕) 음력 2월 〈삼국유사〉에는 '경덕왕이 그것을 듣고 궁 안으로 맞아들여 보살계를 받고 조(組) 7만 7천 석을 시주하였고, 왕후와 외척 모두 계품(戒品)을 받고, 견 5백 단, 황금 50냥을 보시하였다.'라는 내용이 있으며, 또 경덕왕(재위 742~765년) 때에는 철기와 유기에 관한 업무를 맡아 보던 철유전(鐵鍮典)이라는 관청을 축야방(築冶房)으로 고쳤다가 다시 철유전으로 환원하였다는 내용도 있는데, 당시에는 금은뿐만 아니라 구리와 철을 관리하는 정부 기관이 있었고 여기서 구리와 철 등을 제련했다는 것을 알 수 있다.

철은 4세기경 변한에서 생산해 일본과 낙랑군, 대방군 등 인근 지역으로 수출했다는 기록이 있는데, 변한에서 철을 생산할 수 있는 곳은 지금의 양산시 물금읍과 김해시 상동면 일대이고, 또 구리는 함안군 군북면 일대의 군북광산 등지에서 구할 수 있으므로 구리와 철을 동시에 다루는 축야방 또는 철유전을 운영할 수 있었을 것이다.

축야방(철유전)에서 만든 각종 철제품

5세기경에 신라에 투항해 멸망한 금관가야의 유물을 보면 금과 구리 또는 구리와 아연이 섞여 있는 금동제 또는 황동 제품과 철제 농기구나 병기가 많이 있는데, 이들을 만들 수 있는 원료 광물을 군북광산 주변과 양산 물금읍, 김해 상동면 일대의 철광에서 공급받을 수 있었기 때문에 가능했을 것이다. 후술하겠지만 군북광산은 1938년부터 1959년까지 금과 은을 생산했으며 1956~57년과 1964~77년에는 주로 동(銅)을 생산한 광산으로 금과 은을 비롯해 금이 포함된 구리원료를 공급할 수 있는 곳이고, 물금읍과 상동면은 물금철광과 매리철광이 있는 곳이다.

773년(혜공왕 9년) 4월에는 '당나라에 사신을 보내 새해를 축하하고, 금은(金銀), 우황, 어아주, 조하주 등의 토산물을 바쳤다.'라고 하며,

786년(원성왕) 4월에는 당에 사신을 파견하고 당나라 덕종에게 토산물을 보냈는데, 이에 대한 보답으로 '나금(羅錦-비단)과 능채(綾綵-비단) 등 30필과 의복 1벌, 은합(銀榼) 1개를 하사하니 도착하면 마땅히 수령하도록 하라. 왕비에게는 금채(錦采-비단)와 능라 등 20필과 금실을 눌러 수놓은 비단 치마 1벌, 은완(銀椀-은사발) 1개를, 대재상 1명에게는 의복 1벌과 은합 1개를, 차재상 2명에게는 각각 의복 1벌과 은완 1개를 보내니, 경이 마땅히 받아서 나누어 주도록 하라.'라는 내용이 있다.

806년(애장왕 7년) 3월에는 왕이 교를 내리기를 '새로 사찰을 짓는 것(佛寺)은 금지하고, 다만 수리하는 것만을 허락한다. 또 수놓은 비단을 사용하여 불사(佛寺)하는 것과 금은으로 그릇을 만드는 것을 금지한다.'라는 내용이 있으며, 810년(헌덕왕 2년) 10월에는 '왕자 김헌장을 당에 보내 금은 불상과 불경 등을 바치고 당 순종의 명복을 빌다.'라는 내용도 있다.

819년(헌덕왕 11년) 1월에는 '이찬 진원의 나이가 70세여서 궤장을 하사하였다. 이찬 헌정은 병이 들어 잘 걸을 수 없게 되었으므로 나이가 70세가 되지 않았지만 금장식 자단(紫檀) 지팡이를 하사하였다.'라는 내용도 있는데, 당시 70세가 되는 관리에게 금으로 장식한 박달나무 지팡이를 주었다는 것을 알 수 있다.

장흥 보림사 보조선사탑비(長興 寶林寺 普照禪師塔碑)에는 859년(헌안왕 3년) 2월에 '부수(副守) 김언경이 삼가 제자의 예를 행하여 일찍이 문하의 빈객이 되었다. 녹봉[淸俸]을 덜고 사재(私財)를 내어 철 2,500근을 시주하여 노사나불(盧舍那佛) 1구를 주조하여 선사가 머물던 사찰[梵宇]을 장엄하였다. 교서를 내려 망수택(望水宅), 이남택(里南宅)에서도 금 160푼과 조(租) 2,000곡(斛)을 함께 내어 장엄 공덕(功德)을 보충하게 하고 …(후략)…'라는 내용이 있으며, 또 삼국유사 1권에는 '신라의 전성시대에 서울 안 호수가 178,936호(戶) 1,360방(坊)이요, 주위가 55리(里)였다. 서른다섯 개 금입택(金入宅)이 있었으니 남택(南宅)·북택(北宅)·우비소택(亏比所宅)·본피택(本披宅)·양택(梁宅)·지상택(池上宅) …(중략)… 정하택(井下宅)이다.'라는 내용이 있는데 신라에는 금으로 장식하거나 금(金)장식이 들어간 호화주택이 있었으며, 이 주택을 보유한 사람에게 금을 거두어 사찰을 짓게 한 것으로도 보인다.

865년(경문왕 5년) 4월에는 '당나라 의종은 태자 등을 보내 선왕을 애도하는 제사를 지내고, 부의(賻儀)로 1,000필을 주었으며, 아울러 왕에게 관고(대나무 피리) 한 통, 의장용 정절 한 부, 비단 500필, 옷 두 벌, 금은 그릇 7개를 내려주었고, 왕비에게는 비단 50필과 옷 한 벌과 은그릇 2개를, 왕태자에게는 비단 40필과 옷 한 벌과 은그릇 한 개를, 대(大) 재상에게는 비단 30필과 옷 한 벌과 은그릇 한 개를, 차(次) 재상에게는 비단 20필과 옷 한 벌과 은그릇 한 개를 내려주었다.'라는 기록이 있다.

경남 합천군 가야면 해인사의 묘길상탑에 봉안되어 있던 탑지 4매 중의 하나는 895년(진덕여왕 9년) 7월에 만든 것으로, '석탑은 3층으로 전체 높이가 1장(丈) 3척(尺)이다. 전체 비용은 황금 3푼, 수은 11푼, 구리 5정, 철 260칭(稱), 숯 80석(石)이다. 만드는 비용은 모두 조(組) 120석이다.'라는 기록도 있다.

합천 해인사 길상탑

한편 신라 시대 금에 관한 기록은 김종사의 〈한국광업개사〉에도 잘 나타나고 있다. 이 책에는 당구(唐久, 唐久穴)라는 내용을 소개하고 있는데, 당구는 당나라 군사가 금을 판 굴이라는 뜻으로, 당군채금구(唐軍採金久)의 약자인데 금맥(金脈) 노두부에 신목(薪木-섶과 나무)을 적치한 다음 연소시켜 가열하고, 쇄성화성(碎性化性-물리화학적 성질)을 활용해 쇠망치로 두드려 암석을 파쇄하고 파암(破岩-부서진 암석 조각)을 갈아서(摩鑛) 채금했던 유적이라고 소개하고 있고, 또 통일신라시대(서기 676~935)에는 사금 생산이 격감하여 석금(石金)에서 금을 채굴하기도 했는데 채굴 기술이 부족해 금광업이 쇠퇴하였다는 내용이 있는 것을 보면 신라 시대에 이미 노천 및 갱도 채굴을 통해 금은을 개발해 왔으며, 당시에는 채굴 장비가 열악하여 노천 맥을 개발하거나 갱도를 뚫을 때 불을 활용했다는 것도 알 수 있다.

이처럼 신라의 금에 관한 기록은 신라의 탄생과 같이하고 있으며, 고구려, 백제와는 달리 많은 곳에서 확인할 수 있다. 초기에는 왕실에서 조공을 주고받는 조공용 물품이나 하사품으로만 금을 사용하고 민간인은 사용하지 못하도록 했으며, 불교사찰과 불교용품, 소수의 주택에서만 금장식이나 금도금을 사용한 것으로 보인다. 금을 활용한 불상 제작 기술도 주변 나라들보다 월등히 뛰어나 인도와 같은 나라에서 금으로 장식한 불상 제작을 요청하는 등 신라의 금세공 기술은 지금으로부터 2천 년 전에도 상당히 뛰어났던 것으로 평가해 볼 수 있다. 또 당시에 사용되던 당구혈 또는 당구멍이라는 용어가 현재까지도 전해 내려오는 것을 보면 채굴 장비와 시설들이 열악했던 그 시절에도 황금을 찾기 위한 우리 선조들의 노력이 상당했다는 것을 알 수 있다.

앞에서 보듯이 삼국시대 황금에 대한 기록은 시기적으로는 고구려가 가장 앞서지만, 사용했던 기록은 신라에서 가장 많이 발견된다. 또 신라는 황금 세공 분야에서도 탁월한 기술을 보유하고 있어 인도와 같은 외국에서까지 불상 제작을 의뢰했다는 것을 알 수 있다. 황금은 신라와 백제 등 세 나라에서 왕실이나 각종 불상 제작에 많이 사용했으며 민간에서도 황금을 많이 사용했다는 것을 유추해 볼 수 있다. 당시에는 황금을 직접 사용하거나 불상이나 각종 술잔, 술병 등 생활용품을 도금하는 용도로 많이 사용했다는 것도 확인되는데, 이렇게 황금으로 도금한 물품은 왕실과 민간인 사이에서 상당히 선호되었음을 알 수 있다. 또 황금이 많이 산출되던 곳은 백제 지역이었다는 사실도 여러 기록을 통해 유추해 볼 수 있으며, 일본에서도 황금이 생산되어 수입되었다는 사실도 확인할 수 있다.

고려시대

고려시대에는 〈고려사〉와 〈고려사절요〉 〈연려실기술〉 등에 황금과 은에 관한 여러 기록이 상세하게 나와 있다.

:: 고려 개국 직전

고려에서 황금에 관한 최초 기록은 고려 태조 왕건이 즉위하기 전인 914년에 나타나는데, '하루는 태조(왕건)를 급히 부르므로 궁궐에 들어가니, 궁예가 바야흐로 처형한 사람에게서 적물(積物)한 금은보기(金銀寶器)와 상, 장막 등 가재도구를 점검하다가 성난 눈으로 태조를 노려보며 말하기를, "경이 어젯밤 사람들을 불러 모아 반역을 꾀한 것은 어찌 된 일인가?"라고 하였다. 태조가 얼굴빛을 변하지 않고 몸을 돌려 웃으며 말하기를, "어찌 그럴 리가 있습니까?"라고 하자, 궁예가 말하기를, "경은 나를 속이지 말라. 나는 관심법을 할 수 있으므로 알 수 있다. 내가 입정하여 살핀 후에 그 일을 밝히겠다."라고 말하고, 곧 눈을 감고 뒷짐을 지더니 한참 동안 하늘을 우러러보았다. 그때 장주 최응이 옆에 있었는데, 일부러 붓을 떨어뜨리고 뜰에 내려와 주우면서 태조의 곁을 빠르게 지나며 말하기를, "복종하지 않으면 위태롭습니다."라고 하였다. 태조가 그제야 깨닫고 말하기를, "신이 참으로 반역을 꾀하였으니 죄가 죽어 마땅합니다."라고 하였다. 궁예가 크게 웃으며 말하기를, "경은 정직하다고 할 만하다"고 하면서 곧 금은(金銀)으로 장식한 안장과 고삐를 내려주며 말하기를 "경은 다시는 나를 속이지 마시오"라고 하였다.'라는 내용이 있는데, 고려시대가 시작되기 전부터 황금과 은으로 말 안장, 고삐를 장식했다는 사실을 알 수 있다.

:: 고려 태조

918년(고려 태조 원년) 8월에는 왕건이 고려를 개국하는 과정에 공을 세운 공신들에게 포상하는 내용이 있는데, 홍유, 배현경, 신숭겸, 복지겸 등을 1등으로 삼고 금은(金銀) 그릇, 수놓은 비단옷, 화려한 이부자리, 능라와 포백을 차등 있게 내렸으며, 권능식, 권신, 염상, 김락, 연주, 마난을 2등으로 삼고 금은(金銀) 그릇, 수놓은 비단옷, 화려한 이부자리, 능라와 포백을 차등 있게 내렸다는 기록이 있다.

통천관을 쓴 왕건 동상

〈고려사절요〉 919년(태조 2년) 3월에는 '태조는 창업을 이룬 후, 겨우 해를 넘겼을 뿐인데도 도성에 10개의 사찰을 세우고 …(중략)… 뒤

이어 개태사(開泰寺)를 세울 때는 사치가 극도에 달하였으며 …(중략)… "신라가 절을 지어서 빨리 망하였다"고 경계한 것이 어찌 또한 만년에 이르러 뉘우치면서 한 말이 아니겠는가? 후손에게 남긴 교훈의 폐단이 후손들에게 이르러서는 그 숭신의 지극함이 하루에 보시하는 쌀이 7만 석에 이르고, 해마다 반승(飯僧-먹는 것)하는 승도의 수가 3만 명에 달하며, 사원과 불상들은 금과 은으로 장식하지 않은 것이 없고, 1천 함(函-상자), 1만 축(軸-둥글게 말아 놓은 것)에 달하는 불경은 금과 은으로 글자를 쓰지 않는 것이 없을 정도였다.'라는 기록이 나온다. 태조가 법왕사, 왕륜사 등 10개 사찰을 창건하고 개경과 서경에 있는 절을 보수하게 하였는데, 당시 사원과 불상 거의 전부를 금과 은으로 장식하였음은 물론 1만 축에 달하는 불경도 금과 은으로 글씨를 썼던 것을 알 수 있다.

:: 고려 혜종

945년(혜종 2년)에 후진(後晉)에서 범정광과 장계응을 보내 혜종왕을 책봉하는 칙서와 함께 여러 가지 선물도 보내왔다는 내용이 있는데, 여기에 고려 혜종왕이 후진에 보낸 물품들을 상세하게 기록하고 있다. 고려 국왕에게 칙서를 내려 이르기를,

"아뢴 바를 살펴보고, 겹옷 2매, 상보 2개, 가죽 갑옷 2개, 투구 4개, 계금 한과(捍膀-사타구니를 막는 장비) 4개, 각궁 4개, 활주머니 4개, 대로 만든 화살 200개 중 100개는 금을 입히고, 100개는 은을 입힌 것, 대나무로 만든 화살 200개, 화살통 4개, 금과 은으로 칼자루와 칼집을 꾸미고 구름과 하늘을 정교하게 새긴 장도(長刀) 10자루, 금은으로 감싼 창 10개, 금은으로 꾸미고 계금(罽錦)으로 만든 칼집에 넣은 비수(匕首-단도)

10자루, 금은으로 장식한 칼집에 넣은 비수 10자루, 가는 모시 100필, 흰 모직물 200필, 가늘게 싼 삼베 300필 등은 잘 받았다." 하였다. 또 고려 국왕에게 칙서를 내려 이르기를, "아뢴 바를 살펴보고, 진헌한 금은으로 꾸민 형구 6개, 계금으로 만든 칼집에 금은으로 꾸민 칼 6자루, 금은으로 꾸미고 계금으로 만든 칼집에 넣은 장도 10자루, 계금 한과 2개, 계금 등받이 2개, 계금 치마용 허리띠 6개, 계금 칼집에 금은으로 장식한 비수 10자루, 도금한 매 방울 20개, 은 자물쇠가 달린 선자에 오색 끈을 달고 은 미동에 전체를 도금한 새 매방울 20개, 흰 모직물 100필, 삼베 100필, 인삼 50근, 머리털 20근, 금은 바탕에 무늬를 넣은 가위 10매, 금은으로 가느다란 무늬를 넣은 가위 20매, 금은으로 가느다란 무늬를 넣은 수염 자르는 가위 10매, 은으로 꽃무늬를 가늘게 넣은 가위 20매, 금은으로 덧마구리를 한 큰 칼 30자루, 은으로 덧마구리를 한 큰 칼 40자루, 금은으로 덧마구리를 한 중간 칼 50자루, 은으로 덧마구리를 한 중간 칼 50자루, 금은으로 덧마구리를 한 작은 칼 50자루, 은으로 덧마구리를 한 작은 칼 100자루, 금은으로 가느다란 무늬를 넣은 별화겸(撇火鎌) 20매, 금은으로 세공한 겸자(鉗子) 20매, 향유 50근, 잣 500근 등을 모두 잘 받았다."

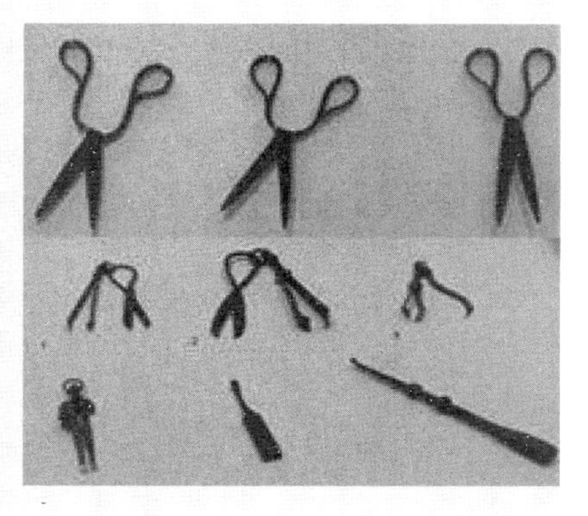
고려 가위, 족집게, 귀이개

라는 내용으로 당시에 고려 왕의 책봉을 위해 대나무 화살에 금과 은을 입혔으며, 칼자루와 칼집을 비롯해 수염 자르는 가위 등에도 금이 사용되었다는 것을 알 수 있다.

:: 고려 성종

982년(성종 원년) 6월에는 최승로가 상서를 올렸는데, 신라 말기에 불경과 불상에 금과 은을 사용하는 것이 도를 넘어 멸망하게 되었으니, 이제부터라도 금은을 사용하지 못하도록 해 폐단을 없애자고 했다는 기록이 있다.

:: 고려 목종

고려 목종 때인 1002년과 1007년 〈고려사절요〉에는 제주도에서 화산이 분출했다는 특별한 내용을 기록하고 있는데, 1002년(목종 5년) 6월에 '탐라(耽羅)에서 산에 4개의 구멍이 생기더니 붉은 물이 뿜어져 나오기를 5일간 계속하다가 그쳤는데, 그 물은 모두 기왓장 같은 돌(瓦石)이 되었다.'라는 기록이 있고, 1007년(목종 10년)에는 '탐라(耽羅)에서 상서러운 산(瑞山)이 바다 가운데서 솟아 나왔으므로 태학박사 전공지를 보내어 가서 살펴보게 하였다. 탐라 사람들이 말하기를, "산이 처음 나올 때 하늘은 구름과 안개로 깜깜해지고 땅은 천둥이 치는 것 같은 진동이 있었습니다. 7일 밤낮으로 계속되더니 비로소 하늘이 개자 산의 높이는 100여 장(丈)이

천흥사 청동 종(1010년)

나 되고 주변 둘레는 40여 리 정도가 되었으나 초목은 없었고, 산 위에는 연기가 덮고 있고 바라보면 마치 석류황(石硫黃) 같아 사람들이 두려워하며 가까이 가지 못합니다."라고 하였다. 전공지는 직접 산 아래에 가서 그 모습을 그려 왕에게 바쳤다.'라는 기록이 있는데, 제주도의 화산분출이 약 1천 년 전에 있었다는 중요한 사실 기록이기도 하다.

:: 고려 현종

1016년(현종 7년) 5월에는 궁인(宮人) 김씨가 왕자를 낳으므로 왕흠이라는 이름을 하사하고, 이어 금은(金銀) 그릇과 방직물, 전장(田匠)과 노비, 염분과 어량(魚梁-물고기 잡는 기구)을 거듭 하사하였다 한다. 왕흠은 현종과 원성왕후 사이에서 태어난 첫째 아들로 1031년에 덕종으로 즉위하지만 1034년 9월에 18세의 나이로 요절했다.

1019년(현종 10년) 2월 〈고려사절요〉에는 '삼군(三軍)이 승리하고 돌아와 노획물을 바치니, 왕이 친히 영파역(迎波驛)에서 맞이하고, 채붕(彩棚-나무를 엮어 비단 장막으로 덮은 가설 누각)을 엮고 음악을 준비하여 장수들과 병사들에게 연회를 베풀어 주었다. 금으로 만든 꽃 8가지를 친히 강감찬(姜邯贊)의 머리에 꽂아준 후 오른손에는 금으로 된 술잔을, 왼손에는 강감찬의 손을 잡고서 위로하고 찬탄하기를 그치지 않으니, 강감찬이 절을 올려 감사의 뜻을 표하면서 몸 둘 바를 몰라 하였다. 이어서 영파를 흥의(興義)로 바꾸고 역리(驛吏)들에게 공복[冠帶]을 하사하여 주현(州縣)의 아전들과 동등하게 해 주었다.'라는 내용이 있다.

:: 고려 정종

1040년(정종 6년) 11월에는 대식국(大食國)의 객상(客商) 보나합(保那盍) 등이 와서 수은(水銀), 용치(龍齒), 점성향(占城香-향료), 몰약(沒藥-고무원료), 대소목(大蘇木-콩과 식물) 등의 물품을 바쳤다. 유사(有司)에게 명하기를 객관(客館)에서 우대하며 대접하게 하였고, 돌아갈 때는 황금과 명주[金帛]를 넉넉하게 하사하였다는 기록이 있는데, 수은에 관한 기록은 895년 신라 진덕여왕 때 합천 해인사의 묘길상탑에 봉안된 탑지를 만들 때 11푼의 수은을 사용했다는 기록이 처음 나오며, 일본이 조공용 물품으로 보내왔다는 것을 알 수 있다.

수은은 돌과 함께 섞여 있는 금을 순수한 황금으로 추출할 때 사용한다. 수은을 칠한 동(구리)판 위에 불순물이 들어 있는 사금이나 석금 가루를 흐르게 하면 수은에 금이 녹아 들어가면서 나머지 불순물과 분리되기 때문이다. 당나라 때에는 불상에 아말감으로 금을 도금하는 것이 성행했다고 하며, 백제에서는 도금할 때 청동 불상을 주조한 후 매초(梅醋, 매실로 만든 식초)로 불순물을 제거하고, 그다음 금판 조각을 수은에 흡수시켜 녹인 아말감을 바른 뒤 350℃ 정도로 가열해 수은을 태우는 도금 과정을 반복해 불상을 완성했다고 한다. 상기한 것처럼 일본으로부터 수은을 조공 받아왔다는 기록은 전술한 삼국시대와 후술할 고려시대에 제작된 수많은 불상과 도금 제품들이 이러한 방법에 따라 제작되었다는 것을 입증할 수 있는 증거이기도 하다.

수은은 진사(HgS)라는 광물 가루를 가마솥에 넣고 뚜껑을 닫은 다음, 소금을 섞은 진흙을 발라 밀봉한 후 10시간 정도 가열하면 357℃에서 수은(Hg) 증기와 녹는점이 115℃인 액체 유황이 만들어지게 되는데, 이를 냉각시키면 황과 불순물은 맨 아래 가라앉고 수은은 맨 위에 뜨게 되어 이를 걷어내 만든다. 진사, 즉 주사로 수은을 만들었다는 기록은 조선 성종 23년에 확인할 수 있다.

1041년(정종 7년) 1월에는 삼사에서 아뢰기를, '각 도의 지방 관원이 관할하는 주(州), 부(府)의 세공(稅貢)은 1년에 쌀 300석, 조(組) 400곡(斛), 황금 10냥, 백은 2근, 베 50필, 백적동(白赤銅) 50근, 철 300근, 소금 300석, 사면(絲綿-명주실) 40근, 유밀(油密) 1석으로 하며, 미납한 자는 현 직책에서 파면하십시오.'라고 하니, 그 의견을 따랐다는 내용이 있는 것을 보면 각 지방에서 왕실에 세금을 납부할 때도 황금과 은을 비롯해 구리와 철 등도 사용했다는 것을 알 수 있다. 이 기록을 보면 당시 세금이 얼마나 되는지도 알 수 있는데, 황금 10냥, 즉, 금 375g을 2024년 10월 말 금 1g 기준가격인 약 12만 7천 원으로 계산해 보면 4천 7백만 원 정도가 되는 큰 금액이다. 그러나 당시의 금값은 지금처럼 높지 않았을 것으로 추정된다. 황금 이외에도 은 2근, 동 50근, 철 300근 등으로 정했는데, 동이나 철보다 금이나 은이 더 높은 가치가 있었다는 것을 알 수 있다.

:: 고려 문종

고려 제11대 왕인 문종 때에는 황금에 관한 기록이 여러 곳에서 나타난다. 문종이 즉위한 1046년 5월에는 '돌아가신 왕께서 쓰시던 의상(倚床-밥상이나 책상을 의미) 답두(踏斗-신발)는 모두 금은(金銀)으로 장식한 못을 사용하였고, 또 금실, 은실로 짠 계금으로 이부자리를 만들었으니, 유사(有司)에 명하여 이것을 구리와 철, 능직과 견직으로 바꾸도록 하라'는 기록이 있다. 1058년(문종 17년) 11월에는 '고려 제10대 왕인 정종(靖宗)의 혼당(魂堂)에 있는 금은(金銀) 기명(器皿-그릇)과 북조(거란)에서 조제(弔祭) 예물로 보낸 비단으로 대장경(大藏經)을 새롭게 만들어서 정종의 명복을 빌어라.'라는 내용도 있다.

청년 4년이 새겨진 청동 종 (1058년)

1063년(문종 17년) 1월에는 삼사(三司)에서 아뢰기를 "익령현(翼嶺縣)과 서북면(西北面) 성주(成州)의 수전장(隻田場) 지역에서 황금(黃金)이 산출되니, 공물 대장(貢籍)에 등록하기를 요청합니다."라는 내용이 있는데, 이는 우리나라에서 황금이 산출되는 지역을 최초로 확인해 준 기록이기도 하다. 익령현은 현재의 강원도 양양 지역이다. 1067년(문종 21년) 9월에는 국사(國師) 해린이 연로하여 산으로 돌아가기를 요청하니, 왕이 친히 현화사(玄化寺)에서 배웅하고 차, 약, 금은(金銀) 그릇, 비단, 보물을 하사하였다고 한다.

1071년(문종 25년)에는 〈진단국사(震檀國史) 중세편〉에 송나라와 국교를 재개할 때 조공용 물목으로 의대능라금은기(衣帶綾羅金銀器), 안욕(鞍褥), 궁전(弓箭), 장도(長刀), 지묵(紙墨), 금요대(金腰帶) 40량 重, 금동대(金東帶) 30량 重, 은제장도(銀製長刀) 20쌍, 인삼 1천 근, 생중포와 생평포 각 2천 필을 준비했다고 기록하고 있다.

1072년(문종 26년) 6월에는 사신으로 송나라에 갔던 김제가 받아온 답례품을 일일이 열거하고 있다.

'어의(御衣) 2벌과 황계삼(黃罽衫) 털옷 1벌은 금박(金箔)을 입힌 붉은 비단 겹보자기로 싸고 홍계편복(紅罽便服) 1벌도 금박을 입힌 붉은 비단 겹보자기로 쌌으며, 모두 은으로 아로새겨 장식한 검은 칠 상자에 넣어 금은(金銀)으로 도금한 자물쇠로 채우고 이를 한데 싸서 홍매화를 수놓은 비단 겹수건으로 덮었으며, 금 요대(金 腰帶) 1조는 무게가 40냥인데 수놓은 붉은 비단 겹자루에 넣고 은으로 아로새긴 무게 80냥의 갑에 담아 수놓은 붉은 비단 겹보자기로 싸서 홍매화로 수놓은 비단 겹수건으로 덮었고, 금 요대(金 腰帶) 1조는 무게가 30냥인데 수놓은 붉은 비단 겹자루에 넣고 은으로 아로새긴 무게 60냥의 갑에 담아 수놓은 붉은 비단 겹보자기로 싸서 홍매화로 수놓은 비단 겹수건으로 덮었고, 금합(金合) 2부(副)는 모두 무게가 60냥인데 각각 모직 늑백(勒帛) 2조와 모직 겹자루 2매를 넣어 금박(金箔)과 홍매화로 수놓은 비단 겹보자기로 싸서 모두 홍매화로 수놓은 비단 겹수건으로 덮었고, 금잔반(金盞반) 2부는 모두 무게가 40냥인데 홍매화로 수놓은 비단 겹보자기로 싸서 모두 홍매화로 수놓은 비단 겹수건으로 덮었고, 금주자(金注子) 1부는 무게가

65냥인데, 홍매화로 수놓은 비단 겹보자기로 싸서 모두 홍매화로 수놓은 비단 겹수건으로 덮었고, 금사라(金斯羅) 1쌍(雙)은 무게가 150냥인데 홍매화로 수놓은 비단 겹보자기로 싸서 모두 홍매화로 수놓은 비단 겹수건으로 덮었고 …(중략)… 모두 은으로 아로새겨 장식한 검은 칠 상사 2부에 넣어 은박(銀箔)한 자물쇠로 채우고 홍매화로 수놓은 비단 겹수건으로 덮었고, 세궁 4장은 모두 홍매화로 수놓은 비단 겹자루에 넣었고, 효자전 24쌍과 세족전 80쌍, 도금하고 은으로 장식한 계기장(罽器杖) 2부, 백은(白銀)으로 장식한 흑피기장 1부, 도금하여 은으로 장식한 백피기장(白皮器杖) 1부는 각각 붉은 비단 겹자루에 넣어 모두 홍매화로 수놓은 비단 겹수건을 덮었고, 은으로 장식한 장도(長刀) 20쌍은 은으로 아로새겨 장식한 검은 칠 칼집에 넣어 채색 비단으로 한데 묶고, 백금외대(白錦外袋) 10개와 청금외대(青錦外袋) 10개씩 싸서 모두 홍매화로 수놓은 비단 겹수건을 덮었고, 세마가 4필이고, 안장 2부는 금은으로 도금한 장식품과 모직으로 만든 크고 작은 다래와 언치, 붉은 비단으로 만든 안욕 등이 있었다.'

당시 송나라 답례품을 보면 임금이 입었던 어의는 금은으로 도금한 상자에 넣었으며, 임금의 허리띠는 은으로 만든 상자에 담아 왔고, 또 금 술잔과 같은 다양한 금제품을 보내온 것을 보면 금과 은의 사용이 상당히 많았다는 것을 짐작할 수 있다.

1078년(문종 32년) 6월에는 송나라 황제가 문종에게 조서와 국신물(國信物)을 보냈다는 기록이 있다. 이 기록을 보면 임금의 옷, 즉 국왕의(國王衣) 2벌을 비롯한 여러 가지 예물을 가지고 왔는데, 이를 운반하는 말이 총 4필로 이 중 1필을 금은(金銀)으로 황홀하게 장식하였다는 기록이 확인되고, 같은 해 7월에는 송나라 사신이 되돌아갈 때 '전례에 따라 의대와 안장 달린 말을 기증하는 것 외에도 선물한 것이 금은보화와 미곡과 여러 물품 등이 헤아릴 수 없었다. 돌아갈 때 배에 다 싣지 못하므로 그들이 받은 물건을 은(銀)으로 바꾸기를 요청하니, 왕이 유사(有司)에게 명하여 그 청을 들어주라고 하였다. 안도와 진목은 성품이 탐욕스럽고 인색하여 날마다 공급하는 음식을 줄여서 값을 깎아 은(銀)으로 바꾼 것도 매우 많았다.'라는 내용을 보면 당시 고려에서는 송나라에 대한 답례품으로 금은보화를 비롯해 쌀 등을 주었으며, 부피가 많이 나가는 물건 대신 은으로 바꾸었고 또 그들이 먹는 음식값까지도 아껴 은으로 바꿀 정도로 시중에 금과 은의 거래가 활발했었다는 것을 알 수 있다.

1080년(문종 34년) 7월에는 송나라 황제로부터 예물을 잘 받았다는 칙서가 도착했는데 그 예물에는 '어의(御衣) 2령, 금 요대(金 腰帶) 2조, 금사라(金斯羅) 1면, 금화은기(金花銀器) 2,000냥, 색라 100필, 색릉 100필, 생라 300필, 생릉 300필, 복두사 40매, 모자사 20매, 계병 1합, 화룡장 2대, 대지(大紙) 200폭, 묵 400정, 금은(金銀)으로 도금하여 가죽으로 싼 병기 2부, 세궁 4장, 효자전 24개, 세전 80개, 안장과 고삐 2부, 세마 2필, 산마 6필 등을 잘 받았다. 또 금합(金合) 2부, 반잔(盤盞) 2부, 주자(注子) 1부, 홍계기배 10개, 홍계육 2개, 장도 20개, 생중포 2,000필, 삼 1,000근, 송자 2,200근, 향유 220근, 안장과 고삐 2부, 세마 2필, 나전장차 1냥을 잘 받았다.'라고 하는 내용이 있는 것을 보면 여기서도 금 허리띠와 금 그릇을 비롯해 금은으로 도금한 무기 등을 사용했다는 것을 알 수 있다.

1082년(문종 36년) 4월에는 나주목(羅州牧) 관하의 홍원현(洪原縣) 백성이 땅을 파다가 황금 100냥과 백은 150냥을 얻어서 바치자, 왕이 말하기를 "하늘이 하사한 것이다."라고 하고 그에게 되돌려 주었다는 일화도 있다.

:: 고려 선종

1084년(선종 원년) 6월에는 무자 일본국(日本國) 축전주(筑前州)의 상객(商客) 신통(信通) 등이 수은(水銀) 250근을 바쳤다는 기록이 있으며, 1087년(선종 4년) 7월에는 경오 동남도도부서(東南道都部署)에서 아뢰기를, "일본국(日本國) 대마도(對馬島)의 원평(元平) 등 40인이 와서 진주(眞珠), 수은(水銀), 보도(寶刀), 우마(牛馬) 등을 바쳤습니다."라고 하였다는 기록이 있고, 또 1087년(선종 6년) 8월에는 일본국(日本國) 대재부(大宰府)의 상인들이 와서 수은(水銀), 진주(眞珠), 궁전(弓箭), 도검(刀劍)을 바쳤다 한다.

1093년(선종 10년) 7월에는 서해도 안찰사가 아뢰기를, "안서 도호부 관할에 있는 연평도(延平島) 순검군(巡檢軍)이 바다에서 배 한 척을 나포하였는데, 송인(宋人) 12명과 왜인(倭人) 19명이 타고 있었으며 활과 화살, 도검(刀劍), 갑주(甲胄) 및 수은(水銀), 진주(眞珠), 유황(硫黃), 법라(法螺) 등의 물건이 있었습니다."라는 내용이 있는데, 당시에는 일본으로부터 상당량의 수은이 우리나라로 들어와 황금 추출은 물론 불상이나 그릇 등을 도금할 때 사용되었다는 것을 알 수 있다.

:: 고려 숙종

1095년(숙종 원년) 10월에는 숙종이 선위를 받으니 소태보를 발탁하여 수태위 문하시중(守太尉 門下侍中)에 임명하고, 금은 그릇, 의대 비단, 양탄자, 무늬가 있는 비단, 포백, 안장 달린 말 및 악부, 화주를 하사하고 그의 집에서 잔치를 베풀었다는 내용이 있고, 다음 해인 1096년(숙종 2년) 10월 〈고려사절요〉에 숙종이 사신을 보내어 시중 소태보에게 관고를 하사하고 겸하여 금은 그릇, 의복, 금계, 능라, 베와 비단, 안마(鞍馬), 그리고 악부와 화주를 하사한 뒤 그 집에서 연회를 베풀었다는 내용도 있다.

1101년(숙종 6년) 6월 〈고려사절요〉에는 조서를 내려 이르기를, "금과 은은 천지의 정수이자 국가의 보물인데, 근래에 간악한 백성들이 구리를 섞어 몰래 주조하고 있다. 지금부터 은병(銀甁)에 모두 표식을 새겨 이로써 영구한 법식으로 삼도록 하라. 어기는 자는 엄중히 논하겠다."라고 하였다는 내용이 있는데 이때부터 은으로 만든 병에 표식을 넣어 화폐로 쓰기 시작했다는 것을 알 수 있는 기록이기도 하다. 은병은 은 1근으로 본국, 즉 고려의 지형을 새겨 넣어 만든 것으로 민간에서는 그것을 활구(闊口)라 불렀다 한다. 이때부터 화폐로 쓰였던 이 은병은 고려 공민왕 때 여러 문제점에 대해 다시 논의된다.

:: 고려 인종

1126년(인종 2년)에는 승덕 공주가 장공주(張公主)로 책봉되고, 옷과 허리띠, 직물, 금은 그릇, 안장을 올린 말 등의 물품을 하사받았다는 내용이 있으며, 1126년(인종 4년) 5월에는 척준경이 이자겸을 체포하여 유배 보냈는데, 이에 벼슬을 하사하고, 그의 부인 황씨를 제안군 대부인으로 삼고, 의복, 금은 그릇, 포백, 안마, 노비 10구, 토지 30결을 내려주고, 공신각 벽에 초상을 그려 안치하였다고 한다. 1138년(인종 16년)에는 왕이 국자좨주(國子祭酒-제사 지낼 맏아들) 임광을 보내어 김부식의 집에 가서 칙서로 금, 은, 안장 얹은 말, 쌀, 베, 약물(藥物)을 하사하였으니, 서경을 평정한 공에 따른 상이었다는 내용도 있다.

:: 고려 의종

1163년(의종 17년) 2월과 7월에는 '아름다운 수를 놓은 비단옷을 입히고 또 계집종을 꾸며 그 뒤를 따르게 하였고, 앞에는 사방 1장 크기의 상을 놓아 금은과 주옥으로 장식한 음식을 늘어놓았다.'라는 내용과 '송나라 상인 도강과 서덕영 등이 와서 공작새 및 진기한 애완물을 바쳤는데, 서덕영은 또 송 황제의 밀지에 따라 금합(金盒-금 그릇), 은합(銀盒-은 그릇) 2개에 침향을 가득 담아 헌상하였다.'라는 내용이 있다.

은제 합(盒)

1166년(의종 20년) 11월에는 '청녕재에서 야연을 벌였는데, 총신과 이영이 수놓은 비단과 금과 은으로 만든 꽃, 진기한 향, 무소뿔, 말과 노새, 어린 양, 오리와 기러기 등 진기한 애완물을 모아 좌우에 진열하고서는 대가(大駕-임금이 타는 수레)를 맞이하였다.'라는 내용이 있고, 1167년(의종 21년) 1월에는 '왕이 유사(有司)에 명하여 방을 붙여 말하기를 "…(중략)… 공사(公私) 천예(賤隸)라 하더라도 또한 관직에 오르는 것을 허락하고 아울러 은 200근을 지급할 것이며, 여자인 경우는 은 300근을 줄 것이다."라고 하였다. 왕은 그래도 적을 잡지 못할까 우려하여, 또 황금 15근과 은병 200개를 가구소에 현상금으로 내걸어 잡은 자에게 주라고 하였다.'라는 내용이 있다.

은제 도금 탁잔(12세기)

1169년(의종 23년) 2월에는 '절을 짓고 부처의 화상을 그리며 재를 올려 왕의 수명을 빌었으며, 또 별공을 제정하여 금은(金銀)과 유동(鍮銅-놋그릇)으로 만든 그릇이 산더미같이 쌓였다.'라는 내용도 있다.

1170년(의종 24년) 1월과 4월에는 '관현방, 대악서는 채색 장막을 치고 온갖 놀이판으로 어가(御駕)를 맞이하였는데 모두 금은(金銀), 주옥(珠玉), 금수(錦繡-비단), 나기(羅綺), 산호, 대모 등으로 꾸며 기묘하고 사치스럽기가 이전에 비할 바가 없었다.'라는 내용과 '진관사 남쪽 산기슭에 노인당을 짓게 하고, 또 별은기소(別恩祈所-소원을 비는 곳)를 세워 금꽃, 은꽃과 금그릇, 옥그릇을 만들게 하였다.'라는 내용이 있다.

:: 고려 명종

1175년(명종 5년) 4월에는 '금은(金銀)으로 물건을 장식하는 것은 불상을 그리거나 법보(法寶-불경) 외에는 사용하지 못하게 하라.'라는 내용이 있는데, 당시에 얼마나 많은 황금이 일상생활에서 사용되었던가를 대변해 주고 있다.

:: 고려 희종

1207년(희종 3년) 3월에는 '최충헌에게는 금은(金銀), 능견(綾絹-비단 명주), 안마(鞍馬-말안장) 등의 물품을 하사하였다.'라는 내용이 있고, 최충헌이 세 번째 집을 지으면서 금과 옥, 전곡을 잔뜩 쌓아 두고는 측근들에게 묻기를 '부고(府庫-국고)에 저장해 둔 것을 제외한 나머지 금과 보배는 왕부(王府)에 헌납하여 나라의 재정을 돕고자 하는데, 어떠한가?'라고 하니, 모두들 좋다고 하였는데, 한 사람이 '그대로 두고 경비로 사용하고 백성들에게 다시는 거두지 않는 것이 더 좋습니다.'라고 말하니 최충헌이 부끄러워서 얼굴이 벌게졌다는 내용도 있다.

:: 고려 고종

1216년(고종 6년) 1월에는 몽골 사신 포리대완 등이 돌아갈 때 금은(金銀) 그릇, 명주와 베, 수달피를 차등 있게 주었다고 하며, 최충헌이 죽자 최이는 최충헌이 모아둔 금은과 진기한 물건을 왕에게 바쳤다는 내용도 있다.

1225년(고종 12년) 3월에는 왕이 내정(內庭-안뜰)으로 위원을 불러서 임시로 내시(內侍-내시부)에 속하게 하고 의대(衣帶)와 금은(金銀), 안마(鞍馬), 술과 과일을 하사하였다는 기록이 있고, 1229년(고종 16년)에는 최이(崔怡)가 사사로이 어련(御輦-임금이 타는 수레)을 만들어 바쳤는데, 금은과 화려한 비단으로 가마를 장식하였고 오색 모직으로 감싸 매우 사치스럽고 화려하였다는 내용도 있다.

1231년(고종 18년) 12월에는 장군 조시저를 파견하여 황금 12근 8냥과 금으로 만든 각종 술그릇으로 무게 7근, 백은 9근, 은으로 만든 각종 술그릇과 식기로 무게 437근, 은병(銀瓶) 160구, 수놓은 비단옷 16벌, 자주색 비단으로 만든 웃옷 2벌, 은으로 도금한 허리띠 2개, 명주 저고리 2,000벌, 수달 가죽 75장, 금으로 장식한 안장을 갖춘 말 1필, 안장이 없는 말 150필을 살례탑(살리타이)에게 보냈다. 또 금 49근 5냥과 은 341근, 은으로 만든 술그릇으로 무게 1,080근, 은병 120구, 가는 저포 300필, 수달 가죽 164장, 비단 저고리, 안장을 올린 말 등의 물건을 그의 처자(妻子) 및 휘하의 장수와 보좌관인 14명의 관인(官人)에게 나누어 주었다는 내용이 있고, 또 몽골 사신이 나라의 예물인 황금 70근, 백금(은) 1,300근, 저고리 1,000벌, 말 174필을 가지고 돌아갔다는 내용도 있다.

다음 해인 1232년(고종 19년) 4월에는 조숙창과 설신을 파견하여 몽골에 가게 하여 신하를 칭하는 표문을 올리고, 나(羅), 견(絹-명주), 주(紬-명주) 각 10필과 각종 금은(金銀)으로 만든 술그릇, 그림을 그린 말다래, 그림을 그린 부채 등을 선물로 보냈다. 또 살리타이에게 서한을 보내면서 금은으로 만든 그릇, 비단, 수달 가죽, 그림을 그린 부채, 그림을 그린 말다래 등을 휘하의 관원 16명에게까지 차등 있게 주었다고 한다.

이로부터 약 21년 뒤인 1253년(고종 40년)에는 5월에 몽골 야굴 대왕이 보낸 아두 등 16인이 왔는데, 왕이 제포궁에서 맞이하고 금은과 포백(布帛-베와 비단)을 차등 있게 선물로 주었다 하며, 9월에는 금은으로 만든 술그릇과 비단, 모시베, 수달피, 삿갓과 허리띠 등의 물건을 보내 장수인 아모간 등에게도 모두 주었고, 11월에는 야굴이 사람을 보내어 달로화적(達魯花赤, 다루가치)을 설치하는 것과 성을 헐어버리는 일에 대해 말하였다. 그 관인(官人)인 호화는 또 금은(金銀)과 수달피, 모시베 등의 물건을 요구하였다 하며, 12월에는 원(元) 조정에 바칠 선물 및 몽골의 여러 관인, 영령공(永寧公)의 비주(妃主)와 비모(妃母), 홍복원(洪福源) 등에게 보낼 금은과 포백이 이루 헤아릴 수 없이 많아 부고(府庫-국고)가 모두 고갈되었다. 명령을 내려 문무 4품 이상은 백금(銀) 1근(斤), 5품은 저포 4필, 권참 이상은 3필, 8품 이상은 1필을 내게 하여 그 비용에 충당하였다는 내용도 있다. 이처럼 고려 고종 때는 몽골에 많은 양의 황금과 은을 수탈당해 고려 조정에 보관하던 금과 은이 모두 바닥나 관리들로부터 거두기도 한 것으로 확인되고 있다.

은제 도금 거울걸이(12~13세기)

1254년(고종 41년) 8월에는 대장군 이장에게 명령하여 몽골군 주둔지인 보현원으로 가서 차라대와 여속독, 보파대 등 원수(元帥-군인 계급)들과 왕순, 홍복원에게 금은으로 만든 술 그릇과 가죽 비단을 차등 있게 주게 하였다 하며, 1256년(고종 43년) 5월에는 왕이 승천관에 행차하여 몽골 사신에게 잔치를 베풀어 주고, 또 금과 은, 포백(布帛), 술그릇 등의 물건을 차등 있게 주었다 한다. 12월에는 태자부(太子府)에 도둑이 들어 옥책(玉冊) 장식과 금은(金銀)과 채색 비단을 훔쳐 갔다는 내용도 있다.

1259년(고종 46년) 3월에는 왕이 부득이하여 4월로 약속하고 이어 금은과 포백을 주었다는 내용과 6월에 안경공에게 명하여 몽골 사신들을 전별케 하고 금은과 포백을 매우 많이 주었다 하는 내용이 있다.

:: 고려 원종

1260년(원종 원년) 12월에는 경안궁주(慶安宮主)가 제안백 왕숙(王淑)에게 시집을 갔는데, 이 해에 책봉을 4회, 가례(嘉禮)를 2회 시행하였으므로 비용이 금은(金銀) 1천여 근(斤), 미곡 3천여 석, 포와 비단은 셀 수 없이 많이 들었다는 내용이 있다.

1265년(원종 6년)에는 시중(侍中) 김준이 활을 잘 쏘는 사람들을 불러 모아 놓고 은으로 만든 동이(은그릇)를 많이 내어서 맞히는 사람이 그것을 가지도록 하였다. 또 4품 이상의 관료들로 하여금 관품(官品)에 따라 은을 차등 있게 내도록 하여 원에 보낼 예물로 충당하였다. 또 사신을 파견하여 부유한 사람들로부터 금은을 구입했는데 그 법이 가

혹하고 준엄해서 백성들이 매우 근심하고 걱정하였다는 내용도 있다.

1269년(원종 10년) 12월에는 왕이 절령역에 도착하여 백은(白銀) 9근, 금 술잔, 은 술잔 각 1개, 모시 18필을 흑적(黑的)에게 주었다는 내용이 있고, 1272년(원종 13년) 12월에는 세자 심이 원나라에 가는데 대부(大府)에서는 황금 3근 7냥, 장흥고(長興庫)에서는 백금(은) 430근, 흥왕사(興王寺)에서는 150근, 안화사(安和寺)에서는 100근, 보제사(普濟寺)에서는 70근을 내게 하였다. 또한 재추(宰樞-재상)와 승선(承宣) 이상은 각각 1근을 내게 하여 사행(使行)의 비용에 충당하였다는 기록도 있는데 당시에는 조정의 각 부와 조정 물품 조달 관청인 장흥고(현재의 조달청)를 비롯해 수도였던 개경 근처에 있던 사찰이나 재상들에게까지 황금과 은을 내도록 한 것으로 확인되고 있다.

1273년(원종 14년) 5월에는 기묘 판사(判事) 주열(朱悅)에게 원(元)의 사신을 수행해 남쪽 지방에서 금을 캐라고 명령하였다는 기록이 있는데, 우리나라에서 금을 최초로 채굴하였다는 기록이다. 이때 이후로 금의 채굴에 관한 이야기가 계속되며 750여 년 전 금을 채굴했다는 최초의 공식 기록이기도 하다. 같은 해 7월에는 시중(侍中) 김방경이 황제의 부름을 받고 원(元)으로 가니 황제가 금으로 만든 말안장과 무늬 있는 의복, 금과 은을 하사하였다는 내용도 있다.

:: 고려 충렬왕

1276년(충렬왕 2년) 7월에는 원(元)에서 사신을 보내와서 금을 채굴하였으며, 계축 대장군(大將軍) 인공수(印公秀)와 달로화적(達魯花赤, 다루가치)을 파견하여 홍주(洪州)에서 금을 채굴하였는데, 겨우 2전(錢)을 얻었다 한다. 홍주(洪州)는 지금의 충남 홍성지역이다.

1277년(충렬왕 3년) 4월에는 '어떤 자가 우리나라에서 금(金)이 생산된다고 고하여 신과 달로화적(다루가치)이 함께 관리를 파견하여 금(金) 2전(錢) 2푼(分)을 채굴하여 바쳤습니다. 야특고(也忒古) 관인이 성지를 받들어 "금은 급히 쓸 일이 없으니 공주와 국왕 너희가 쓰도록 하라"고 전해 주었습니다. 그런데 또 중서성의 첩문(牒文)에 의하면 매년 채굴한 금의 수량을 보고하라고 하므로 곧 달로화적(다루가치)과 함께 관리를 홍주(洪州) 등으로 파견하여 금을 채굴하였는데, 70일 동안 인부 11,446명을 써서 겨우 금 7냥 9푼을 얻었습니다. 바라건대 야특고가 전해 준 성지에 따라 시행하도록 해 주십시오.'라는 내용이 있고, 5월에는 '홍주(洪州) 등지에서 금을 채취하는 일은 일단 중지하고 농한기를 기다렸다가 원래의 첩문에 따라 시행하십시오.'라는 내용도 있다.

7월에는 또 마낭중(馬郎中)의 군량을 탐라와 합포 둔수군(屯戍軍)에 지급해 줄 것과 칼 제작, 금(金) 채굴(採掘), 인삼 공납(貢納)을 면제해 줄 것을 요청했다는 기록도 있다. 또 12월에는 '이 해에 전기주부(軍器主簿) 홍종로(洪宗老)가 그의 아들 홍인백(洪仁伯)의 죄를 용서받기 위해 달로화적(다루가치)에게 자기가 금(金)이 나는 곳을 많이 알고 있다 하였다. 이에 국학직강(國學直講) 최양을 파견하여 홍종로를 데리고 홍주(洪州), 직산(稷山), 정선(旌善)에서 금을 채굴하였는데 백성 11,446명을 70일 동안이나 역사시켜서 겨우 7냥(兩) 9푼을 얻었다.'라는 기록도 있다.

이 당시 금을 채굴했던 지역은 지금의 충남 홍성군인 홍주 지역과 천안시 서북구 직산읍을 비롯해 강원도 정선 지역인 것으로 확인된다. 또 당시 봄철 농한기 70일 동안 11,466명을 동원해 약 8냥의 금, 즉 약 300g 정도를 채굴했다고 하니 당시의 금 채굴이 얼마나 어려웠던 것인지를 실감케 한다. 이 금에 관한 기록은 〈연려실기술〉에도 나오는데 '충렬왕 3년에 원나라에서 다루가치를 보내어 본국의 신하와 함께 도징(淘澄)하여 금 2전 2푼을 얻었고, 홍주(洪州) 등처로 가서 70일 동안 금즙(金汁-重沙, 금이 들어 있는 모래)을 일어 인부 1만 1,446명을 써서 겨우 금 7냥 9푼을 얻었다.'라는 내용으로 기록되어 있다. 도징이란 금과 함께 섞여 있는 모래를 맑은 물로 일어 금을 분리하는 작업을 말하는 것으로 사금을 채취할 때 사용하는 용어인 팬닝(Panning)에 해당하며, 금즙이라는 표현은 도징으로 얻어진 금이 들어있는 모래, 즉 중사(重砂)를 의미하는 것으로 약 750년 전에도 현재의 사금 채취 방법과 유사한 형태로 금을 회수했던 것으로 보인다.

1281년(충렬왕 7년) 2월에는 하예가 왕지(王旨-왕의 교지)를 사칭하여 국신고(國贐庫)의 금, 은과 세모시를 가져다가 내탕(內帑)에 들여서 폐행(嬖幸)들에게 나누어 주었다는 내용이 있다.

1282년(충렬왕 8년) 6월에는 도평의사사(都評議使司)에서 방문을 붙이기를 '민생의 근본은 미곡에 있으니 백금(白金-은)이 비록 귀하나 굶주림과 추위를 구제할 수 없다. 지금부터 은병 1개를 쌀로 계산하면 경성(京城)에서는 15~16석, 외방에서는 18~19석의 비율로 하며 경시서(京市署-물건 파는 관청)에서 그해의 풍흉을 살펴 그 값을 정할 것이다.'

라는 내용이 있는데, 1101년부터 화폐로 사용되던 은병의 가치를 정해 사용했다는 내용으로 수도에서는 쌀 15~16석, 지방에서는 18~19석으로 정한 것을 보면 당시 은병의 가치가 얼마나 높았는지 알 수 있다. 1288년(충렬왕 14년) 1월에는 '황제가 만호(萬戶), 천호(千戶), 백호(百戶)에게 금은패(金銀牌)를 하사하였다. 쌍주 금패(金牌) 4개는 박지량, 나유, 한희유, 장순룡에게 하사하고, 은패(銀牌)는 백호 이하의 군사들에게 나누어 하사하였다.'라는 내용도 있다.

1289년(충렬왕 15년) 2월과 7월에는 '원(元)이 감찰(監察) 아로온(阿魯溫)을 파견하여 은(銀)을 채굴하였으며', '원(元)이 아로온(阿魯溫)과 이성(李成) 등을 보내와 은(銀)을 채굴하였다'라는 내용이 있다. 이와 관련된 기록은 중국의 〈원사(元史)〉 15권에도 나오는데 '고려(高麗國)에 은(銀)이 많이 산출된다 하여 장인을 곧 그곳으로 보내어 근방 민간의 대장장이(民冶)를 선발하여 관(官)으로 보내게 하였다.'라는 내용으로 확인된다.

1293년(충렬왕 19년) 12월에는 '을사 왕과 공주가 황태자(皇太子) 진금의 비(妃)인 활활진(闊闊眞)의 궁전으로 나아가서 금종(金鍾)과 금우(金盂-금사발) 1개씩, 백은 만루도 금대잔(白銀滿鏤鍍金臺醆-백은으로 도금한 술잔) 1쌍, 백은 만루병 1개, 은종(銀鍾)

고려관리의 허리띠 착용 모습과
금동 허리띠(13~14세기)

9개, 은우(銀盂-은사발) 20개, 호피와 표피 각 9장, 수달피 27장, 세저포 45필, 검은 매와 송골매 각 1마리씩을 선물로 주었다.'라는 내용이 있다.

1296년(충렬왕 22년) 5월에는 중찬(中贊) 홍자번이 상서(上書)하기를 '국용(國用)에 금과 은은 귀중한 것이지만 나오는 곳이 없습니다. 마땅히 동서 각 방의 행역(行役)과 각 관청의 새로 제수된 행역으로 하여금 거두어들이는 물건 중 3분의 2를 취하여 국용에 보충하도록 하십시오.'라고 하였다는 기록도 있다.

1299년(충렬왕 25년) 7월에는 '장군 김유(金儒)를 경상도, 전라도, 양광도의 삼도채방사(三道採訪使)로 임명하였다.'라는 내용이 있는데, 당시의 채방사는 금이나 은의 채굴을 관리하거나 송골매 등 짐승들을 잡아 조정에 올리는 역할을 했던 관리로 조선시대까지 이어졌다.

:: 고려 충선왕

1308년(충선왕 원년) 5월에는 '원(元)이 황제를 옹립한 공으로 충선왕을 심양왕으로 승진시켜 책봉하였는데, 금호부(金虎符-여러 가지 금속광물)와 옥대, 칠보대, 벽전금대(碧鈿金帶-옥과 황금으로 장식한 허리띠) 및 황금 500냥, 은 5,000냥을 하사하였다' 하며, '황후와 황태자 역시 총애하여 하사한 진귀한 보물과 비단을 가히 셀 수 없을 정도였다.'라는 기록이 있다.

1313년(충선왕 복위 5년)에는 '공주가 왕과 함께 고려로 돌아왔다. 왕이 순비와 숙비로 하여금 금암역까지 마중 나가 폐백을 가지고 뵙게 하였다. 재추(宰樞-벼슬아치) 또한 이와 같이 하였으며 승도들도 절을

은제 도금 화형 용두잔(龍頭盞)(14세기)

올려 맞이하고 폐백을 바쳤다. 공주가 탄 수레 2량은 모두 금은과 비단으로 꾸몄으며 뒤따른 수레는 50량이었다. 전장(氈帳-모직물)은 크고 작은 것이 있었는데 큰 것은 수레 14대에 실을 수 있었다. 금 항아리 1개, 종(鍾) 2개, 대종자(大鐘子) 6개, 지리마종자·패란지종자와 잔아(盞兒-술잔) 10개, 패란지종자(孛欒只鍾子) 14개, 찰랄잔아·찰혼잔아 각 6개, 관자(灌子-붓) 2개, 저자자 및 호로 각 1총, 금(金) 40정(錠) 29냥(兩), 은(銀) 68정 34냥이었다.'라는 기록이 있다.

:: 고려 충숙왕

1321년(충숙왕 8년) 8월에는 대호군 손기가 금은과 저포(苧布-모시베)를 가지고 원(元)으로 가서 왕에게 바치었다 하며, 1328년(충숙왕 15년) 7월

금동 아미타삼존상(1333년)

에는 왕이 최안도를 평양까지 보내어 금은과 능라, 저포를 선물로 주었지만 매려가 받지 않았다는 내용이 있다.

:: 고려 충혜왕

1339년(충혜왕 원년) 5월에는 대호군 손수경과 전윤장을 파견하여 금은과 대정아(大頂兒)를 가지고 원(元)으로 가서 일을 맡은 자에게 뇌물로 주고 복위하기를 구하였다 하며, 홍융은 충혜왕의 외숙이 되는 사람으로 그가 죽었을 때 충혜왕이 그의 후처인 황씨와 사통하면서 금은 그릇, 무늬 있는 비단, 모씨, 쌀과 콩을 하사하니 황씨도 충혜왕을 집으로 초대하여 잔치를 열었다는 기록이 있다.

:: 고려 충목왕

1344년(충목왕 원년) 4월에는 충목왕이 왕위를 계승하자 이제현은 판삼사사(判三司事)로 승진하고 부원군에 봉해졌는데, 이때 이제현이 도당(都堂)에 글을 올려 말한 내용으로 '…(중략)… 금은과 비단은 우리나라에서 생산되지 않기 때문에 선배 공경들도 피복은 다만 흰 포목과 명주를 사용하였고, 기명(器皿-각종 그릇)은 놋쇠와 질그릇만 사용하였습니다. …(중략)… 이를 통해 국가가 400여 년 동안 능히 사직을 보전할 수 있었던 것은 다만 검소한 덕 때문임을 알 수 있습니다. 근래에 풍속이 사치를 극도로 다하니, 민생이 곤궁하고 국가재정이 궁핍한 것은 오로지 이 때문입니다. 청컨대 재상들은 지금부터 비단으로 옷을 짓거나 금과 옥으로 그릇을 만들지 말고, 또 좋은 옷을 입은 말 탄 사람으로 그 뒤를 옹위하게 하는 것을 금하소서'라는 내용이 있는데, 고려에서 금은이 생산되지 않아 옛날 선조들도 검소하게 생활하였으니 앞으로 재상들도 금과 옥으로 그릇을 만들어 사용하지 말라는 제안이었다.

:: 고려 공민왕

1354년(공민왕 3년) 1월에는 원(元)에서 환관인 원사 김광수와 첨원 가자발피를 보내 왕에게 저폐(楮幣-돈) 10,000정과 황금 1정, 백은(은) 9정을 하사하였으며, 왕은 이것 모두를 공부(公俯)로 돌렸다고 한다.

1356년(공민왕 5년) 9월에는 도당(都堂-조선시대 의정부 격)에서 여러 관청으로 하여금 화폐에 대해 의논하게 하였는데 '우리나라는 근고 이래 쇄은(碎銀)으로 은병만큼의 무게를 저울질하여 화폐로 삼고 있습니다. 그리고 5승포(五升布-베를 세는 단위)로 이를 보조하여 사용하고 있습니다. 점차 오래되니 폐해가 없을 수 없는데, 은병은 날로 변하여 점점 구리가 되어가고, 마(麻-삼베)의 올은 날로 거칠어져 포라고 할 수 없게 되었습니다. 논의하는 자들은 다시 은병을 사용하고자 합니다만 저희가 생각하기로는 은병 하나의 무게가 1근(斤)이고 그 가치는 포 100필에 해당하는데, 지금 민가에서 한 필의 포를 가진 자도 오히려 적으니, 만일 은병을 사용한다면 백성들은 무엇으로 무역하겠습니까? 혹은 논의하기를 마땅히 동전(銅錢)을 써야 한다고 하지만, 국속(國俗-나라의 풍속)에 오랫동안 동전을 쓰지 않아 왔는데, 하루아침에 갑자기 이를 사용하도록 한다면, 백성들이 반드시 일어나 비방할 것이며, 혹은 말하기를 쇄은을 사용하는 것이 마땅하다 하지만, 민간에서 저마다 사용해 아무런 표지가 없으면, 화폐의 권한이 나라에 있지 않으니 또한 편하지 않습니다. 지금은 은(銀) 1냥의 가치가 8필에 해당하니, 마땅히 관청에 명령하여 은전(銀錢)을 주조하게 하고 은전의 표지가 있게 하여 그 양수(兩數-양과 수량)의 경중에 따라 비단과 곡식의 많고 적음을 준하게 한다면, 은병에 비하여 주조하기 쉽고 힘이 적게 들며 동전에 비해 운반하기 가볍고 이로움이 많아 관아와 민, 군대 모두에게 편리함이 있습니다. 은이 산출되는 곳에 거주하는 백성들에게는 역을 면해 주고 채굴한 것을 관청에 납부하게 하며, 국인(國人-국민)이 축적한 은그릇은 모두 관청에 내게 하여 은전을 주조하여 이를 돌려주고 5승포를 병용하면 공사(公私-정부와 민간)에 편리할 것입니다.'라는 내용이다.

고려시대 은병

이는 1101년부터 화폐로 사용해 오던 은병의 폐지에 대한 논의였는데, 무려 255년 이상을 화폐로 사용하다 보니 은병이 변해서 더는 사용하기 힘들며, 이에 따라 쇄은으로 은병만큼의 무게로 만들어 사용했지만, 이러한 방안도 여러 폐단이 있으니 은으로 만든 돈, 즉 은전을 만들어 화폐로 사용하자고 한 것이다. 은전은 은병보다 만들기도 쉽고 또 휴대하기도 편해 여러 가지 장점이 있다는 이유 때문이었다.

또 은이 산출되는 지역의 백성들에게는 군역을 면제해 주고 주민들이 가지고 있던 은그릇을 수거해 은전을 주조하려고 한 것을 보면 당시에도 은광 개발이 상당히 힘들었음을 시사해 주는 내용이기도 하다.

1357년(공민왕 6년) 1월에는 역적들의 가산을 시가대로 시장에 팔았으며, 보옥(寶玉-보석)을 내고(內庫)에 넣고 금은은 호부(戶部)에 보내 국가재정에 충당하게 하였으며, 왕사(王師) 보우를 내전으로 맞이하여 황금 50냥과 금선(金線) 1필을 하사하였다는 기록도 있다. 또 같은 해 8월에는 '쌍성 등지에서 해마다 들여오는 금(金) 등의 물품은 본국에서 독자적으로 청렴하고 유능한 사람들에게 맡겨 채굴과 납입을 감독하게 하겠습니다. 조소생(趙小生)과 탁도경(卓都卿)이 금의 채굴을 구실삼아 허위 사실을 날조하여 요양행성(遼陽行省)에 무고할 경우 이로 인해 소송이 제기되어 복잡한 이해관계가 발생할 것이 우려됩니다.'라는 내용도 있다. 쌍성은 쌍성총관부가 설치되었던 화주 지역으로 화주는 함경남도 영흥군 일대에 해당된다.

1362년(공민왕 11년) 1월과 6월에는 '적이 달아나면서 서로 짓밟아서 쓰러져 죽은 시체가 성(城)에 가득 찼으며, 머리를 베어 죽인 것이 무릇 100,000여 급(級)이었고 원 황제의 옥새와 금보(金寶), 금은동(金銀銅)으로 만든 도장, 병장기 등의 물품을 노획하였다.'라는 내용과 '전법판서(典法判書) 이자송(李子松)을 원(元)에 파견하여 홍건적이 평정되었음을 알리고, 노획한 옥새 2개, 금보(金寶) 1개, 금은동(金銀銅)으로 만들어진 인장 20여 개 및 금패(金牌)와 은패(銀牌)를 바쳤다.'라는 내용이 기록되어 있으며, 11월에는 '쌀 4두의 값이 포 1필이 되었고, 금은의 값이 떨어져 어떤 경우에는 금 1정(錠)이 쌀 5~6석에 해당하였는데, 중앙과 지방이 모두 그러하였다.'라는 내용이 있다.

1366년(공민왕 15년) 4월에는 왕이 백관을 거느리고 왕륜사(王輪寺)에 행차하여 사리(舍利)를 관람하고 황금과 채색 비단을 시주하였으며, 승려들에게 베 800필을 하사하였다 하며, 1369년(공민왕 18년) 10월에는 왕이 왕륜사(王輪寺)에서 회왕과 오왕의 사신 2명에게 연회를 베풀고 각기 황금 불상 1구씩을 주었다는 내용도 있다.

1370년(공민왕 19년) 2월에는 '납합출(納哈出-나하추)이 사신을 파견하여 토산물을 바치고, 관직을 내려주기를 요청하였으며 또한 황금 8냥으로 부인이 쓰는 허리띠를 구하였다. 나하추에게 삼중대광사도라는 관직을 주고 고운 삼베 2필과 부인용 금 허리띠 1개를 하사하였으며, 금을 돌려주었다.'라는 내용도 기록되어 있다.

1372년(공민왕 20년) 8월에는 '영전(影殿-임금의 화상을 모시는 전각)의 취두(鷲頭-꼭대기)를 완성하였는데, 황금 650냥과 백은(은) 800냥이 들었다.'라는 내용이 있다. 1373년(공민왕 22년) 7월에는 '매년 수차례 사람을 보내 금, 은, 기명(器皿) 등 물건을 진상하니, 이러한 예물은 백성들을 수고롭고 번거롭게 한다는 내용이 있고, 1374년(공민왕 23년) 6월에는 '보낸 공물 중 금은(金銀), 기명(器皿), 채석(採石), 저마포(苧麻布), 표달피(豹獺皮-표범과 수달 가죽) 및 대부감에 보내온 백저포 300필은 모두 정비 편에 돌려보냅니다.'라는 기록도 있다.

또 공민왕 시절에는 시대가 정확히 기록되어 있지 않은 내용이 나와 있는데, 공민왕이 아들 낳기를 바라며 연복사(演福寺)의 불전에서 문수회(文殊會)를 신돈(辛旽)과 함께 크게 열었는데 이때 금은으로 인공산을 만들어 뜰에 놓고, 깃발과 덮개가 오색으로 햇빛처럼 빛났다는 내용이 있고, 우사의대부 윤소종과 동료들이 올린 상소문 중에 '…(중략)… 여러 도에 걸쳐 농장을 소유하였으며 늘어선 집에선 금은보화가 가득 찼습니다. …(중략)… 그 악명이 상국에까지 알려지게 되었으므로 이인임은 스스로 두려워하여 감히 입조하지 못하였습니다. 금과 은 및 말과 베를 조공하게 된 것, 경박하게 잔꾀를 부린다는 책망을 듣게 된 것, 철령위(鐵嶺衛)의 설치 문제 등은 실로 이인임이 초래한 것입니다.' 라는 내용을 비롯해 사신으로 갔던 자들이 금은과 토산물을 가지고 가서 채색 비단과 잡다한 물건들을 매매하였으며, 비록 유식한 자라도 권세가의 부탁에 쫓긴 나머지 사사로운 물품이 공물의 10분의 9나 되니 고려 사람들은 사대를 구실로 무역을 탐할 뿐이었다는 내용이 기록되어 있는데, 고려 공민왕 시절에 금은의 유통량이 상당했으며, 사신들이 몰래 거래도 많이 했다는 것을 알 수 있다.

:: 고려 우왕

1378년(우왕 4년) 10월에는 판도판서(版圖判書) 이자용과 전 사재령(司宰令-벼슬아치) 한국주를 일본에 보내 해적을 단속해 달라고 청하면서, 구주절도사(九州節度使) 원료준에게 금은, 술그릇, 인삼, 화문석, 범과 표범의 가죽 등을 선물로 주었다는 기록이 있고, 1379년(우왕 5년) 10월에는 왕태후가 82세에 우왕의 국왕 승인과 세공감축을 바란다는 내용으로 올린 표문에도 금은에 관한 내용이 담겨 있는데 '…(중략)… 본국은 땅이 척박한 까닭에 금과 은이 산출되지 않는다는 것은 상국에서도 알고 있습니다. …(중략)… 요즈음 사람들은 10냥의 금을 재산으로 가졌어도 오히려 조금도 빠짐없이 자손에게 전하려고 하는데 하물며 한나라는 어떻겠습니까? …(중략)…'라고 기록되어 있다.

1380년(우왕 6년)에는 명나라에서 세공으로 금은, 마필, 세포를 바치라고 독촉하자 시중 윤환 등이 의논하여 재상으로부터 서인(庶人-일반백성)에 이르기까지 포를 차등 있게 마련하고자 하였다는 내용이 있고, 1382년(우왕 8년) 4월에는 문하찬성사(門下贊成事) 김유, 문하평리(門下評理) 홍상재, 지밀직(知密直) 김보생, 동지밀직(同知密直) 정몽주, 밀직부사(密直副使) 이해, 전공판서(典工判書) 배행검 등을 명나라의 수도에 보내 세공으로 금 100근, 은 10,000냥, 포 10,000필, 말 1,000필을 바치게 하였다는 내용이 있다.

1383년(우왕 9년) 8월에는 '1378년(홍무 11년) 배신 심덕부 등을 보내 말과 금은 및 각종 그릇 등의 물품을 바치고 귀국하면서 그들이 가지고 온 폐하의 조서를 받들어 보니 "올해 세공으로 바칠 말 1,000필은 집정 배신 절반을 파견하여 가지고 입조하게 하라. 내년에는 금 100근, 은 10,000냥, 좋은 말 100필, 세포 10,000필을 바치도록 하며 이를 상례로 하라"고 하였습니다. 명령을 받드느라 쓰러질 정도로 바쁘게 노력하였습니다. 다만 금은이 생산되지 않는 것은 사방이 다 알며, 말이 많지 않은 것은 땅이 좁기 때문입니다. 더욱이 매번 요동도사가 길을 막아서 그나마도 폐하께 바치는 것이 늦어지고 있습니다.

홍무 17년(1382년)에 다시 온 힘을 다해 금은과 포, 말을 변통하여 …(중략)…'라는 내용이 있는데, 1378년부터 세공으로 금과 은, 말 등을 가지고 오라고 하였으나, 고려에 금은이 생산되지 않아 늦어졌으며, 1382년에 다시 금과 은, 말 등을 마련해 명나라에 가져가 바치려고 했지만, 요동도사가 그간 밀린 세공을 한꺼번에 내라며 입국을 거절해 이번에는 배를 이용해 명나라로 가게 하였다는 내용이다.

1384년(우왕 10년)에는 5월, 7월, 8월 및 10월 등 4차례에 걸쳐 금에 관한 내용이 기록되어 있다. 5월에는 '판종부시사(判宗簿寺事) 김진의를 요동으로 보내 세공으로 말 1,000필을 바치도록 하였다. 금과 은은 본국에서 생산되지 않았기 때문에 사복정 최연을 보내 그 수량을 감축해 줄 것을 요청했다'는 내용이 있으며, 7월에는 '사신 최연이 요동에 도착하니, 도사(都司-요동 시장 격의 벼슬) 연안후와 정녕후가 사신을 보내 급히 아뢰기를 "고려가 바친 말 5,000필은 숫자가 충족되었습니다. 그러나 파견되어 온 사신이 황제를 알현할 필요는 없습니다. 성지(聖旨-임금의 뜻)에 따라 다음에 다시 오라고 하겠습니다. 고려가 바친 금은은 수량이 충분하지 않습니다. 마필로 부족한 것을 인정해 달라고 요청하고 있지만, 인정해서는 안 될 것입니다"라고 하였다 하며 "부족한 것은 은 300냥은 말 1필, 금 50냥은 말 1필에 준하도록 하라"고 하자 최연이 그냥 돌아왔다'고 하는 내용이 있다.

8월에는 '명령을 내려 양부(兩府)에서 6품에 이르기까지 금은을 차등 있게 내게 하고, 또 여러 도로부터 일괄적으로 거두고 세공에 충당하였다. 이달에 도당에서는 노국대장공주(魯國大長公主) 진전(眞殿-궁전)에서 금은 그릇을 거두어 그 부족분을 충당하였다'는 내용을 비롯해 10월에 '정요위에서 황제의 명령에 따라 압록강(鴨綠江)을 건너와서 교역을 시도하니, 조정에서는 의주(義州)에서의 교역만 허락하였으며 금은 및 소, 말의 무역을 금지하였다'는 내용이 기록되어 있는데, 당시에 고려에 금과 은이 상당히 부족해 어려움을 겪었음을 알 수 있다.

1385년(우왕 11년) 12월에는 밀직부사(密直副使) 강희백을 명나라 수도로 보내 세공으로 말 1,000필, 포 10,000필, 말 66필에 준하는 금은을 바치게 하였다는 기록이 있다.

1386년(우왕 12년) 2월에는 명나라에 세공(歲功)의 경감을 요청하는 표문에 이르기를 '1379년 3월에 배신(陪臣) 심덕부가 경사(京師-수도)에서 돌아올 때 삼가 수조(手詔)와 녹지(綠池)를 받들어 왔는데 그 내용에 "올해 세공은 말 1,000필이며, 내년에는 금 100근, 은 10,000냥, 양마 100필, 세포 10,000필을 바치고, 매년 이것을 상례로 하라"고 하였습니다. 조금 있다가 또 예부(禮部)가 보낸 자문에 의거하여 성지를 삼가 받들어 보니 그 내용에 "지난 5년간 바치지 못한 세공인 말 5,000필, 금 500근, 은 50,000냥, 포 50,000필은 한꺼번에 가지고 오라"라고 하셨습니다. 금과 은은 우리나라에서 생산되지 않는 것이라서 요동도사(遼東都司)에게 부탁하여 아뢰기를 "고려에서 바칠 금과 은이 부족하니, 원컨대 말로 대신 바치게 해 주십시오"라고 하였는데, 성지를 받들어 보니 "은 300냥마다 말 1필씩, 금 50냥마다 말 1필씩을 대신 바쳐라"라고 하셨습니다. 그리하여 배신 문하평리(門下評理) 이원광을 보내 말 5,000필, 포 50,000필 및 금과 은에 준하는 말을 거느리고 상국 조정에 나아가 세공을 바치고 마무리를 짓도록 하였습니다. 1384년(홍무 17년)에 이르러 세공으로 말 1,000필, 포 10,000필 및 금과 은에 준하는 말 66필을 이미 저의 신하인 밀직부사(密直副使) 강희백 등으로 하여금 거느리고 가서 바치도록 하였습니다. 돌이켜 보건대 멀리 떨어진 우리나라는 국토가 협소한 데다 매년 왜구의 침입을 받아 백성들의 생활이 매우 어려우며, 생산되는 물품도 모두 소모되어 버렸습니다. 금과 은은 정말로 우리나라에서 생산되는 것이 아니며, 말과 포도 장차 그 수를 채우기가 어려울 것 같아 두려우니 황공스럽기 한량없으나 장차 어찌해야 좋을지 모르겠습니다.'라고 기록하고 있다. 당시 명나라에 바친 세금에는 항상 황금과 은이 따라다녔으며, 고려는 고려에서 금이 산출되지 않는다는 점을 강조했던 것으로 볼 수 있다.

1387년(우왕 13년) 8월과 11월에는 우왕이 숙비(淑妃)를 위해 황금 불상을 만들었다는 기록과 우왕이 아들 왕창이 공부를 하지 않는다고 회초리로 때린 뒤 판도사(版圖司)의 황금(黃金) 1정을 가져다가 왕창에게 하사하였으며, 도평의사사(都評議使司)에서도 백금(은) 1정을 왕창에게 바쳤다는 기록이 있다.

1388년(우왕 14년) 2월에는 우왕이 김영진의 집과 금은으로 된 기물을 소매향에게 하사하고, 임견미, 염흥방 등의 집안 재물을 폐행(嬖幸–총애하는 사람)들에게 하사하였는데 셀 수도 없었다는 내용이 있고, 4월에는 문달한, 김종연, 정승가와 환관(宦官) 조순, 김완 등을 보내어 좌·우 도통사 및 여러 장수들에게 금은으로 된 술 그릇을 하사하였고, 도진무까지 모두 옷을 하사하였다는 내용이 있다.

:: 고려 창왕

금동 관음보살(14~15세기)

1389년(창왕 원년) 8월에는 전농부정(典農副正) 김지라는 사람이 상서하여 금은으로 된 띠를 차는 것을 금지하여 절약할 것을 청하였다는 내용이 있고, 또 창왕 때 권근이 이숭인의 구원에 관해 올린 글을 도평의사사(都評議使司)에 내려 논의하게 한 내용 중에는 '…(전략)… 이숭인을 따라갔던 통사(通事-통역) 송희정에게 물었더니 "이숭인이 백금과 저마포를 갖고 가서 저자에서 채색비단 16필과 견 20여 필, 목면 5필, 색실 5~6근을 샀습니다."라고 하였다. …(후략)…'는 내용도 있다.

:: 고려 공양왕

1391년(공양왕 3년) 3월에는 중랑장 방사량이 현실의 폐단을 개혁하라는 상소를 올린 내용 중에 '…(중략)… 원하옵건대 지금부터 사서, 공상, 천예가 비단으로 만든 복장을 입거나 금, 은, 주옥으로 장식하는 것을 일체 금지하시어 사치풍조를 없애고 귀하고 천하고의 구분을 엄격하게 하십시오. …(중략)… 놋쇠(鍮)와 구리(銅)는 우리나라 땅에서 생산되지 않는 물건이니 원하옵건대 지금부터 구리그릇이나 쇠그릇의 사용을 금지하고 오직 자기와 목제 그릇만 쓰게 하시어 습관과 풍속을 고치게 하십시오 …(중략)…'라는 기록이 있고, 5월에는 '처음에는 상인 무리들이 우마(牛馬), 금은, 저마포를 가지고 몰래 요동, 심양에 가서 판 사람들이 매우 많았으며, 명나라로 가서 매매하는 것을 금지하였다.'라는 내용이 있고, 7월에는 도당에서 임금에게 아뢰기를 '거가세족(巨家世族-명문대가)이 금과 은을 사용하여 불교 경전을 베끼는 일을 금지하십시오.'라는 기록이 있는데 고려 말로 갈수록 황금과 같은 사치품을 명나라가 많이 수탈해 가서 왕실은 물론 불교에서까지 금과 은을 사용하지 못하도록 한 것으로 보인다.

1392년(공양왕 4년) 3월에는 공양왕이 세자 왕석에게 명나라의 수도에 가서 정월을 축하하게 하였는데, '…(중략)… 조관에게 명하여 날마다 연회를 열어 위로하였다. 황금 2정, 백금(은) 10정, 단견 100필을 하사하였고, 호종한 관리들에게는 은과 비단을 차등 있게 하사하였다'는 기록이 있다.

이 밖에도 고려사 열전 34권에는 황금에 관한 이야기가 기록되어 있는데, '어떤 형제가 함께 길을 가다가 동생이 황금 두 덩이를 주어 하나를 형에게 주었는데, 양천강(陽川江)에 이르러 같이 배를 타고 강을 건너가던 중에 동생이 갑자기 금덩어리를 물에 던져 버렸다 한다. 이에 형이 이상하게 여겨 까닭을 묻자 답하기를, "제가 평소 형님을 깊이 사랑하였는데, 이제 금을 나누고 보니 문득 형을 꺼리는 마음이 솟아납니다. 따라서 이는 상서롭지 못한 물건인지라 강에 던져 버리고 깨끗이 잊는 것이 좋다고 생각하게 되었습니다."라고 하니, 형도 말하기를, "너의 말이 정말 옳다."라고 하면서 역시 금을 물에 던져 버렸다.'라는 내용도 있다.

또 37권에는 충선왕 때 우부승지 등을 지낸 박의라는 사람이 황금 20정, 은 30근을 충선왕을 위해 절에 시주하려고 했는데 그의 아들 박유정이 사사로이 이를 써버려 충선왕이 박유정을 순군(巡軍)에 가두고, 금 20냥, 은 70근, 은병 600개, 베 1,000필, 노비 30구, 토지 20결을 징수하였다는 내용의 기록도 있다. 또 〈조선광상조사요보〉 9권에는 고려시대 금 산출지는 홍천, 정선, 직산 등지의 사금지대였다고 송나라 선화사 수행원 서긍(徐兢)의 복명서에 나와 있다고 한다.

조선시대

조선시대 황금에 대한 기록은 〈조선왕조실록〉과 〈비변사등록〉을 비롯해 〈고종순조신록〉, 〈고종시대사〉 등에 상세하게 나와 있는데, 조선 초기 태종과 세종 시절 기록을 비롯해 조선시대 말 고종 때의 기록이 가장 많이 확인된다.

:: 조선 태조

태조 이성계 어진

조선시대 금(金) 기록은 1394년(태조 3년) 6월에 나타나는데, '승지 이상의 관리 외에는 금은옥(金銀玉)의 착채(着彩)와 사용을 금하며, 중국 사신도 연경(燕京) 이외의 곳에서는 역시 사용을 금한다'라는 것에서 찾아볼 수 있고, 10월에 사헌부에서 금은(金銀), 채단(綵段)의 금령을 더욱 엄하게 하였다는 내용에서도 확인된다.

1398년(태조 7년) 5월에는 '전회길이 동북면 단주(端州)에 가서 군인(軍人) 80명으로 9일 동안 4전(四錢)의 금을 캐 바쳤다'라는 기록이 있는데, 고려시대에 금을 채굴했던 홍주(洪州), 직산(稷山), 정선(旌善) 지역과는 달리 동북면 단주 지역에서 금을 캤다는 것으로 이후에도 새로운 금 채굴지역이 곳곳에 나타난다.

:: 조선 태종

1401년(태종 1년) 10월에는 태종이 '전서(典書) 윤전을 불러 돌아오게 하였다. 전이 안동 채방사가 되어 춘양현(春陽縣)에서 은(銀)을 캐는데, 임금이 날이 추워 일을 할 수 없다 하여 소환한 것이었다. 전이 은 10정(錠)을 바쳤으니, 1정은 16냥(兩)이다.'라는 기록이 있다. 춘양현은 지금의 경북 봉화군 춘양면 지역으로 여기서 은(銀)을 무려 160냥, 즉,

6kg 정도를 캐서 바쳤다는 내용이다. 채방사(採訪使)란 조선시대 금은 광산이나 지역의 특산물 탐사 임무를 맡은 중앙관서 파견관리로 채방사(採訪使), 채방부사(採訪副使), 채방별감(採訪別監), 채방판관(採訪判官)이라는 직책으로 나누는데, 채방사는 정3품 또는 종3품, 채방부사나 채방별감은 정4~5품, 종4~5품, 채방판관은 종6품의 관리였다 한다. 또 임금이 직접 나서 채방사로 하여금 전라도, 경상도 등지에서 금과 은을 캐도록 지시했다는 내용도 뚜렷이 확인되며, 금과 은의 수량을 세는 단위인 정(錠)에 대해 16냥(兩)이라는 명확한 단위도 나와 있다. 또 금과 은을 채굴할 때 몇 명의 인부를 며칠간 사용했는지, 채굴량은 얼마인지 등에 대한 기록도 상세히 나와 있어 당시의 황금 채굴 현황을 쉽게 알 수 있게 하는 기록이다.

1402년(태종 2년) 6월에는 '일본국 대상에게 토산물을 내려주었다. 그가 보내온 사람에게 주어 보냈으니, 은준(銀樽-은술통) 1개, 도금은규화배(鍍金銀葵花杯-도금한 꽃무늬 술잔) 1개, 은탕관(銀湯罐-은 항아리) 1개, 흑사피화 1개, 죽 모자 10개, 저포와 마포 각각 15필, 인삼 50근, 호피와 표피 …(중략)…'라는 내용이 있으며, 1406년(태종 6년) 6월에는 '금은(金銀)은 본국에서 나지 아니하므로 연례진헌(年例進獻)과 별례진헌(別例進獻)도 …(중략)…'라는 기록도 있다. 같은 해 7월과 10월에는 '관리의 품계에 따라 실적이 다르고 관리로 하여금 채금을 독려하였다'라는 기록이 있고, 윤7월에는 '경중과 외방에 명하여 품은(品銀)을 바치도록 하였다. 이때 중국에 진헌하는 금은(金銀)이 떨어지려 하였는데, 공조에서 바칠 사람을 모집하였지만, 끝내 바치는 사람이 없었다.

의정부에서 건의하기를 "1품은 백은(白銀) 5냥을 바치게 하고, 2품은 4냥을, 3품은 3냥을, 유수관에서 대도호부까지는 50냥을, 목관과 단부관은 30냥으로 하여 이것으로 차등을 두어 독촉하여 진납하게 하여서 진헌하는 기명(그릇)을 만들게 하소서"라고 하였다.'는 내용도 있다. 이 내용을 보면 조선 초기에 부족한 금과 은을 광산에서 채굴하도록 많은 노력을 기울였음에도 불구하고 생산량이 적어 관리들에게까지 거두어 사용했다는 것을 알 수 있다. 또 10월에는 전 전서(典書) 윤전을 보내어 경상도, 전라도에서 금, 은을 캐게 하였다는 기록도 있다.

1407년(태종 7년) 3월에는 '전 전서 윤전이라는 자가 상언하기를, "경상도 안동 북면에 은갱(銀坑)이 있는데 캘 만합니다." 하였다. 이에 그를 보내서 시험하였더니, 윤전이 인부 300명을 역사시켜 두어 달 동안에 겨우 3전을 얻었고, 또 많이 사익을 경영하므로 관찰사가 그 일을 조사하여 아뢰니, 그 역사(役事)를 파하였다. 조금 뒤에 윤전이 또 풍해도(현재의 황해도 지역)에서 채은할 것을 헌의하니, 사간원에서 상언하기를,

"윤전은 성품이 본래 어리석고 고지식하여 채은의 기술은 알지 못하고, 공을 세우기를 탐하여 신사년 가을에 경상도를 돌아다니며 백성들을 모아 산을 팠으나, 마침내 1전도 얻지 못했고, 병술년 겨울에 또 김해(金海), 청도(淸道)로 돌아가서 군사를 모아 땅을 팠으나, 또 얻은 것이 없었고, 안동에서 얻은 것도 또한 3, 4전에 불과한데, 백성을 수고롭히고 재물을 손상시킨 것은 심합니다. 만일 윤전이 소비한 비용으로 은냥을 산다면 어찌 3, 4전뿐이겠습니까? 하물며, 지금 봄일이 바야흐로 한창이어

서 백성들을 역사시킬 때가 아니온데, 윤전이 또 풍해도에서 작폐하고 자 하니, 바라옵건대, 윤전을 소환하여 농사를 빼앗지 말도록 하여 민생을 이루게 하소서, 만일 말하기를, '은을 캐는 일은 사대의 일로서 폐할 수 없다.'라고 한다면, 다시 물리(物理)에 밝은 자를 택하여 농한기를 당해 채굴하게 한다면, 거의 민생이 이루어지고 구하는 것이 얻어질 것입니다."라고 하였다.'

라는 내용도 있다. 또 8월에는 "금은은 본국에서 나지 않는데, 하물며 금은을 녹여 칠하면 다시 쓸 수 없으니, 천물을 헛되게 버리는 것입니다. 그러므로 송나라 조정에서 분명히 금령이 있었습니다. 빌건대, 이제부터 사대물건(事大物件)과 각 품(品)의 요대와 환약에다 입히는 것 외에는 무릇 금은을 녹여 칠하거나, 서화에 입혀서 꾸미는 따위의 일을 금지하고, 이를 어기는 자는 금은의 배(培)를 징수하고, 율에 비추어 죄를 논하소서." 하니 임금이 그대로 따랐다는 내용이 있는데, 당시 금과 은의 용도가 각종 조공용 물품과 허리띠에 도금하는 것 이외에도 알약에 입히는 것은 물론 녹여서 칠하거나 책이나 그림에도 다양하게 사용된 것으로 보인다.

또 10월에는 서북면 도순문사 이귀철이 금은을 채취하는 사의(事宜-일)를 올렸는데, '지태주사 이목의 정문(呈文-윗사람에게 바치는 글) 내에 "연금(鍊金)하는 장인 서보지의 말에 의하여, 고을 군사 30명을 발하여 8월 21일부터 9월 그믐날까지 취련(吹鍊)하여 십분 은 4냥 5전을 얻었고, 영삭군 31명이 7일 동안 땅을 파서 생금 2푼(分)을 얻었습니다."라고 하였습니다. 금을 캐는 것은 여러 날을 역사하지 않았기 때문에 많고 적은 것을 알기 어렵지마는, 은을 캐는 군사는 30명이 만 1개월을 역사하면 10냥을 취련하여 얻을 수 있으므로 1년이면 1백 냥에 이를 수 있습니다. 만일 오래도록 그치지 않고 파낸다면, 다소 국가의 이익을 도울 수 있을 것입니다.'라는 내용이 있으며, 또 '이조에 명령하여 지태주사(知泰州事) 이목에게 자급을 1급 더하게 하였다. 이귀철이 상언하기를, "이목이 또 이달 초 1일부터 12일까지 사이에 정은(正銀) 6냥을 취련하여 얻었습니다."라고 하여 이러한 명령이 있었다. 또 취련하는 장인 김수만에게 주포, 면포 각각 1필, 면자 1근을 내려주고, 곧 태주(泰州)에 취련군(吹鍊軍) 1백 명을 두어 잡역을 면제하고, 오로지 은(銀)을 취련하게 하였다. 또 서흥현(瑞興縣)에서 나는 지자연(知子鉛) 1근과 연장(鉛匠)을 태주로 보내었다'는 내용이 있는데, 태주는 평안도 일대이며, 서흥현은 황해북도 서흥군에 해당하는 지역으로 이 지역에서 납을 제련했다는 것도 알 수 있다. 또 내용 중에 장인(匠人)들에게 품계를 올려 주거나 상을 내리고 또 부역을 면제해 주는 등의 혜택을 주면서까지 금과 은의 생산량을 늘리려 했다는 것도 알 수 있다.

1408년(태종 8년) 7월에는 '공주 군수가 금은(金銀) 19냥을 올렸는데, 책임량의 4할밖에 달성하지 못하여 금은(金銀) 채득(採得)이 어려웠다'라는 내용이 있고, 10월에는 '제주 도안무사(都安撫使)가 아뢰기를, "금년에 큰바람으로 인하여 곡식이 손상되어 고을 사람들이 먹을 것이 없어서 소와 말을 잡아 양식을 하는 자가 매우 많습니다. …(중략)… 지금 관중(官中)에 준비해 두었던 포화를 토관에게 나누어 주고 황금 4냥 6

전과 백은 291냥을 바꾸어 사람을 보내어 바치오니, 바라옵건대, 그 값을 계산하여 잡곡으로 주셔서 흉년을 구제하게 하소서." 하니 임금이 말하였다. "금과 은의 값은 모두 시가(時價)에 의해서 주고, 따로 진제관을 보내어 쌀과 콩을 요량해 주어서 백성들이 굶어 죽지 않게 하라." 하였다'는 내용이 기록되어 있는데, 당시 각 지방 관청별로 금은을 채굴해 올려야 할 책임량을 배당했으며 제주도는 흉년이 들어 제주 관청에서 보관하고 있던 금은(金銀)을 중앙정부에 바치고 대신 양식을 지원받아 백성들을 구제했다는 내용이다.

1411년(태종 11년) 10월에는 '단주(端州), 안변(安邊)에서 금을 캐었다. 임금이 사대(事大-섬길 때)하는 금은이 장차 다할 것을 염려하여, 전 낭장 김윤하를 동북면 단주와 안변으로 보내어 금을 캐었는데, 군인 70여 명으로 20여 일을 역사하게 하였으나, 겨우 한 냥쭝(37.5g)을 얻었다.'라는 내용이 있고, 또 12월에는 임금이 말하기를 '사대하는 나라에 금은이 없을 수 없다. 내가 들으니, 서북면(평안도 지역)의 태주(泰州), 경기의 금주(衿州), 경상도의 김해(金海), 안동(安東)에 모두 백은이 난다고 하니, 찾아서 캐도록 하라. 백성을 수고롭게 하는 것이 비록 중한 일이나, 일이 자봉(自奉-자신)을 위한 것이 아니니, 하늘이 어찌 싫어하겠는가?' 하니 여러 신하들이 모두 '그렇습니다' 하였다. 임금이 '금주는 가까운 땅이다.' 하고 공조 판서 박자청을 금주에 보내어 시굴(試掘)하게 하였다. 박자청이 금주에서 돌아와서 '은석(銀石)이 연약하여 사용하기 어려워 겨우 은 1냥쭝을 얻었습니다.'라고 보고하니 임금이 말하였다. '우리나라에서 사대하는데 수년 후에는 금은을 얻기 어려울 것이니, 마땅히 각 도에서 널리 채집하여야 한다'고 하며, 반영을 풍해도에, 사공제를 경상도에 보냈다. 의정부에서 아뢰기를, '금주에서 은을 캐는 것은 재력은 많이 들고 얻는 것이 심히 적으니, 그 역사를 파하는 것이 마땅합니다.' 하니 그대로 따랐다. 임금이 말하였다. '본국에서 금은이 나지 않는데, 해마다 중국에 바치는 것이 7백여 냥쭝(26.25kg)이나 되니, 매우 염려된다. 수안(修案), 단주(端州), 안변(安邊) 등지에서 정련(精鍊)하라.'는 내용이 있는데, 당시 명나라에 보낼 금과 은의 수량이 각각 150냥(5.625kg), 700냥(26.25kg)으로 상당히 많아 이를 캐기 위해 얼마나 많이 노력했는가를 엿볼 수 있다. 금주에 있었다는 광산은 지금의 경기도 광명시 가학동에 위치하는 광명동굴과 그 부근에 있었던 광산이었을 것으로 추정된다.

12월에는 '지금부터 궐내에서 금은 그릇을 쓰는 것을 금하라'고 명령하였으며, 사헌부에서 여량군 송거신의 죄를 청하였는데, 송거신이 금하는 물건인 금은을 사용하여 왜관(倭館)과 무역한 일이 발각되었기 때문이었다는 기록도 있다.

1412년(태종 12년) 1월에는 경상도 채방사 사공제(司空濟)가 은 1냥(兩) 4전(錢)을 바치었으며, 치보(馳報-전하는 말)하기를 '신이 김해부(金海府) 사읍제(沙邑梯) 지방에서 실군(實軍) 150명을 거느리고 지나간 해 윤12월 23일부터 금년 정월 초 4일까지 납(鉛) 50근 60냥을 캐어 내어 취련(吹鍊)하여 10품은(十品銀) 1냥 1전 5푼과 7품은(七品銀) 2전 5푼과 납 5근을 얻었습니다' 하였고, 그 뒤 감사가 보고하기를 '은을 캐던 구덩이가 무너져서 압사(壓死)한 자가 5인이고 상하여 골절(骨折)한 자가 4인입니다'라는 기록이 있다. 2월에는 풍해도 채방별감(採訪別監) 반영이 서흥(瑞興)에서 은 50냥(1.875kg)을 취련하여 바쳤다는 기록이 있다. 3월에는 경상도 채방사 사공제가 은(銀) 20냥을 취련하여 바치니, '은을 캔 민호(民戶-백성들의 집의 숫자)에게 복호(復戶-조세를 면제)하라'는 내용과 '풍해도 수안군(遂安郡)에서 은 7냥과 납 60근 11냥을 취련하여 바치었다'라는 내용을 비롯해 동북면 채방별감 박윤충이 금 1근 2냥을 취련하여 바쳤는데, 역군 8백 명이 무릇 30여 일을 역사하였다는 내용 등의 기록이 있고, 10월에는 동북면 채방사 박윤충이 황금 56냥을 캐어 바쳤다는 내용이 있다.

11월에는 사헌부에서 두 조목을 올렸는데, 그 하나는 '금은의 조공은 사대에 관계되는 일이라 준비하지 않을 수 없으므로, 국가에서 풍해(豐海)의 주군(州郡)에 관원을 보내어 금을 취련(吹鍊)하고 있습니다. 그러나 땅을 파고 돌을 뚫으며 쇠붙이를 녹이고 단련함에 백성들은 괴로움을 견디지 못하며, 한갓 본국에서 은이 산출된다는 이름만 있을 뿐이요, 소출이 많지 않아 노력과 비용만 너무 듭니다. 청컨대, 이를 정파하고 그해에 바쳐야 할 금은은 본국에서 생산되는 저포, 마포로 조정에 주청하여 값을 쳐서 바꾸어 이를 충당하게 하소서.'라는 내용이 있다. 여기서 '땅을 파고 돌을 뚫으며'라는 말을 통해 당시에 갱도를 뚫어 금광을 개발했다는 것을 알 수 있다. 소출이 많지 않아 노력과 비용이 너무 많이 든다는 것으로 보아 갱도를 통해 개발한 금과 은의 수량이 얼마 되지 않았다는 것을 추측할 수 있다.

1413년(태종 13년) 3월에는 '동북면 채방사 박윤충이 역마를 달려 황금 144냥쭝을 바치었다. 안변(安邊)에서 불린 금이 83냥쭝인데 그곳의 역도 1,344명이 정월 28일부터 2월 30일까지 일하였고, 영흥(永興)에서 30냥쭝 5전인데 역도 926명이 정월 27일부터 2월 20일까지 일하였으며, 단주(端州)에서 30냥쭝 5전인데 역도 998명이 정월 초 1일부터 30일까지 일하였다.'라는 기록이 있다. 6월에는 '대부(隊副) 홍연이 백은(白銀) 1정을 얻어서 바치었다. 홍연이 돌을 소격전(昭格殿) 동리 시냇가에서 져 오다가 백은 1정을 얻었는데, 글에 쓰여 있기를, "원보(元寶-원나라에서 사용하던 은화) 지정(至正-원나라 순제(順帝) 때의 연호) 4년에 양주(揚州)에서 바치다. 은장(銀匠) 후정용이 만든 화은(花銀-은 화폐) 50냥을 정부에 바치다"라고 하였는데, 정부에서 아뢰니, 명하여 값에 준하여 충분하게 상을 주게 하였다.'라는 내용도 있다. 8월에는 지사역원사(知司驛院事) 장유신을 풍해도 채방사로 삼았는데, 장유신은 본래 시정인(市井人-시장상인)이었는데, 당약(唐藥)으로 납을 제련하면 은(銀)으로 변하게 할 수 있다고 말하였으나 마침내 아무 효과가 없었다는 내용도 있다. 또 12월에는 의정부에서 금은을 채굴하는 법(採金銀法)을 아뢰었는데, 계문은 "각 고을 수령, 향리 등이 금은의 광석이 있는 곳을 알더라도 숨기고서 고하지 않으며, 혹은 고하는 자가 있으면 협박하여 저지시키는데 심지어는 매질까지 합니다. 마땅히 각 도 감사로 하여금 수령관(首領官)을 파견하여 채방사와 같이 이를 찾도록 하소서. 만약 고하지 않다가 뒤에 발각되는 경우가 있으면 교지를 따르지 않은 죄로서 논하고, 스스로 고하는 자는 상을 중하게 하여 후인(後人)을 권장하소서."라는 내용이 있는데 임금이 그대로 따랐으며, 장유신을 채방사로 삼아 각 도를 순행하여 금은의 광석이 나는 곳을 물어서 찾게 했다는 기록도 있는데, 당시에는 각 고을의 수령이나 향리가 황금 산출지를 알려주지 않으려 하였던 것을 보면 돈이 되는 황금이 얼마나 중요했던가를 알 수 있다.

1414년(태종 4년) 1월에는 대호군(大護軍) 박윤충을 영길도 채방사(永吉道採訪使)로 삼아 금(金)을 캐도록 하였다는 내용이 있고, 2월에는 채방사 장유신이 복명하여 아뢰기를 "신(臣)이 경상도, 전라도에 이르러 명령하기를, '만약 금(金)은(銀)이 나는 곳을 고하는 자는 상을 중하게 주겠다'라고 하니, 고하는 자가 5, 6인이 있었습니다. 취련할 때에 당하여 약(약품)이 없었으나 취련한 것이 연(鉛)이 3근이었고, 은을 얻은 것이 삼씨(마자-麻子)와 같았는데 큰 것은 하나의 환(丸)이었습니다. 약을 쓴다면 얻는 것이 좁쌀과 같을 것이며, 큰 것은 하나의 환인데 여러 주(州)에서 나는 것이 대게 이와 같습니다."라는 내용이 있다. 3월에는 채방사 박윤충이 금 138냥쭝을 바쳤는데, 단천(端川), 안변(安邊), 영흥(永興) 등지에서 제련한 것이었다는 기록이 있다. 5월에는 금은의 민간 유통과 잠채를 금지했다는 내용이 있는데, 당시 정부 몰래 금을을 캐는 잠채가 성행했다는 것을 알 수 있는 대목이며, 제련할 때에 시약(약품)을 사용해 연과 은을 분리했다는 것도 알 수 있다.

1415년(태종 15년) 4월에는 강원도 관찰사 이안우(李安愚)가 상서하니 의정부와 육조에 내려 의논하게 하였다는 내용으로 '금을 캐는 일은 진실로 국가에서 사대(事大)하는 데 쓰기 위한 것입니다. 지금 도내의 회양(淮陽)과 정선(旌善)에서 금을 2백여 냥 캤으니, 우연히 된 것이 아닙니다. …(중략)… 신이 가만히 듣건대, 이 지방에서 금을 생산하는 곳이 두 곳이 있다 하며, 영길도(永吉道)에서도 두세 곳이 있다 하니, 마땅히 금이 나는 현(縣)에, 민호(民戶–백성들의 집 숫자)의 다소를 헤아려서 일개 고을(州)을 1소(所)에 전부 붙이거나, 혹은 한두 군현(郡縣)을 합하여 1소에 붙여서, …(중략)… 금 생산의 다소에 따라 상공(常貢–공물)의 수량을 정하소서.'라는 내용이 있는데, 이는 금이 생산되는 고을을 정비한 후 금의 생산량이 많고 적음에 따라 공물의 양을 정해야 한다는 내용의 상소문이었다.

1417년(태종 17년) 5월에는 금은을 일본 객인(客人)에게 파는 것을 금지하였다 하며, 연은(鍊銀)의 일 때문에 각 도 관찰사에게 전지하였는데, "해마다 진헌하느라고 은을 씀이 한이 없다. 만약 일조에 다 써버린다면 은을 잇대기가 어려울 것이니, 각기 도내에서 은석(銀石)과 연은(鍊銀), 철물(鐵物)의 산지를 샅샅이 찾아내어 사실대로 아뢰고, 그 산지 근방의 거민들은 요부(徭賦–요역과 부세)를 면제하여 은을 불리는 일에 전속하게 하라. 오는 가을부터 시작하여 단련하되, 만일 은닉하여 보고하지 않는 자가 있다면 위지(違旨–왕지를 위반함)의 율로 논하게 하라."는 기록이 있는 것을 보면, 은과 납을 비롯해 철광산 인근 주민들에게 부역이나 세금을 면제해 주어 광물 생산을 독려하고자 했던 것으로 보인다.

8월에는 금은전곡(金銀錢穀)을 출납하는 문자에 감합법을 썼다는 내용이 있는데, 감합법(勘合法)은 공문서나 문인을 발송할 때 할부(割符)를 사용하던 법으로 주로 전량(錢糧–전곡)을 출납하는 공문서나 장사치에게 발급하던 문인에서 썼는데, 좌부(左府)와 우부(右符)로 나누어 이를 문안에 찍어 험증(驗證)하는 것이었다. 또 8월에는 공조에서 금은을 거두는 계획을 올렸다.

"매년 공헌(貢獻)하는 황금 150냥쭝(5.625kg)과 백은 7냥쭝을 채취하려면 백성을 수고롭게 하고 재물을 허비하여도 얻는 것이 심히 적으니, 한이 있는 물건을 가지고 무궁한 비용을 이바지하기는 어렵습니다. 수렴(收斂)의 법과 채취(採取)의 방법을 대강 뒤에 진달합니다.

一. 안동(安東), 김해(金海), 태천(泰川), 수안(修案), 정선(旌善)은 기타의 공을 감하고 해마다 그 액수를 정할 것 …(중략)…,

一. 서울 안의 승록사와 외방의 감사로 하여금 금은으로 부처를 만들고 탑을 만들어 사원에 감추어 둔 것을 거두게 할 것,

一. 금은으로 불경을 쓰고 부처를 도금하는 것을 엄금하고, 어기는 자는 금은으로 속(贖-재물을 바치고 죄를 면죄받는 것)을 받을 것,

一. 제주(濟州) 백성이 금은을 많이 가지고 있으니, 전라도의 미곡과 포화(布貨-화폐)로 값을 주어 거둘 것"

이라는 내용으로 관청에서 금이나 은을 출납할 때 부정을 없애기 위해 감합법을 새로 도입했으며, 부족한 금은을 거두는 계획도 수립했다는 내용이다.

9월에는 평안도에서 황금 150냥쭝을 취련해 바쳤다는 내용이 있고, 10월에는 공조(工曹)에서 금은을 준비하는 방법을 올리었다. 계문은 이러하였다. "국가의 세공(歲貢-공물)은 백은이 700냥쭝이고 황금이 150

냥쭝인데, 본조에서 저축한 것이 5, 6년을 지탱하지 못할 것입니다. 지난번에 각 도에 영을 내리어 산출되는 곳을 물었으나 알아내지 못하였습니다. 우리나라의 여지의 넓음과 산천의 수려함으로 어찌 산출되는 땅이 없겠습니까마는, 선택 채취할 때에 노력과 비용이 대단히 무거워 주군(州郡-주와 군)의 원망이 될까 두려워하기 때문에 분명히 말하는 자가 없습니다. 이제부터 국가의 대계를 아는 자가 만일 그곳을 가리키면 한량인(閑良人)은 관직을 주고, 향리와 역리는 본역(本役)을 면제하고, 공사천구(公私賤口)는 재물로 상을 주어 권장하는 뜻을 보이소서."라는 것으로 임금이 그대로 따랐다는 내용에서 당시 명나라 사대 물품으로 정해져 있던 황금이 얼마나 부족했던가를 엿볼 수 있다.

또 12월에는 '황제가 한확에게 말 6필, 안자 1, 금 50냥쭝, 백은 600냥쭝, 적색 저사 56필 …(중략)… 을 주었고, 김덕장에게 말 3필, 안자 1, 저사 10필, 채견 40필, 백은 1백 냥쭝을 주었다. 이날에 한확이 황금 25냥쭝, 백은 1백 냥쭝, 각색 저사 4필 …(중략)… 을 바치니 임금이 금 25냥쭝, 백은 50냥쭝을 도로 주었다. 한확이 또 백은 1백 냥쭝, 각색 저사 4필 …(중략)… 을 중궁에 바치었다. 김덕장이 백은 50냥쭝, 저사 3필, 채견 3필을 바치니 임금이 백은은 도로 주었다'는 기록이 있는데, 왕실에서도 황금을 많이 사용했다는 것을 알 수 있다.

1418년(태종 18년) 1월에는 '채방사를 평안도와 황해도에 보냈는데, 은산(殷山), 태천(泰川)의 채방사는 사공제였고, 곡산(谷山) 등지 채방판관(採訪判官)은 김귀룡이었다. 이보다 앞서 공조에서 아뢰기를 "1년에 진헌(進獻)에 이바지할 백은(白銀)은 7백여 냥쭝인데, 국가에서 이어 대기가 어렵습니다. 청컨대, 각 도에 은석(銀石)이 있는 땅에 채방사를 나누어 보내고, 부근 각 고을의 군민을 모아 취련하게 하소서." 하였다. 임금이 그대로 따라서 나누어 보내고, 내자주부(內資注簿) 김윤하에게 명하기를, "네가 김귀룡을 따라가서 은(銀)을 캐는 기술을 배우라." 하고 동부대언(同副代言) 성엄에게 명하였다. "은장(銀匠)을 많이 뽑아서 사공제와 김귀룡 등에게 부탁하여 은을 캐는 기술을 널리 배운 뒤에 김해(金海), 서산(瑞山) 두 지역의 은을 캐도록 하라." 뒤에 조말생이 아뢰기를, "김윤하가 김귀룡을 따라가서 이미 은을 캐는 기술을 배웠으니, 청컨대 은장(銀匠)을 경주사(慶州事)에 보내어 판관(判官) 반영이 거느리고 가서 김해의 은을 캐게 하고, 김윤하에게 서산의 은(銀)을 캐게 하소서." 하니, 하교하기를 "경상도는 더위 기운이 먼저 닥치고 농사일이 바야흐로 시작되니, 아직 후일을 기다리도록 하라. 서산의 경우라면 때에 미쳐서 캐는 것이 마땅하다." 하고 이어서 김윤하로 하여금 가서 캐도록 하였다.'라고 하며, 또 1월에는 '채방부사를 나누어 보냈으니 평안도에는 호군(護軍–정4품 무관) 백환을, 강원도에는 전 부사(副使) 윤흥의(尹興義)를 보냈다'는 내용이 있다. 3월에는 강원도 회양(淮陽) 등지의 채방부사(採訪副使) 윤흥의(尹興義)가 금 137냥쭝 4전을 바치고, 황해도 채방판관(採訪判官) 김귀룡이 금 7냥쭝 5전을 바치고, 평안도 채방부사 백환이 금 1근(斤) 8냥쭝 5전과 지재연(地滓鉛) 117근을 바치니, 모두 공조에 내렸다고 하며, 4월에는 금이 나는 곳을 고한 사람에게 상을 주었는데, 채방부사 윤흥의가 아뢰기를, "춘천(春川)에서 금이 나는 곳은 회양호장(淮陽戶長) 박현룡이 고(告)한 바이요, 낭천(狼川)에서 금이 나오는 곳은 전 낭장(前 郎將) 김용검의 고한 바이요, 금성(金城)에서 금이 나오는 곳은 현령(縣令) 고습의 고한 바이요. 평강(平康)에서 금이 나는 곳은 현감(縣監) 박서의 고한 바입니다. 위 항목의 사람들을 포상하여 후인(後人)을 권장하소서." 하니, 하교하기를, "은(銀)은 역역(力役-힘쓰는 일)이 배가 많으나 그 이익과 수량이 적은데, 금은 그 이익이 조금 많다. 금으로써 은을 대신하여 공납하게 하는 것이 가하다. 그러나 장차 무슨 말로 대신하고자 하겠는가? 포상하는 일을 정부 육조에 내려서 의논하여 거듭 아뢰어라." 하였다.

이처럼 태종 18년 마지막 해에는 금에 대한 수요가 점점 더 늘어나 금 제련 방법들을 익히게 하고, 금의 산출지를 알려준 관리들에게는 상을 주거나 관직을 내려 포상하는 등 다양한 금광 개발 장려책을 실시했던 것으로 나와 있다. 또 같은 해 5월에는 쌀과 포를 가지고 제주에서 금은(金銀)과 바꾸었는데, 공조에서 제주의 인가(人家)에 금은기(金銀器)를 많이 비축하고 있다고 아뢰었기 때문에 이러한 명령을 내렸다고 하며, 6월에는 사온서령(司醞署令) 고득종을 제주에 보내어 조미 600석, 목면 150필, 여복 8벌을 민간의 금은과 바꾸었으니, 장차 중국의 세공에 충당하려는 것이었다는 내용이 있는데, 제주도는 현무암질 화산암 지대라 금이 잘 산출되지 않는 지역임에도 불구하고 민간에서 금을 많이 가지고 있었던 것을 보면 개인이 일본과의 무역에서 금을 많이 사서 비축했기 때문이라고 볼 수 있다.

조선시대에는 고려시대와 달리 건국 초 공신들에게 황금과 같은 보물을 나누어 주었다는 기록이 보이지 않는데 고려 말엽부터 황금이 부족해 그랬던 것 같다. 조선 건국 초 명나라가 황금을 자주 또는 점점 더 많이 요구하기에 이를 충당하기 위해 다량의 황금을 비축해야 했지만, 왕실은 물론 시중에서도 금을 구하기 어려워 그 해결책으로 조선 영토 내에서 금을 찾고자 한 것이다. 황금을 찾기 위해 채방사라는 조직을 확대해 적극적으로 활용했으며, 백성들이 황금 산출지를 알려주면 관직까지도 내려주었고, 황금 산출지역 백성들에게는 부역을 면제하거나 세금을 면제해 주면서까지 황금을 찾으려 애써 왔다는 것을 전술한 기록들을 통해 알 수 있다.

:: 조선 세종

세종이 즉위한 1419년(세종 1년) 1월에는 예조에서 계하기를, "금은으로 만든 그릇을 회수하고, 호조로 하여 그에 대한 것을 계산하여 주도록 하시옵소서." 하므로, 그대로 따랐다는 기록이 있고, 1420년(세종 2년) 3월에는 채방사 권탁을 함길도에 보내 금(金)을 캐게 하되, 윤 정월 29일에 시작하여 2월 30일까지에, 역군이 대게 1,029명인데, 얻은 금은 안변(安邊)에서 50냥쭝, 화주(和州)에서 29냥 5전쭝, 단천(端川)에서 42냥쭝으로, 모두 121냥 5전쭝이었다는 내용과 금은의 생산지를 알리는 사람의 말이 맞으면 호조(戶曹)로 하여금 그 직무를 면제하고 채굴에 임하게 하라는 내용도 기록되어 있다.

1421년(세종 3년) 3월에는 명령을 내려 금이나 은이 산출되는 곳을 보고하는 자에 대하여, 그 말이 확실하면 곧 이조에 명령하여 관직을 주어서 상을 주게 하였다고 하며, 4월에는 전 판관 김귀융을 평안도에 보내어 은을 채굴하게 하였다는 내용도 있다.

1422년(세종 4년) 〈중국정사조선전〉에는 '방원(芳遠)이 졸(卒)하여 공정(恭定)이라는 시호를 내렸다. 1423년 7월 도(祹-세종)가 적자 이향(李珦)을 세자로 삼을 것을 주청하니 이를 승낙하였다. 이에 앞서 도(祹-세종)에게 말 1만 필을 보내도록 칙명한 일이 있었는데, 이때 이르러 그 수량만큼 도착했으므로 백금(白金-은)과 기견(綺絹-비단)을 하사하였다' 는 내용이 있는 것을 보면, 당시 조선에 황금이 없어 말 1만 필로 세자 책봉을 요구한 것으로 보이며, 명나라에는 은이 어느 정도 있어 은을 답례품으로 보냈다는 것을 알 수 있다.

1423년(세종 5년) 1월에는 봄에 각 도에서 금과 은을 채취하는 것을 정지하도록 명하였다는 내용이 나오는데, 이러한 내용은 태종이 죽고 난 이후에 황금 채굴 정책이 바뀔 수 있다는 것을 암시하는 대목이기도 하다.

1426년(세종 6년) 1월에는 호조에서 충청도 감사의 관문에 의하여 계하기를, "흉년이므로 도내 각 철장이 금년 갑진년 봄에 공납할 철물 수량을 반감하여, 제련하여 상납하게 하소서." 하니, 그대로 따랐다는 내용이 있고, 9월에는 공조에서 고하기를 "은석(銀石)이 생산되는 황해도 곡산(谷山), 평안도 태천(泰川), 성천(成川) 등 각 고을에 전 주부(注簿) 송성립과 은공장(銀工匠) 한 명을 보내어 취련하여 시험하게 하소서."라는 기록이 있다.

일월오봉도

1428년(세종 10년) 7월에는 임금이 대언 등에게 말하기를, "일본국에 〈백편상서(百篇尙書)〉가 있다고 들었는데, 통신사로 하여금 사 오도록 하고, 또 왜국의 종이는 단단하고 질기다 하니, 만드는 법도 배워 오도록 하라." 하니, 지신사 정흠지가 계하기를, "일본국에는 금이 많이 생산되니, 명주와 모시를 가지고 가서 사 오는 것이 어떻겠습니까." 하였다. 임금이 말하기를, "중국에 바치는 금은을 만일 면제받을 수 없다면 사다가 바치는 것이 옳다." 하였다는 기록이 있는데, 세종은 중국에 바치는 금과 은을 면제받으려 하고 있었으며, 만약 면제받지 못하면 황금이 흔한 일본으로부터 사 와서 중국에 주려고 했다는 것도 알 수 있다.

1429년(세종 11년) 7월에는 좌의정 황희, 우의정 맹사성, 판부사 변계량과 허조, 예조판서 신상, 총제 정초, 예문제학 윤회에게 명하여 흥덕사에 모이게 하고, 지신사 정흠지로 하여금 거기에 가서 〈명나라 조정에 대하여〉 금은 세공의 면제를 청하는 일을 의논하게 하였다는 내용이 있는데, 선왕 태종과는 달리 황금을 명나라에 계속 보내지 않을 방법을 궁리하고 있었다는 것을 알 수 있다.

8월에는 임금이 왕세자와 백관을 거느리고, 금은 세공의 면제를 주청하는 표전문(表箋文)을 배송하였다. 그 표문에 말하기를 "…(중략)… 우리나라는 땅이 좁고 척박하여서 금, 은이 생산되지 않는 것은 온 천하가 다 함께 아는 바입니다. …(중략)… 그때에는 원(元)나라의 객상들이 와서 금, 은을 팔았던 까닭에 약간의 금이 있었으므로 우리나라에서 전과 같이 계속 진헌하여 지금에 이르렀사오나, 수십 년 동안에 금, 은은 다 없어지고 국가에서 저장한 것도 이미 다하였으므로, 집집마다 찾아내고 호(戶)마다 거두어서, 온 나라 안 배신(陪臣)의 집에도 금, 은의 그릇을 가진 자가 없게 되었으니, 일이 막다른 골목에 이르고 사세가 급박하여졌나이다. …(중략)… 금은의 조공을 면제하고 토지의 소산물로써 대신하게 하신다면, 어찌 신의 온 나라 신민(臣民)과 부로(父老)들만이 기뻐하여 황제의 덕화(德化) 가운데서 춤출 뿐이겠습니까? …(중략)… 황제 폐하께서는 조금이나마 가엾게 여기심을 내리소서."라는 내용이 있는데, 이때부터 명나라에 대한 조공 물품으로 황금 대신 곡식과 같이 땅에서 나는 물건으로 대신하는 길을 마련했다고 할 수 있다.

이어 11월에는 계품사 통사 김을현 등이 돌아와서 아뢰기를, "주청하신 바 있는 금, 은의 세공을 면제해 달라고 청한 일을, 황제께서 육부(六部)에 내려 논의하게 하시니, 이부 상서 건의가 아뢰기를, '이는 곧고(古) 황제께서 이루어 놓으신 법이라 고칠 수 없습니다.' 하니, 황제께서 우순문에 나아가서 건의 등에게 유시하시기를, '조선이 사대를 지성으로 해왔고, 또 먼 변방 사람의 정을 들어주지 않을 수 없으므로, 짐이 이미 칙서로 그의 견면(蠲免)을 허락하였으니 고집하지 말라.' 하시고, 황제께서 공녕군 인을 매우 후하게 대하시고, 의복 4벌, 의복 안팎감 10벌, 입자(笠子), 금 서대 각 1개, 은 1백 냥쭝, 초(鈔) 1천 장을 하사하셨습니다." 하니 임금이 가상히 여겨 김을현 등에게 각각 1벌의 옷을 하사하였다는 내용이 있다. 이 내용에서 보듯이 삼국시대부터 관행처럼 내려오던 황금 조공 사례는 이때부터 깨지게 되었음을 알 수 있다.

1430년(세종 12년) 4월에는 공조에 전지하기를, "이제부터 단오에 진상할 접선(摺扇)에는 금이나 은을 쓰지 말라." 하였다는 기록이 있다.

1432년(세종 14년) 1월에는 벽동군(碧潼郡) 사람 강경순이 푸른 옥(靑玉)을 얻어서 진상하였으므로, 사직(司直-정5품) 장영실을 보내어 채굴하고, 사람들이 채취하는 것을 금지하게 하였다는 내용이 있는데, 장영실이 옥 광산 개발에도 관여했다는 것을 알 수 있는 대목이 있으며, 12월에는 도승지 안숭선이 품(稟)하기를 '국군용(國軍用) 포목(布木)과 금전(金錢)이 비진(費盡)되었으니 금은(金銀) 무역을 정지시켜 포목과 금전을 충족되게 하심이 어떠하오리까?' 하였다는 내용이 있다.

1433년(세종 15년) 2월에는 영의정 황익수가 말하기를 '법이 정해지면 금은(金銀) 매입에도 반드시 적용되어야 한다'고 했고, 다음 달 호조

(戶曺)에서 말하기를 '지금부터 민간에서의 사적인 금은유통(金銀流通)을 금(禁)하며 임자년에 결정한 은값은 과중하니 각각 2필(匹필)씩 감하자' 하여 허가하였다 한다. 그해 12월 호조에서 보고하기를 금은 가격이 너무 비싸 모리배가 날뛰고 도굴이 끊이지 않았다 하며, 이듬해 8월에도 의정부에서 보고하기를 '금은 가격을 수시로 가감하는 것은 근거가 없는 짓이고, 또 공사(公私)의 값이 크게 다르니 이제부터라도 공소(公所)의 가격은 금(金) 1전의 무게를 10품(品)은 정포(正布−삼베) 3필, 9품은 정포 2필 17자(尺), 8품은 정포 2필, 7품은 정포 1필 17자로 정한다.'라는 기록이 있다.

1434년(세종 16년) 2월에는 호조에서 아뢰기를, "이제부터 민간에서의 금은의 사무역을 금지하고, 또 임자년에 작정한 바 있는 10분은(銀) 1냥의 값을 정포 9필로 하고, 9품 1냥에 8필, 8품 1냥에 7필, 7품 1냥에 6필로 한 것은 과중하오니, 각각 2필씩을 감하게 하소서." 하니 그대로 따랐다 한다.

6월에는 의정부 제조 허조 등이 아뢰기를, "지중추원사 유은지가 금(金)을 사는 법령을 범하였으므로, 본부(의정부)는 그것을 몰수하기를 청하였사오나, 주상께옵서 '아직은 취하지 말라'고 하셨는데, 신 등이 이를 생각하오니, 국가에서 이미 금은 봉납(捧納)의 영을 정지하라 하였고, 또 사사로이 서로 매매함을 금하는 금조를 세웠사오매, 금은이 비록 진귀한 물건이라 하더라도 장차 소용이 없이 되므로, 모리(謀利)하는 무리가 반드시 금령을 돌아보지 아니하고 몰래 서로 감추어 다른 나라에 팔 것이오며, 또한 우리나라에서 금은대를 띠는 자가 부득이 장사꾼에게 살 것이옵니다. 그러니 유가사 법문에 인하여 추핵하되, 장사꾼은 사사로이 서로 방매한 것으로써 과죄하고, 사대부는 품대를 만들고자 함이라고 원면 되니, 금은을 매매하기는 한 가지인데 혹은 죄를 주고, 혹은 용서하니 진실로 온당하지 못합니다. 신 등은 따로 한 법을 세워 금은을 매매하는 길을 여시기를 원하옵니다." 하니, 임금이 말하기를, "과연 경 등의 말과 같도다. 내 입법하던 처음에도 폐단이 여기까지 이를 줄을 알지 못함은 아니나, 잠깐 시험하고자 하였을 뿐이었다. 이제 백성에게 해로움이 이와 같고, 법을 세운 지도 오래지 않았으매, 다시 고친들 무엇이 어렵겠느냐, 여럿이 의논하여 아뢰도록 하라."라는 기록이 있다.

또 12월에는 호조에서 아뢰기를, "금과 은의 값이 전보다 비싸기 때문에 모리배들이 훔치기를 마지아니하여 서로 잇달아 범죄합니다. 은값은 이미 일찍이 수를 감하였으니 금값도 이 예에 따라, 일전마다 10품의 값은 정포 10필, 9품의 값은 9필, 8품은 8필, 7품은 7필로 하여 각각 2필씩을 감하게 하고, …(중략)… 아직 금을 사는 것을 정지하고, 이달 초 5일 이전에 금을 바치고 값을 받지 못한 자는 전례에 의하여 주되, 3분의 1은 쌀로 주고, 3분의 2는 각사의 7, 8승 면포와 6, 7승 마포로 서로 준하여 주도록 하소서." 하니 그대로 따랐다고 한다.

1437년(세종 19년) 8월에는 의정부에서 아뢰기를, "금과 은의 값은 때에 따라서 더하기도 하고 덜하기도 하는 것이 원래 근거가 없고, 또 공사의 값이 경중이 두드러지게 다르오니, 이제 공사의 값을 참작해서 금 1전(一錢)의 10품 값은 정포 3필로 하고, 9품은 2필 17척 5촌으로, 8품은 1필 17척 5촌으로, 7품은 1필로 하며, 은 1냥의 10품 값은 정포 4필로 하고, 9품은 3필로, 8품은 2필로, 7품은 1필 17척 5촌으로 하여, 이로써 항식으로 하소서." 하니 그대로 따랐다고 한다.

1439년(세종 21년) 1월에는 전라도 금산 사람 윤성대가 와서 아뢰기를, "본군(금산군)과 용담군(龍潭郡)에서 금은동연철(金銀銅鉛鐵)이 생산되고 진천군에서도 은(銀)광석이 산출되어 본인이 사철(沙鐵)로써 정철(正鐵)을 시험적으로 제련한다"며, "단천의 금 산출지는 북쪽 100리 어파동(於把洞)이요, 정철(正鐵) 산지는 남쪽 60리 읍림현(邑林峴) 서대산입니다."라는 내용이 있고, 11월에는 의정부에서 공조의 첩정에 의하여 아뢰기를, "황해도 평산군에 은이 많이 나오니, 사람을 시켜서 채굴하게 하여 그 공역(功役)이 쉽고 어려운 것을 시험하게 하옵고, 또 사사로이 채굴하는 것을 금하게 하옵소서." 하니 그대로 따랐으며, 12월에는 경상도 채방별감 조완벽이 아뢰기를, "영해부(寧海府)에서 나는 동철은 그 생산되는 것이 무궁하고, 일하기도 편하고 쉽사오니, 청하옵건대 채굴하여 국용에 보태게 하소서." 하니 공조로 내려보냈다고 한다. 이 내용을 보면 당시 금산군과 용담군, 진천군 등에서 금은과 함께 동, 연, 철 등의 광물이 생산되고 있어 시험적으로 제련을 하였으며, 단천지역의 금 산출지가 구체적으로 어디인지 또 철의 산지가 어디인지도 분명히 기록하고 있고, 경북 영해지역에서도 동과 철이 산출되었다는 사실을 확인할 수 있다.

1440년(세종 22년) 1월에는 전라도 금산 사람 윤성대가 와서 아뢰기를, "본군과 용담현에 금, 은, 구리, 납, 철이 생산되고, 또 진천에도 역시 은광석(銀鑛石)이 산출되므로, 신이 일찍이 채굴하여 철을 제련하여서 시험하였사옵니다." 하고 또 석웅황(石雄黃)을 바치면서 아뢰기를, "본 군의 중(스님) 혜오의 집 북쪽에서 생산되는데, 혜오가 말하기를, '이것이 주홍(朱紅)이다.'라고 하였습니다." 하니 임금이 명하여 윤성대와 은공(銀工)을 역마에 태워서 전라도, 충청도로 보내게 하고, 인하여 양도 관찰사에게 전지하기를, "성대의 말을 듣고 채취하여 시험하고, 품질이 좋은 것을 가려서 보내라. 그 금, 은, 구리, 납, 석웅황의 산출이 많고 적음과 역사하기가 어렵고 쉬운 것을 아울러 아뢰고, 다른 사람은 채취하지 못하게 하라." 하였다는 내용이 있는데, 금과 은 외에도 구리와 납을 비롯해 유황이 산출된다고 하니 세종이 이를 채취하지 못하게 했다는 내용이다.

1441년(세종 23년) 12월에는 임금이 승정원에 이르기를, "내가 듣건대, 승도(僧徒)들이 몰래 불상과 경문(經文)을 만들어서, 혹은 바위 구멍에 두고 혹은 밀실에 감추어 두었다고 하니, 진실로 금지하기 어렵겠다. 금은주채(金銀珠彩)는 본국에서 생산되는 것이 아닌데, 지금 혹 금으로 부처를 도금하고 혹 진채를 써서 절에 단청을 한다는 것은 모두 옳지 못하니, 너희들이 마땅히, 〈육전〉을 상고하여 금하는 법을 거듭 밝혀서 다 영으로 드러나게 하라."고 하였다는 내용을 보면 조정에서 아무리 황금 사용을 금지한다 해도 백성들이 곳곳에 숨겨 사용해 왔다는 사실을 알고 있었으며, 우리나라에서 금이 산출되지 않으니 거듭 사용하지 못하게 하라는 명령도 내렸다는 것을 알 수 있다.

1442년(세종 24년) 2월에는 공조에서 아뢰기를, "지금 황해도 평산부(平山府)에서 장정 인부 250인을 내어 28일간 역사하니 십품은(十品銀) 202냥과 정연철(正鉛鐵) 530근을 채굴하였습니다. 역사가 쉽고 소출이 대단히 많으니, 청하옵건대, 본 읍에 대하여 매년 은 200냥쭝씩을 공납하게 하고, 전에 바쳐온 정철(正鐵) 공납은 호조로 하여금 견감(蠲減–줄여주는 것)하도록 하옵소서." 하니 그대로 따랐다는 내용이 있다.

7월에는 의정부에서 아뢰기를, "금과 은은 우리나라의 생산물이 아니오니, 청하건대, 함길도 각 고을의 능실의 제복에 소용되는 금띠는 놋쇠를 사용하고, 은띠는 백철(白鐵)을 사용하도록 하옵소서." 하니 그대로 따랐다는 내용이 있다. 능실(陵室)은 임금이나 왕비의 무덤 안에 관이나 부장품 등을 놓을 수 있도록 만든 무덤을 말하는데, 무덤 내에 들어가는 옷에도 황금을 사용해 왔으나 황금이 산출되지 않으니 금띠 대신에 구리를 사용하고, 은띠는 철로 바꾸어 사용하자고 건의하는 내용이다.

1444년(세종 26년) 10월에는 승정원에서 교지를 받들어 청주 목사와 판관에게 글을 보내기를, "초수리(椒水里)에서 산출되는 옥(玉)은 실로 세상에 드물게 보는 보배이니 사사로이 채굴하지 못하게 하고 그 낭비와 금지를 엄하게 해야 하겠다. 그런데 이 옥이 산골짜기에서 나니 만일 밤낮으로 지키자면 혹 집일에 방해되기도 하고, 혹 맹수나 도적에게 피해되기도 하여 백성들에게 폐가 되는 것을 염려하지 않을 수 없다. 그러나 금지와 방비에 조심하지 아니하면 간사한 무리들이 반드시 틈을 타서 몰래 채굴할 것이니, 마땅히 그 주위를 가시나무들로 둘러서 울타리를 만들고, 문에 자물쇠로 단단히 잠그고 친히 글자를 써서 봉해 놓고는, 간혹 조석으로 점검하며, 지키는 사람을 그 근태를 고찰하여 해이하지 못하게 할 것이며, 또 그 외에도 옥이 날 만한 곳은 사사로이 채굴하지 못하게 하라." 하였다 하며, 또 임금이 승정원에 이르기를, "옛날 고려 때에 원(元) 세조에게 옥띠를 바치었더니, 원나라 관리가 진짜 옥이 아니라 하여 죄 주기를 청해 아뢴즉, 세조가 말하기를, '해외의 사람이 알지 못하고 바쳤으니 무슨 죄가 있느냐. 죄 주지 말라.' 하였다.

또 옛날에 우리나라에서 당 고종에게 홍옥띠를 바쳤더니 세상에 드문 보물이라고 칭찬하였는데, 그 뒤 나라에 한재(旱災-가뭄)가 생기매 모두들 이르기를, '나라의 세전할 보배를 가벼이 내보낸 탓으로 그리된 것이라.'고 하였다. 또 '내 일찍이 말한 일이 있거니와, 이 옥대들을 다른 나라에서 얻어온 것이겠지, 우리나라에서는 옥이 난 일이 없다. 지금 수원에서 나는 옥으로 악기를 만들어 보았으나 단단하고 정확하지 못하니, 이것은 돌로서 옥과 유사한 것이지 옥은 아니고 성천(成川), 의주(義州)와 황해도에서 나는 청옥, 황옥, 백옥은 수원의 옥에 비하면 조금 낫고, 지금 서울, 김포(金浦), 청주(淸州)에서 옥 나는 곳이 꽤 많으나, 그 품질이 청옥, 백옥, 벽옥(碧玉)과는 아주 다르다. 내 생각으로는 청주에서 나는 것이 진짜로 여겨지나, 그러나 앞서 의정부에서 옥 채굴을 금하는 수교(受敎)에 '진옥(眞玉)'이라는 문구가 있었는데, 이것이 참으로 진짜 옥이면 '진옥'이라고 하는 것이 좋으나, 만약 진짜가 아니면 어찌 후세에 웃음거리가 되지 않겠는가. 마땅히 '진옥'이라는 문구를 고쳐서 '옥 같은 돌'이라고 하는 것이 좋겠다. 과연 이것이 진짜 옥

일진대 뒷사람들이 보고서 비록 '잘 몰랐다'라고 할지라도 역시 해로울 것은 없다." 하였다'라는 내용이 있는데, 세종의 옥에 대한 식견을 알 수 있는 대목으로 당시 옥에 대한 분류 기준이 따로 없었으며, 단지 돌의 색깔만으로 옥이라고 우겨도 되었기 때문이라 생각된다.

1445년(세종 27년) 5월에는 경상도 감사에게 유시하기를, "듣건대, 도내 울산군 북동쪽에 쇠가 산에 가득히 있는데, 혹 비로 인하여 저절로 나기도 하고, 혹 파서 취련하면 혹 수철(水鐵)이 되기도 하고, 정철(正鐵)이 되기도 한다는데, 그 사이에는 덩이가 붉게 이끼에 묻힌 것이 있다고 하니, 생각건대 반드시 제련하면 구리가 될 것 같으니, 경은 자세히 갖추어 조사하여 아뢰라." 하였다는 기록이 있고, 7월에는 여러 도 감사에게 유시하기를, "동(銅)과 철(鐵)은 병기를 부어 만들어 군국의 중한 물건인데, 우리나라에서 산출하는 땅이 한 군데가 아니나 그 수량이 많지 않고, 풀무를 불어 단련하는 기술이 그 요법을 얻지 못하여 나라의 용도에 넉넉지 못하니, 이것이 한스러운 일이다. 만일 구리(銅)가 산출되는 땅과 취련하는 요법을 고하는 자가 있으면, 공의 경중을 따져서 중한 자는 양민이면 벼슬로 상 주고, 향리이면 부역을 면제하며, 공사천례(公私賤隷)는 자원하면 상을 주고, 입거(入居)하기로 초출되어 아직 행하지 않은 자에게는 곧 모두 면하게 하되, 공이 경한 자는 적당하게 상을 주고, 비록 고한 것이 사실과 틀리더라도 죄는 주지 말라. 도내 주군의 향리와 촌락에 이르기까지 두루 효유(曉諭)하라." 하였다는 기록이 있는데, 세종 때는 금과 은을 비롯해 전술한 옥이나 구리와 철을 찾고자 하는 방안들을 마련했는데 구리와 철의 제련기술을 정확히 몰랐기 때문에 이들을 찾고 제련하는 방법을 아는 백성들에게 상을 주는 지원정책을 채택했다는 것을 알 수 있다. 특히, 구리와 철은 무기를 만드는 원료로 현대 산업사회에서도 필수 불가결한 광물이다.

1446년(세종 28년) 10월에는 의정부에서 공조의 정문에 의거하여 아뢰기를, "지난봄에 연사(年事)의 흉년으로 인하여 각 도의 금은(金銀)을 채취하는 일을 정지시켰지마는, 공조에 남아 있는 금은의 수량이 적으니 장래가 염려스럽습니다. 원하옵건대 실농(失農)한 강원도 외의 하삼도(下三道)에 있어서는 각 1읍마다 사람을 보내어 금은을 채취하게 하소서." 하니 그대로 따랐다는 내용이 있는데, 이 내용을 보면 이전부터 금은의 채취를 금지해 왔지만, 금은의 수요가 많았다는 것을 알 수 있다.

1447년(세종 29년) 7월에는 제용녹사 오흠로를 평강현(平康縣)에 보내어 금을 캐게 하였는데, 열 사람을 30일간 사용하면 얼마를 캐내는가 시험하게 한 것이었다 하며, 1448년(세종 30년) 12월에는 의정부에서 형조의 정문에 의거하여 아뢰기를, "정통(正統) 6년의 수교에, '요동 호송군이 의주에서 무역할 때에, 본국에서 생산되지 아니하는 금은, 주옥, 보석 등의 물건을 방매(放賣-헐값에 넘김)하여 국경 밖으로 나가게 하는 자는 〈속형전등록(續刑典謄錄)〉의 「객관에서 몰래 금은을 쓰는 자」에 의하여 크게 징계하라.'고 하였는데, 함길도에는 금방(禁防)이 없기 때문에 몰래 위의 물건들을 야인에게 파는 자가 간혹 있사오니, 이제부터는 감사와 수령이 엄하게 검찰을 가하여, 만일 금령을 범하는 자가 있거든 평안도의 예에 의하여 크게 징계하고, 검찰하지 못하는 수령은 율에 의하여 논죄하소서." 하니 그대로 따랐다는 기록도 있다.

〈한국사〉 10권에 따르면 태종과 세종 시대 금(金) 산출지는 단천(端川), 영흥(永興), 안변(安邊), 회양(淮陽), 정선(旌善) 등이며, 은(銀) 산출지는 춘천, 은산(殷산), 곡산, 봉산(鳳山), 서흥, 안동, 청도, 김해 등지라고 열거되어 있다. 〈세종실록〉에 나오는 금(金) 산출지는 성환(成歡) 율금리(栗金里), 강화남면(江華南面), 수원(水原), 홍성(洪城) 동면(東面), 섬진강(蟾津江), 적성강(赤城江), 성주(星州) 창원군(昌原郡) 경계의 사금(砂金), 수안(遂安), 곡산(谷山), 홀곡(笏谷), 순천(順川), 자산(慈山) 등의 사금(砂金), 성천(成川), 대동(大同), 금영면(金榮面) 운산(雲山), 구성(龜城), 강계(江界), 후창(厚昌), 박천(博川), 정선동면(旌善東面), 회양(淮陽), 김화(金化), 화천(華川,) 고성(高城), 단천(端川), 영흥(永興), 정평(定平), 안변(安邊) 등이라고 기록되어 있다.

세종 시대에는 선왕 태종이 채방사 조직을 활용하거나 관직을 주면서까지 여러 곳에서 황금을 찾으려고 노력했던 것과는 달리 우리나라에는 황금이 나지 않으니 조공용 황금을 면제받든가 아니면 다른 물건으로 황금을 대신하려 했던 노력이 곳곳에서 잘 나타나며 태종 때와는 달리 황금 캐는 것을 금지하는 정책을 우선해 왔다는 것도 알 수 있다. 또 태종 때에는 금과 은 이외의 광물은 관심이 없었지만, 세종 시대에는 구리와 철과 같은 무기 제조용 광물을 비롯해 옥과 같은 것에도 많은 관심을 보였다는 것을 알 수 있다.

그리고 태종과 세종 시대에는 이전 고려시대의 기록과는 달리 황금과 은의 산출지를 분명히 알 수 있는 기록들이 존재하고 있는데, 이 지역들은 우리나라에서 가장 많은 황금을 캤던 시기인 일제강점기 때 황금 산출지와 유사하다.

:: 조선 문종

1450년(문종 즉위년) 4월에는 승정원에 전지하기를, "…(중략)… 지금 듣건대 외척과 종친이 향촉을 올리면서 금은으로 장식하였다고 하니, …(중략)… 예조로 하여금 이 뜻을 알아듣도록 타일러서 금은으로 장식하지 못하게 하라." 하였다는 내용이 있으며, 1451년(문종 1년) 6월에는 의정부에서 호조의 정문에 의거하여 아뢰기를, "동철(銅鐵)이 경상도 영해부(寧海府)에서 많이 나므로, 일찍이 본 읍의 공물을 줄이고, 오로지 취련을 맡게 하여 상공으로 삼았습니다. 이제 본 읍 백성들이 장고하기를, '동철은 암석에 섞여서 파내기가 매우 어려우며, 또 취련하는 여러 일을 본 읍이 홀로 갖추니, 일이 너무 중하여서 감당하기가 어렵습니다.' 하였습니다. 청컨대 줄였던 공물을 도로 매기고, 부근의 영덕(盈德), 청송(靑松), 진보(眞寶), 청하(淸河), 흥해(興海) 등 고을로 하여금 힘을 함께하여 취련해서 바치게 하소서. 그 영덕에서는 취련해서 상납하는 정철(正鐵)을 도회(都會)하게 하고, 그 도의 감사로 하여금 철장(鐵場)을 양정하여 경주(慶州), 안동(安東), 울산(蔚山), 합천(陜川), 용궁(龍宮), 산음(山陰) 등 고을에서 취련한 것을 도회하여 바치게 하소서." 하니 그대로 따랐다 한다.

1452년(문종 2년) 2월에는 임금이 승지에게 이르기를, "철물을 취련하는 것은 중요한 일인데, 근년 이래로 서울과 지방의 용도가 많아져서 백성들의 조판이 해마다 정지되지 않으니 내가 매우 염려하고 있다. 그것을 호조로 하여 서울과 지방의 철물의 실제 수량과 해마다 바쳐서 쓰는 수량을 상고하여 살펴보고, 혹은 수년이든지, 혹은 1, 2년이든지 취련을 정지시키도록 하고, 1년 동안 정지할 수 없다면 혹은 봄이든지 혹은 가을이든지 한 차례 정지시키는 것도 또한 좋을 것이다. 봄철에는 농사를 방해하여 백성을 해롭게 하니, 더욱 이를 정지시켜야 할 것이다." 하였다는 기록이 있는데 선왕 세종 말엽부터 무기 제조를 위해 늘어났던 철의 쓰임새가 문종 때는 무기 외에도 용도가 다양하게 많아졌다는 것을 알 수 있다.

:: 조선 단종

1453년(단종 1년) 1월에는 의정부에서 호조의 정문에 의하여 아뢰기를, "승정원 주서 오백창이 진상한 황금(黃金) 18냥(675g)의 값은 청컨대 그의 원에 따라 강화부의 마두나 소맥으로 지급하소서. 그러나 대소인이 금은, 주옥, 약재, 채색 등과 같은 물품을 진상한다 청탁하고 중한 값을 받기를 희망하고, 심한 자는 값이 적어 마음에 들지 않으면 진상한 물건을 돌려받기를 청하니, 심히 불가합니다. 청컨대 이제부터는 모든 진상물을 직접 해당 관청에 바치게 하고, 해당 관청에서 그 값의 고하를 매긴 후 계문하게 하여 그 값을 지급하소서." 하니 그대로 따랐다는 기록이 있는데, 단종 시절에는 금은의 값어치에 대한 판단

기준이 일정치 않았기에 어려움이 있었던 것을 알 수 있다.

:: 조선 세조

1459년(세조 5년) 8월에는 공조에서 전지하기를, "진상하는 안자(鞍子-말이나 나귀 등에 얹어 사람이 탈 수 있도록 한 안장)는 금은의 장식을 사용하지 말게 하라." 하였다는 기록이 있고, 1464년(세조 10년) 4월에는 승정원에서 교지를 받들어 여러 도의 관찰사에게 치서(馳書)하기를, "옥석(玉石), 금은(金銀), 동철(銅鐵), 마노(瑪瑙), 수정(水精), 채색(彩色) 등의 물건들이 옛날에 나던 곳과 새로 나는 곳을 모두 기록하여서 아뢰어라." 하였다는 기록이 있는데, 세조 때는 마노와 수정과 같은 종류의 광물도 등장하게 되며, 이런 종류의 광물이 산출되는 장소도 기록한 것으로 나와 있다.

1467년(세조 13년) 2월에는 승정원에서 교지를 받들어 제도 관찰사에게 치서하기를, "옥석과 약석(藥石) 및 모든 보물이 나는 곳은 모두 다 신기(神氣)가 모인 곳이다. 그런데 근자에 상(賞)을 바라는 무리들이 대체(大體)를 돌보지 아니하고 망령되게 제멋대로 캐내서 산맥을 손상시키는 데 이르렀으니, 이와 같은 사실을 널리 알려서 함부로 제멋대로 캐내지 못하게 하라." 하고 이어서 경중(京中-서울 안)의 마을과 거리에 방을 널리 붙여서 사람마다 이러한 뜻을 다 알게 하라고 명하였다는 내용이 기록되어 있는데, 세조 때는 태종과 세종 때와는 달리 황금에 대한 기록이 그리 많지 않다.

:: 조선 예종

1468년(예종 원년) 11월에는 곡성에서 광양까지 8개 읍에서 대천(大川)을 따라 금이 산출된다는 기록이 있고, 다음 해 1월에는 유자광의 모함으로 죽은 난신(亂臣) 남이의 금은을 적몰하여 정업원(淨業院)에 주도록 하라는 기록도 있다.

:: 조선 성종

1470년(성종 1년) 4월에는 아뢰기를, "금은, 구리, 납, 연철 등의 물건은 우리나라에서도 산출되나, 국가에 민력을 쓰는 것을 중히 여기어 때로 채취하지 못하고, 또 백성이 채취하는 것을 허락하지 않아서 용도가 항상 부족합니다. 민간에 있는 것이 만일 많아지면 국가에서 취하여 쓰기가 어렵지 않을 것이니, 청컨대 금하지 말게 하소서." 하니, 진지하기를, "가하다." 하였다 하는 내용이 있는데, 이는 세종 때부터 내려온 정책 기조를 바꾸는 것이기도 하다.

1474년(성종 5년) 윤6월에는 전라도 관찰사 이극균에게 하서하기를, "도내 진산군(珍山郡)에 동철(銅鐵)이 산출되는 곳은 일찍이 벌써 치부(置簿)하여 사람이 채취하는 것을 금지하였는데, 근일에 강효순이란 자가 취련한다고 와서 고발하니, 반드시 이것은 이 군에서 동철이 많이 산출하는데 방금(防禁)하는 것이 엄격하지 못하여 그런 것이다. 추성(秋成)한 뒤에 농가의 틈을 기다려 본관으로 하여금 취련하여 올리게 하고 산출함이 많고 적은 것을 자세히 기록하여 아뢰라." 하였다는 기록이 있고, 1479년(성종 10년) 9월에는 호조에서 아뢰기를, "이제 밀양 읍성을 쌓는데, 본도 여러 고을에 공철취련(貢鐵吹鍊), 채금(採金), 염초자취(焰焇煮取) 등 잡역을 전례에 의하여 감면하는 것이 어떻겠습니까?" 하니, 그대로 따랐다는 내용이 있다.

1482년(성종 13년) 9월에는 호조에서 아뢰기를, "…(중략)… 또 황해도의 정철을 취련하는 일과 경상도의 염초와 정철을 취련하고 채금(採金)하는 등류의 일은 비록 실농한 고을이 아니라도 청컨대 금년에 한해서 정지하도록 하소서." 하니 그대로 따랐다 하며, 1483년(성종 14년) 11월에는 반송사 노사신이 아뢰기를, "신이 평안도 절도사 정난종과 더불어 의주의 성을 쌓는 데 있어 돌을 뜨는 편의를 가서 살피니, 의주 압록강 서쪽 마산리 등지는 구룡 연대와의 거리가 10여 리이고 또 잡석이 많으므로, 여기에서 돌을 뜨는 것이 가합니다." 하였는데 병조에서 아뢰기를 "장장 지대(長牆地帶-긴 담장) 및 성문을 쌓는 데 소용되는 돌이 매우 많은데, 반드시 철물을 많이 준비해야 이를 이룩할 수 있습니다. 청컨대, 본도의 관찰사로 하여금 쇠가 나는 곳에 선군(船軍) 200명을 뽑아 보내고, 수령을 시켜서 취련의 일을 감독하게 하여 본 고을에 수송하고 수량을 갖추어 계문하게 하소서." 하니, 그대로 따랐다는 내용도 있다.

1485년(성종 16년) 2월에는 "…(중략)… 삼포에서는 왜놈들이 파는 것이 금은(金銀), 동철(銅鐵), 피물(皮物-짐승의 가죽), 주홍(朱紅-황과 수은으로 만든 붉은 빛의 안료), 석류황(石硫黃)인데 모두 우리나라에서 중요하게 쓰이는 물건이고, 우리나라에서 금하는 물건은 화약과 금은(金銀)의 두어 가지에 지나지 않습니다. …(중략)…"라는 내용이 있는데, 조선시대의 삼포란 부산광역시 동래구 소재 부산 북항이 있는 부산포(釜山浦)와 창원시 진해구 웅천동에 있는 내이포(乃而浦) 및 울산광역시 북구 염포동에 있는 염포(鹽浦) 등을 말하는데, 이 삼포를 통해 일본산 황금, 구리, 철, 유황이 포함된 암석 등을 판매한 것으로 보이며, 이 중에서 특히 금과 은은 판매 금지 품목이었다는 것을 알 수 있다. 같은 해 윤4월에는 충주인 홍중수가 고한 동석(銅石)을 관찰사가 채취하여 봉진한 것이 모두 8두(斗)이었는데, 정원(政院)으로 하여금 취련하여 들이게 하니, 1두에 취련한 것이 정철(正鐵) 4냥 5전이므로, 공조에 내려서 그릇을 만들어 들이도록 명했다는 내용도 있다. 내용 중에 정원은 승정원을 말하는 것으로 약칭하여 쓴 것이다.

1486년(성종 17년) 2월에는 제도의 관찰사에게 하서하기를, "지난번에 교서를 내려 철장(鐵場)을 혁파하는 것의 편부를 물었더니, 모두 혁파하고 각 호마다 나누어 정하여서 민폐를 없애고자 청하였다. 그러나 해사(該司)에서는 옳지 않다고 하였다. 철(鐵)은 공사에 긴요하게 쓰이는데, 만약 철장을 혁파한다면 민간에서 사사로이 스스로 취련하기가 어렵고, 농기를 다 깨뜨리게 되므로 1, 2년이 못 되어 공사(公私)의 철이 다하게 될 것이라 하였다. 그 정원을 다시 물어서 상의하여 아뢰도록 하라." 하였다 하며, 5월에는 판서 이덕량, 참판 김승경, 참의 임수창이 와서 아뢰기를, "대전(大典)에 '여러 고을에서 나는 철은 야장(冶場-대장간)에서 처리하되 관찰사가 부근 여러 고을의 공철(貢鐵)의 다소에 따라 인부를 헤아려 정한다.' 하였는데, 일정한 액수가 없기 때문에 수령이 많은 수를 뽑아 보내게 되니, 과연 식량을 둘러메고 왕래하는 폐단이 있게 된 것입니다. 의논하는 자가 철장을 파하고자 한 것은 이 때문이었습니다. 신 등의 생각으로는 일을 익숙하게 알고 있는 조관을 보내어 경장으로 하여금 시험적으로 취련을 하게 해서 만약 강철(鋼鐵) 몇 근을 취련하는 데에는 인부 얼마 정도를 쓰며, 정철(正鐵) 몇 근을 취련하는 데에는 인부 얼마 정도를 쓰는가를 보아서, 본 고을 및 부근 고을의 백성들을 뽑아 취련군으로 삼고는 잡역과 요역을 견면(蠲免)해 주고 이 역만 전담하게 할 것 같으면, 양식을 둘러메고 왕래하는 괴로움도 없을 것이며, 국용 또한 넉넉해질 것입니다. …(중략)… 갑자기 고치는 것은 불가합니다." 하였다는 내용이 있다.

또 특진관 이극균이 아뢰기를, "철장을 폐지하는 데 대한 의논이 가부간에 일치되지 않고 있습니다. 신의 생각으로는 철장이 비록 폐단이 있기는 하나, 만약 백성으로 하여금 스스로 준비해 바치게 한다면 수년 뒤에는 민간의 철기가 반드시 다할 것이니, 그 폐단이 큰 차질이 있을 것입니다. 철장을 파하려는 것은 다름이 아니라, 관찰사가 취련군의 수를 정해 주지 않음으로 인해서 수령이 임의대로 조발하게 되니, 식량을 둘러메고 왕래하므로 걸핏하면 순월을 지니게 되어 백성이 매우 괴로워하기 때문입니다. 만약 관찰사로 하여금 마음을 다해 규획하여 공역을 헤아리고 날을 계산하여 취련군의 수를 적정하게 할 것 같으면, 비록 철장을 파하지 않더라도 그 폐단을 없앨 수가 있을 것입니다." 하니 임금이 좌우를 돌아보고 물었는데, 영사 홍응이 대답하기를, "세종조에서 백성들로 하여금 철을 바치게 하자 민간의 철기가 전부 관으로 실려 갔는데, 세종께서 그 폐단을 깊이 아시고 곧 철장을 설치하도록 하여 백성의 근심을 없애셨으니, 지금 철장을 혁파하는 것은 불가합니다." 하였다.

임금이 말하기를, "철장은 과연 파할 수가 없겠다. 관찰사가 취련군의 수를 작정하여서 강명한 수령을 가려 보내어 역사를 맡아서 감독하도록 한다면 폐단을 없앨 수 있을 것이다." 하자, 홍응이 말하기를, "공역이 매우 크기 때문에 하루 이틀에 끝마칠 일이 아니므로, 수령으로 하여금 본 고을의 업무를 버리고서 역사를 맡아서 감독하게 하는 것은 불가합니다. 이치를 아는 사인(士人)을 뽑아 감고(勘考)로 삼아 보내어서 그 일을 맡아 감독하게 하는 것이 좋겠습니다." 하니, 임금이 말하기를, "옳다." 하였다는 내용이 있다. 2월부터 5월까지 약 3개월간 철장(鐵場-정부가 관리하는 제철소)을 운영하는 과정에 자신이 먹을 양식까지도 짊어지고 가야 하는 백성들의 고통이 많으니 없애야 한다고 주장하였으나, 조정에서 함께 논의한 결과 관리 감독을 철저히 하기로 결론을 내렸다는 내용으로 당시에도 철의 중요성이 높았다는 것을 보여주는 기록이다.

1493년(성종 24년) 4월에는 전교하기를, "상의원 제조가 연금술을 중국에서 배우게 할 것을 계청하였는데, 내가 생각하건대 우리나라에서 금을 쓰지 않는다면 그만이겠지만, 만약 쓴다면 반드시 매우 정련하고자 할 것이기 때문에 윤허(允許)하였을 뿐이다. 그러나 세종조 때 함녕군이 금은의 조공을 면제해 줄 것을 청하여 고생하였고, 이는 급한 일이 아니니, 정지하도록 하라." 하고 정원에 전교하기를, "왜인이 금을 잘 사용하니, 후하게 인정을 주고 취련하는 방법을 익히게 함이 옳다." 하였다는 기록이 있는데, 중국보다는 일본에 가서 금을 제련하는 방법을 익히도록 하라는 기록이다.

성종 시대에는 황금을 찾았다는 기록보다는 황금과 철을 제련하는 과정에서 발생하는 문제나 제련기술을 습득하는 내용을 더 많이 다루고 있다.

:: 조선 연산군

1503년(연산군 9년) 1월에는 단천의 연(鉛) 광산에서 은(銀) 분리 제련기술이 개발되어 은(銀) 생산에 활기를 얻었다는 내용이 있고, 5월에는 승지 강삼이 아뢰기를, "단천(端川)에서 나는 납은 성질이 강하여 불리어 은을 만들 수 있으니, 해조에서 사람들이 사사로이 캐는 것을 금하도록 하소서." 하니, 그대로 좇았다 한다. 10월에는 공조에서 아뢰기를, "은 20냥, 생금 10냥을 들이라 하셨는데, 본조에 저장한 것이 없어 감히 여쭙니다." 하니, 전교하기를, "은은 사서 들이고, 금은 불리어 들이라." 하였는데, 연산군 시대에는 금과 은을 비축하지 않았음을 추측해 볼 수 있는 내용이다.

11월에는 호조판서 이집, 참판 안윤덕, 공조판서 정미수가 납철(鉛鐵)로 은을 불린 수량을 적어 아뢰기를, "단천(端川)의 납은 2근에서 10분은(銀) 4돈이 나고, 영흥(永興)의 납은 2근에서 10분은(銀) 2돈이 납니다." 하였다. 정미수가 이어 아뢰기를, "함경도는 역로가 조잔 피폐하니, 백성들이 캐어 쓰고 관청에 세납을 바치게 하여, 불리려는 자에게 행장을 주고, 감사 및 수령으로 하여금 검찰하여 납을 캐게 한다면 서울에 소송하기가 어렵겠으니, 바라건대 사사로이 캐는 자를 저화를 위조한 자와 같이 죄를 줌이 어떠하리까?" 하니, 전교하기를, "호조와 함께 의논해서 공사가 모두 온당하게 하라." 하였다는 내용의 기록이 있다. 내용 중에 납철로 은을 불렸으며 납에서 은이 난다는 부분이 있는데, 일반적인 납 광석, 즉 연 광석에는 통상 은(銀)이 아연(亞鉛)과 함께 약간 포함되므로 위의 내용처럼 어느 정도의 은 추출이 가능했을 것으로 생각된다.

1504년(연산군 10년) 6월에는 전교하기를, "대비전에 바치고자 하니 생금(生金)과 10품은(銀) 각 백 냥을 대내에 들이되, 상의원에 저장된 것이 없으면 부상(富商)으로 하여금 구해 들이게 하라. 또 금, 은 각 50냥을 아울러 들이라." 하였다는 내용이 있고, 7월에는 함경도의 세은(稅銀) 1근 12냥을 상의원에 내렸다. 그때 단천군(端川郡)에서 연(鉛)이 나므로 사람들에게 불려서 은을 만들 것을 허가하였는데, 한 사람에 이틀에 세은이 2냥이었다는 기록도 있다.

1505년(연산군 11년) 7월에는 전교하기를, "이제부터 백관의 품대에 마땅히 금, 은을 붙여야 하는 자는 바탕, 가선, 선 두르는 데에 금, 은을 쓰라." 하였는데, 그때 이것을 광대라 불렀다는 내용이 있다. 세종 때 신하들이 허리띠에 금(金)으로 장식하는 것을 금지했는데, 약 50여 년이 지난 연산군 시절에 이를 다시 사용할 수 있도록 한 것이다. 당시 조정에 금이나 은 비축 물량이 없으면 시중에서 구하거나 광산에서 제련해 만들어 오라고 한 것을 보면 백성들 사이에서는 금과 은을 암암리에 많이 개발해 왔다는 것을 알 수 있다.

1506년(연산군 12년)에는 단천 은광을 재개발하였다는 내용이 있는데, 3년 전인 1503년에 단천 광산에서 은 제련기술을 개발했다는 기록이 있는 것으로 보아 단천 광산은 계속 개발되지 않고 간헐적으로 개발되었다는 것을 알 수 있다.

:: 조선 중종

1509년(중종 4년) 1월에는 승정원에 전교하기를, "단천(端川)에서 은을 채굴하는 폐는 우연한 일이 아니다. 사사로이 채취하여 중국으로 가지고 가면, 죄는 비록 중하나 이익이 또한 중하여 이를 금단해도 그치지 않으니 깊이 염려되는 일이다. 문관으로서 가장 명망이 있는 자를 선택하여 보내고, 공조로 하여금 1년 국용의 수를 계산하여 채취하되, 수량을 더하여 함부로 채취하지 말도록 하라." 하였다는 내용이 있다. 당시 조정에서는 단천에서 몰래 은을 채굴해 중국에 파는 행위를 금지하고 있었는데, 백성들은 단속되어 적발되더라도 죗값보다는 이익을 더 많이 볼 수 있었기에 밀매 행위를 계속했던 것으로 보인다.

1516년(중종 11년) 9월에는 호조에 전교하였다. "함경도에는 군수(軍需)가 넉넉지 못해서 백성들에게 곡식을 내고 은을 캐는 것을 허가하였는데 이제부터는 함경도나 다른 도의 은이 나는 곳에 엄히 금방(禁防)하고 사사로이 채굴하지 못하도록 하라."는 기록이 있는데, 당시 함경도에서는 백성들이 곡식, 즉 세금을 내고 은을 채취할 수 있는 권리를 해당 지역 군수로부터 받기도 하고, 또 금지당했던 것임을 알 수 있다. 10월에는 부사정 김사귀가 통진현(通津縣)에서 백옥을 채굴하여 올리니, 상을 주도록 하였다는 내용도 있다.

1521년(중종 16년) 8월에는 특진관(特進官) 고형산이 아뢰기를, "…(중략)… 우리나라는 단천(端川)에서 생산되는 연광(鉛鑛)을 취련하여 은을 만들기 때문에 은값이 매우 저렴하였는데, 지금은 전보다 점차 비싸졌습니다. 이것은 반드시 북경으로 가는 통사들이 많이 갖고 가서 중국에 팔기 때문입니다. 그렇다면 비록 은을 생산하는 곳이 있을지라도 실로 우리나라의 이익은 아닌 것입니다. 단천에 은이 생산되는 곳은 관(官)이 지정한 곳뿐이 아니고 곳곳에 있습니다. …(중략)… 신의 의견으로는 은을 산출하는 각처의 공천(公賤－죄를 지어 관청의 노비가 된 종)으로 하여금 채취해서 공(貢)으로 바치게 하여 불시의 수요에 쓰게 하는 것이 어떻겠습니까? …(중략)… 관원을 보내서 감독하여 채취하여 저장해 두었다가 국용에 쓰는 것이 어떻겠습니까?" 하고, 남곤이 아뢰기를, "고형산이 말한 것을 해조(該曹)에 문의하여 조치하게 하는 것이 어떻겠습니까? 신이 들으니 은을 생산하는 곳이 한 곳만은 아니라 합니다."라는 내용이 있는데, 이는 당시 단천 광산의 연을 제련해 얻은 은을 중국을 왕래하는 통사, 즉 통역하는 사람들이 많이 팔아버렸기 때문에 정작 우리나라 은값은 비싸게 되어 관청 소속의 노비들을 활용해 정부에서 관리하는 단천 광산 외 주변의 여러 광산에서 은을 생산해 갑작스러운 수요에 대비하면 좋겠다는 의견을 제시한 내용이다.

1522년(중종 17년) 7월에는 함경도 관찰사가 새로 생산한 연철(鉛鐵)을 제련해서 얻은 은 5전 1푼을 올려 보내니 '해사(該司-해당 관청)에 내리라.'고 전교하였다는 내용이 있고, 1525년(중종 20년) 11월에는 우승지 유보가 상의원(尙衣院)의 뜻으로 아뢰기를, "중궁전(中宮殿)의 개조해야 할 그릇의 중량이 30여 냥이나 되고, 또 반드시 10품 은을 써야 할 것인데 본원 및 공조에는 모두 없으니, 무역해다 쓰게 하기 바랍니다." 하니 전교하기를, "무릇 저자에서 무역해 오면 물의가 불가하게 여기는데, 제향소(祭享所) 등처의 은그릇을 모두 무역해다 개조하였으니 과연 불가하다. 사옹원(司饔院) 및 공조에 소장한 부서진 은그릇으로 만드는 것이 가하다. 함경도가 비록 올해 조금 풍년이 들기는 하였지만, 은을 채굴하는 역사를 일으킬 수는 없으니, 내년 추수 뒤에 단천(端川)에서 채굴하기로 상의원이 공사(公事)를 만들어 아뢰라." 하였다는 내용이 있는데, 이는 중궁전 등 왕실에서 사용해야 할 은(銀)의 수량은 많은데 보관하고 있는 수량이 적으니 수입해 사용하자고 했으나, 왕이 사옹원 등에서 소장하고 있는 은으로 해서 우선 쓰고 올해는 당장 캘 수 없으니 내년 가을에 단천에서 채굴할 수 있도록 조치하라는 내용이다.

1528년(중종 23년) 윤10월에는 함경도 감사의 채은에 관한 서장을 정원에 내리며 이르기를, "이번에 함경도에서 캐어 보낸 은 63정(錠) 중에서 30정은 대내(大內)에 들이고 33정은 상의원(尙衣院)에 내리도록 하라. 상시에 상의원에 은이 없으면 반드시 공조에 청해서 써야 하므로 이번에는 상의원에 내리고, 이 뒤로 캐어 오는 것은 공조에 내리는 것이 또한 옳겠다. 또 북청 등에서 새로 난 견양(見樣)의 은은 공조에 내리고, 이 내용으로 아울러 감결(甘結)을 바치도록 하라." 하였는데, 그 서장은 다음과 같다. "해마다 으레 캐는 은으로 정은(正銀) 630냥 6전 3푼을 63정으로 만들어 궤에 나누어 넣은 것과 북청 땅에서 새로 난 석철 6승(升)으로 시험하여 만든 은 1전 8푼, 영흥부(永興府) 땅에서 난 석철 6승으로 시험하여 만든 은 7푼, 문천군(文川郡) 땅에서 난 석철 2승으로 시험하여 얻은 은 1전 8푼 등을 궤에 넣은 것을 봉부동(封不動)하여 올려 보냅니다."라는 내용이 있다. 내용 중에 대내(大內)란 임금이 거처하는 곳을 말하며, 상의원(尙衣院)이란 조선시대 임금의 의복을 공급하고 왕실의 보물을 관리하던 기관이다. 상의원에서 편리하게 은을 사용해야 하는데, 현재의 조달청 격인 공조를 통해 공급받으면 불편하니 비서실에서 직접 보관해 사용하라는 내용이다. 그리고 북청 등에서 새로 난 견양의 은을 공조에 내리라는 말은 북청 지역에서 어떤 정해진 규격에 의해 생산된 은을 조달청에 보관하라는 뜻으로, 감결, 즉 상급 관아에서 하급 관아에 보내던 공문, 즉 오늘날의 훈령에 해당하는 공문을 보내 바치라는 뜻으로 북청이나 영흥 또는 문천 지역에서 생산된 은을 봉부동, 즉 봉인하여 올려 보냈다는 내용을 기록한 것이다.

1534년(중종 29년) 11월에는 정원이 아뢰기를, "보루각(報漏閣)은 마류(瑪瑠-마노)가 쓰이는 곳인데 상의원에는 비축한 것이 없어 저자에서 사들이니 폐단이 있습니다. 안주(安州)에서 물건이 산출된다고 합니다. 이것이 너무 견고하여 쉽게 다룰 수 없으니 지금부터 다듬어야 제때에 사용할 수 있습니다. 채굴하여 바치라는 글을 내리심이 어떻겠습니까?" 하니 그리하라고 전교하였다는 내용이 있는데, 여기에 나오는 마류는 보석의 일종인 마노(Agate)를 말하는 것으로 상의원에서 임금의 옷을 만들 때 옷에 달던 장식품이다.

1536년(중종 31년) 7월에는 정원에 전교하였다.

"단천에서 생산되는 연철을 해마다 불리어 은을 만들어 진상하게 하여 사용해 왔는데, 지금 상의원(尙衣院)에서 쓰고 있는 것을 보니 정은(正銀)이 아니었다. 관원은 틀림없이 정은으로 불려서 보냈을 테지만, 장인들이 은덩이를 만들 때 속에는 잡철을 넣고 겉은 은으로 씌웠을 것인데, 일일이 쪼개 보지 못하는 까닭에 감히 이토록 간사한 꾀를 부리는 것이다. 그 범인을 엄하게 처벌해야 하나 누구의 짓인지를 몰라서 죄 주지 못하였다. 이제부터 은을 불릴 때 덩어리로 만들지 말고 두드려 얇은 엽아(葉兒-조각)로 만들게 해야 한다. 무게로 따지는 것이니 반드시 덩어리로 만들 필요가 없다. 그리고 은을 채굴하는 고을이 단천뿐이 아니고 다른 군에서도 산출되는 곳이 있을 텐데, 해마다 단천에서만 채굴해 한 고을 백성만 폐를 입고 있으니 참으로 민망하다. 연철이 나는 곳이라면 다른 군에도 문부(文簿-문서)를 두고 돌려가면서 채취하게 하면 그 수고로움을 고루 나누게 될 것이니, 이 뜻을 해조에 이르라."

당시 단천에서 상의원에서 올린 은을 사용해 보니 순수한 정품 은이 아니라 은 덩어리 속에 철이나 납과 같은 다른 것을 넣어 가짜로 만든 사례가 많았으며, 또 누가 이렇게 가짜로 만든 것인지 추적하기 어려우니 가짜 은을 만들지 못하도록 큰 덩어리로 만들지 말고 얇은 조각으로 만들라는 내용이다.

또 7월에는 공조가 아뢰었다. "은을 채굴하는 일에 있어서는 단천에서만 불리게 하므로 단천만 그 폐를 입고 있습니다. 그러니 다른 군에서도 두루 캐게 하여 시험해 보는 것이 좋겠습니다. 지금 보물안을 초하여 계달하였는데 은이 산출된다고 한 곳에서도 캐보면 은이 되지 않는 것도 있고, 또 납이 되지 않는 것도 있습니다. 그러니 장인을 보내어 채굴하여 시험해야 할지의 여부를 취품(取品)합니다."라는 기록이 있고, 정원에 전교하였다.

"전번 분부에 연철이 산출되는 고을에 장인을 보내어 채취하겠다 하였는데, 이제 다시 생각해 보니 장인을 보내면 각 고을에 그 폐가 없지 않을 것이요, 또 수령들이 꺼려서 숨기는 폐단도 없지 않을 것이니, 그 고을에서 생산되는 연철의 양을 헤아려 올려 보내게 하고, 또 해조로 하여금 불려서 시험하게 하여 어느 곳에서 바친 것이 은의 함량이 가장 많은지를 알아내어 명년(明年)부터 시작하여 윤차(輪次-돌아가면서)대로 나누어 정하면 공사에 모두 곤란하지 않게 될 것이다."라는 내용을 비롯해 "…(중략)… 그리고 은이 나는 곳도 있고 납이 나는 곳도 있는데 군현마다 다 채굴하여 시험해 본다면 그 폐가 적지 않을 것이니 단천군에서만 전과 같이 채굴하라. 또 군현 중에 은이 많이 나는 곳을 골라 가을걷이를 기다려서 장인을 보내어 채굴해 시험해 봐야겠다. 다만 홍천(洪川)은 전에 이미 은이 나던 곳이었으니 또한 가을걷이하고 나서 장인을 보내어 채굴하게 하라."는 기록이 있다.

1540년(중종 35년) 9월에는 정원에 전교하였다. "이제 함경 감사의 계본(啓本)을 보니 '진상하는 은의 수량을 항상 1천여 냥으로 표준 삼아 왔는데, 올해는 여러 곳에서 연철을 캔 수량이 전례에 비하여 5분의 1도 안 되므로 정해진 기한까지 앞으로 한 달 동안 일을 하더라도 수량을 채울 수 없으며, 단천의 은을 채취해 오던 곳은 연맥(鉛脈)이 이미 끊어졌다.'라고 하였다. 만약 예년의 수량대로 채취하라고 한다면 민폐가 적지 않을 것이니 예년의 수량에 구애되지 말고 현재 채취한 수량만으로 제련하여 올려 보내라고 공조에 이르라."라는 내용이 있는데, 1530년대 중종 시대에 왕실에서 보관했던 은의 양을 알 수 있는 내용으로 1천 냥 정도 되었던 것임을 알 수 있으며, 또 1540년에는 계속 생산해 오던 단천 광산의 일부 은 광맥이 단층과 같은 것으로 끊어졌다는 것도 알 수 있다.

1542년(중종 37년) 6월에는 전교하였다. "근래 왜인들이 잇달아 은을 가지고 와서 나라에서 무역을 많이 하였기 때문에 국용이 부족하지 않다. 단천에서 은을 캐는 폐단이 많다고 하니, 5년을 한도로 하여 캐지 못하도록 하라. 민간에서 만약 몰래 채굴한다면 나라의 법이 엄중하지 않게 되니 엄히 금지하라." 하는 내용이 있는데, 당시 일본에서 생산된 은이 많이 수입되었다는 것을 알 수 있다.

:: 조선 명종

1564년(명종 19년) 10월에는 간원이 아뢰기를, "…(중략)… 왜구들이 해로를 통하여 중국을 노략질한 뒤이면 명주와 보패며 진기한 비단, 금은 등이 부산포에 모두 모이게 됩니다. 때문에 수령이나 변방의 장수 및 장사치들까지도 쌀이나 베를 수레에 싣거나 몸에 지니고서 끊일 사이 없이 부산포로 몰려듭니다. 삼공, 영평 부원군, 영부사가 함께 의논하여 아뢰기를, 청홍도(淸洪道) 음성(陰城) 남면의 웅암산(熊巖山) 아래 사는 학생 정수기가, 자기가 제련한 동철 및 동철을 제련한 토석을 가지고 비변사에 와서 아뢰기를 '사는 근처 산기슭의 토석에 구리나 주석 빛깔을 띤 것들이 많아 그것을 파 담아 가지고 상경하여 사위인 중부 참봉 정남경과 함께 의논하여 제련하였더니 토석 4량에서 대략 2전 정도의 동철을 제련할 수 있었다. 또 지나는 연도에 자세히 살펴보니 동철을 제련할 만한 토석이 곳곳마다 있었다'라고 하였습니다. 우리나라에서 흔하게 나는 구리를 캐어 쓰지 않고서 왜노에게 무역하거나 중국에서 사들이는데 오히려 용도에 충분치 못하여 매우 불편합니다. 만일 캐내어 제련하면서 그들로 하여금 전수하여 익히게 한다면 공사의 쓰임에 충분할 것입니다. 공조로 하여금 장인을 정하여서 수기 등으로 하여금 제련을 전임하게 하는 것이 어떻겠습니까?" 하니, 아뢴 대로 하라고 전교하였다는 기록이 있다.

조선시대 청홍도는 지금의 충청도 지역으로 청주와 홍주(홍성지역)를 합쳐서 부른 이름이다. 특히, 충북 음성지역은 일제강점기와 1980년대에 금광이 활발히 개발된 지역이지만, 조선 명종 시대에는 금광이 개발되지 않고 철과 동(구리)만 인근 지역에서 발견된 것으로 보인다. 철광석의 밀도는 일반 암석의 2.7보다 약 2배 높은 4~5 정도이기 때문에 비교적 무거운 돌로 당시 중국을 왕래하던 상인들이 물건을 구해오기는 쉽지 않았을 것이다. 이에 일반 시중에서도 구매해 쓰기가 상당히 어려웠을 것이므로 음성지역에서 나는 구리와 철 등을 제련해서 사용하자는 제안은 충분히 가능한 내용이었을 것이다.

1566년(명종 21년) 3월에는 정원이 아뢰기를, "왜 통사 김세형이 문개를 거느리고 왜관에 가서 왜인에게 취련하는 법을 묻자, 왜인이 '말해 주기는 어렵지 않으나 우리나라의 일을 다른 나라에 누설하면 정해진 죄가 있다.' …(중략)… 김세형이 '여기에 어찌 적절한 방편이 없겠는가. 그대들이 많은 동철을 가지고 왔다 하니 지금 만약 동철을 진상한다면 그 뒷일은 형편을 보아 처리하겠다.' 하여, 왜인이 취련하는 법을 설명하자 문개로 하여금 배우게 하였습니다. 김세형이 또 '이 법은 그대가 비록 자세히 가르치고 있지만, 그대가 취련하는 법을 직접 목도하면 그 기술을 전부 획득할 수 있겠다.' 하자, 왜인이 '동반이 많은데 무슨 구실로 나 혼자 관외에 나가 취련법을 직접 가르칠 수 있겠는가.' 하므로, 김세형이 '그대의 족친 중에 혹 우리나라에 나왔다가 죽은 사람이 없는가.'고 묻자, 왜인이 '나의 삼촌숙이 일찍이 국왕의 사신을 따라 귀국(貴國)에 나왔다가 죽었다.'라고 하자, 김세형이 '그렇다면 소분(掃墳-경사로운 일이 있을 때 조상의 산소를 찾아가 돌보고 제사 지내는 일)을 핑계로 나오도록 하라.' 하니, 왜인이 '그렇다면 내가 나가서 가르쳐 주겠다.' 하여, 왜인의 승낙이 떨어졌다고 합니다. …(중략)… 김세형, 문개 및 장인으로 하여금 함께 보제원(普濟院) 근처에 가서 취련법을 배우게 하되 잡인들을 금지하도록 하소서." 하니, 아뢴 대로 하라고 전교하였다는 내용이 있다.

이 내용은 일본에서 온 제련 장인에게 동과 철 제련법을 배우기 위해 시도했던 일화를 아주 상세하게 기록한 것으로 동, 철 제련법은 일본에서 비밀로 하고 있던 사항이었다는 것을 알 수 있다. 또 제련 전문가를 일행으로부터 불러내기 위해 조상의 산소를 돌보고 제사 지낸다는 핑계를 대도록 하였으며, 제련법을 가르쳐 주는 장소도 보제원을 선택한 것을 보면 당시의 동과 철 제련은 아주 수준 높은 특급기술이었음을 알 수 있다. 보제원은 서울 동대문 밖에 있었던 역원으로 무의탁 병자나 환자를 무료로 치료해 주던 장소였다.

:: 조선 선조

1583년(선조 16년) 4월에는 충주 판관 최덕순이 교성(巧性)이 있다 하여 그를 체임한 후 경직(京職)으로 경차관(敬差官) 칭호를 붙여 함경도로 보내 은을 채취하여 취련한 후 화매(和賣-팔고 사는 것)하도록 하였다는 내용이 있다.

1593년(선조 26년) 3월에는 비변사가 아뢰기를 "…(중략)… '오늘날의 일은 은(銀), 동(銅)을 많이 제련하여 양식과 상의 자산을 마련하는 데 있다.'라고 한 말은 더욱 오늘날의 급무입니다. 동양정(佟養正)이 벌써 은장(銀匠)을 데리고 왔다고 하니 의주 사람으로 하여금 그 기술을 익히게 하여 본도 및 황해도의 은(銀) 산지에서 제련을 하여 국가의 용도에 대게 하소서."라는 내용이 있고, 또 8월에는 비변사가 아뢰기를,

"항상 사람들은 모두 우리나라 지방에는 은과 철이 생산되지 않는 곳이 없다고들 하였습니다. 지금 광부(鑛夫)와 광장(鑛長)을 많이 보내어 여러 곳에서 광맥을 찾고 있으나 아직까지 많이 생산되는 곳을 찾지 못하였고 한갓 백성들의 폐해만이 되고 있기 때문에 각처의 인민들이 화물(貨物)을 많이 모아 광부에게 뇌물로 주어 광맥을 찾지 못하게 하고 있다고 합니다. 이는 이치에 그럴듯한 말이기는 하지만 믿을 수는 없습니다. 지금 국용이 탕진되어 은을 사용하는 한 가지 일이 가장 절급합니다. 단천에서 생산되는 은은 평소부터 품질이 좋다고 소문이 났었으니 이제 금령을 풀고 채취를 허가하여 세금을 징수하고, 또 관채(官採-금은이나 인삼을 국가에서 채취하는 것)하여 상납하는 수를 늘리게 하여 국용에 충당하소서." 하니, 상이 따랐다는 기록이 있다. 이 기록에 광부라는 용어가 처음 등장하는데 이때부터 광부라는 용어를 사용한 것으로 보인다. 이 당시도 오늘날처럼 주민들이 광산을 개발하지 못하도록 방해하였지만, 국가재정이 모두 탕진되었으니 단천에 내려졌던 생산금지령을 풀고 백성들 스스로 채취하게 만든 다음 그에 따른 세금을 거두어 국가재정을 튼튼히 하려고 한 것으로 보인다.

1594년(선조 27년) 4월에는 국내 광산으로 강계(江界), 창성(昌城), 서흥(瑞興), 개성(開城), 춘천(春川), 홍천(洪川), 원주(原州), 주천(酒泉), 공주(公州), 보은(報恩), 연풍(延豐), 청풍(淸風), 안변(安邊), 문천(文川), 단천(端川) 등지가 있다고 기록하고 있다.

1595년(선조 28년) 9월에는 강원도 관찰사 송언신이 치계하기를, "…(중략)… 목사가 사람을 시켜 뒤따라 가서 살펴보게 하였더니 평창군 서쪽 수십 리 지점에서 서로 모여 땅을 파다가 초경이 되어서야 돌아왔습니다. 유격이 은광석(銀鑛石) 두 쪽을 이억례에게 내어 보이며 말하기를 '이것은 좋은 은인데, 그대들이 어찌 굳이 숨기는가.' 하고 심히 기쁜 빛이 있었습니다. 이튿날 또 그대로 머물면서 친히 가서 굴취할 일로 영을 내리고 또 발견한 은혈에는 옛날 취련하던 기구가 있을 것이라 하여 수령을 핍박함이 대단하니 장래의 근심을 어찌해야 할지 모르겠습니다." 하였는데, 비변사에 계하(啓下-임금의 재가)하였다는 기록이 있다.

1598년(선조 31년) 4월에는 '조선에서 나는 금은(金銀)은 여러 가지 광물이 많이 섞여 있고, 조선은 토지가 비옥하여 금은동철(金銀銅鐵)이 채굴되고 제련되므로 매년 점세(店稅)로 3만 2천 냥을 거둘 수 있었다.'라는 기록이 있으며, 함경도에 보낸 채은관(採銀官) 성균과 전적(典籍-법률계통 관리) 김정이 다녀와 보고하기를 '신이 작년 말 하직하고 광산에 가서 보니 은(銀)을 캐기로 약속한 사람들 중 소임을 다한 사람이 없어서 타관(他官)과 유랑민(流浪民)을 모집하였으나 겨울이 닥쳐와 작업을 중지하였더니 모두 흩어졌고, 지금은 겨우 100명으로 은(銀)을 캐기 시작, 장려(獎勵)도 하고 징계(懲戒)도 하면서 애초에 있던 7개 굴에서 작업하였으나 남아 있는 맥도 거의 없고, 또 토석이 쌓인 곳에서도 맥을 얻지 못하였으며, 광혈(鑛穴-광맥)이 깊어짐에 따라 작업하기도 어렵기에 장인들에게 물어본즉, 갑오 을미년 간에 은(銀)이 많이 도굴된 뒤로는 은맥(銀脈)이 채진되어 지금은 채굴하기 어려웠다.'라는 내용이 있는데, 이는 당시 광산 개발 상황을 상세히 설명하는 자료로 광산 개발을 하는 백성들에게 '점세(店稅)'라는 세금을 거두었으며, 조정의 관리를 보내 광산 개발에 필요한 인력을 조달해 주거나 관리하는 역할을 했던 것임을 일 수 있다. 특히, 광혈이라는 용어를 사용하고 있는데, 광혈은 오늘날의 광맥(鑛脈)을 말하는 것으로 금이나 은과 같은 광물들이 들어 있는 암맥(巖脈)을 말한다. 암맥에 금이 들어가면 금광맥, 은이 들어가면 은광맥이라고 부른다.

같은 해 7월에는 황응양이 시어소(時御所)에 와서 상에게 말하기를, "단천의 은을 캐서 군량에 일조를 해 왔는데 서울에도 성 북쪽의 산과 동대문 밖에 모두 은을 생산하는 곳이 있을 줄로 압니다."라는 내용도 있다.

1600년(선조 33년) 4월에는 비망기로 전교하였다. "단천의 은광은 조종조(祖宗朝) 때부터 엄금하여 허락하지 않았으니, 그 뜻이 깊고도 원대하였다. 임진왜란 뒤부터 의리(義理)가 완전히 없어지고 오직 마음 내키는 대로 하였으므로 유사(有司-어떤 단체에서 사무를 맡아 보는 것)가 감히 취리(聚利-이익을 모으는 것)할 계획을 세우고 본 고을로 하여 은을 캐게 하였다. 그리하여 마음대로 하도록 맡겨 둔 채 채취하는 수량에 대해 다시 간섭하지 않았으니, 그간의 일은 이미 헤아릴 수도 없다. 본 군의 백성들은 이 은광 채취의 역사로 인하여 침독(侵毒-침범하여 해를 끼치는 것)을 받아 뿔뿔이 흩어졌다. 중외의 모리배들이 멋대로 속임수를 쓰기 때문에 그 폐단이 말할 수 없을 뿐 아니라, 비난하는 소리가 간혹 조신(朝臣)들에게까지 미치니 더욱 통분하다. 이 뒤로는 종전대로 봉폐(封閉-문을 닫아 사람의 출입을 금하는 것)하여 사적인 채광을 엄금하라. 사실이 탄로되면 본인과 전 가족을 사변(徙邊-귀양 보내는 것)시킬 것이고, 수령은 장죄로 논단할 것이며 감사는 파직하라."라는 기록이 있는데, 이는 1598년에 막을 내린 임진왜란 직후 제대로 관리가 되지 않았던 단천 은광 문제를 기록한 내용으로 선조 임금에게까지 보고되어 문제해결을 위한 방안으로 광산을 폐쇄하여 개인이 채굴하지 못하도록 하고, 만약 이를 어기면 개인은 가족과 함께 귀양 보내고, 수령은 장죄, 즉 뇌물을 받은 죄로 다스리며, 감사는 파직하라는 내용이다.

1606년(선조 39년) 5월에서 9월 사이에는 경기도 양주 축석령에 위치한 은광(銀鑛)에 대한 기록이 아주 상세하게 나와 있다. 먼저 5월에 경기감사 이홍로가 장계하기를 "양주목사(楊州牧使) 정섭의 첩정(牒呈-서면으로 상관에게 보고하는 것)에 '호조의 관문(조선시대 상급관청에서 하급관청으로 보내던 공문서)에 의거하여 진고(陳告)한 사람의 말대로 주(州)의 경내 축석령(祝石嶺)의 은이 산출된다는 곳에 은장(銀匠)과 군인 14명을 데리고 가서 하루 동안 부역해 은토(銀土) 1말을 굴취(掘取)하여 진목회(眞木灰-참나무 숯) 1석, 송명(松明-관솔) 4백 근, 숯 4석, 취련군(吹鍊軍) 18명을 들여 은자(銀子) 1편을 취련하였는데 무게는 5돈이다.'라고 하였기에 감히 아룁니다." 하니 알았다고 전교하였다는 내용이 있고, 7월에는 경기 관찰사 이홍로가 장계하기를 "양주목사 정섭의 첩정에 '양주의 은 생산지인 축석령에서 목사가 직접 군인 14명을 거느리고 하루 동안 일을 하였다. 그리하여 은이 섞인 흙 한 말을 캤는데, 참나무 재 한 섬과 송명 4백 근과 석탄 4섬도 나왔다. 취련군 18명이 취련하니, 은덩이 한 조각이 나왔는데 무게가 닷 돈이었다. 은장(銀匠) 방진, 이복룡 등에게 감봉(監封)해 주어 해조로 올려 보낸다.'라고 알려왔습니다." 하니, 호조에 계(啓)하였다는 기록이 있다.

또 호조의 계목(啓目-조선시대 왕에게 올리던 문서 양식)에, "…(중략)… 양주 은광은 서울과 가까운 곳에서 나왔고, 한 말의 흙에서 걸러낸 은이 무려 닷 돈이나 나왔고, 그 은의 품질도 단천의 것과 다름이 없어서, 법을 만들어 캐낸다면 나라에 이로움이 굉장할 것입니다. 다만 생각건대, 경기도의 민력이 도단하고 약하여 채취하는 즈음에 백성에게 끼치는 폐단이 많을 것입니다. 처음에 계획을 주밀(綢密-촘촘하고 빽빽)하게 세우지 않으면 끝판에 생기는 폐단을 막기 어려울 것입니다. 은광을 열어 관아에서 캐내는 데 대해서 신들도 감히 가볍게 의논할 수 없습니다. 이익을 다투어 탐내는 근원을 막는다 하여 쓸만한 물건을 무용지물로 돌려버리고 한결같이 굳게 은광을 닫아 놓는 것도 재물을 생산하는 도리에 어긋납니다. 잠시 관아에서 채취하는 것을 멈추고 백성들이 채취하게 하고 대신 세금을 바치게 한다면 공사 간에 이익이 많을 것이니 편리하고 마땅할 듯합니다. 다만 백성들에게 채취를 허락한 뒤에 세도가나 권력가들이 앞을 다투어 차지하고 이익을 독점하려고 할 것이므로 도리어 사가의 이익 독점의 물건이 되고 말 것입니다. 우리나라의 일들이 늘 이러하니 또한 매우 염려스럽습니다. 그렇지만 이는 오직 어떻게 법을 세워 잘 처리하느냐에 달려 있습니다. 신들의 뜻은 이와 같습니다. 상께서 재량하여 시행함이 어떻겠습니까?" 하니 전교하기를, "백성들이 채취하는 것은 곤란하다. 관아에서 채취할 수 있으면 관아에서 채취하라." 하였다는 내용이 기록되어 있다.

또 9월에는 양주(楊州) 축석령의 은을 채취하는 데 대한 난이도와 은맥(銀脈)이 긴지를 살펴보게 하기 위해 본조(本曹-담당 관청)의 낭청(郎廳) 김경립을 보냈는데, "찌꺼기를 제거하고 나온 세 가지 은 10여 두(斗)를 채취해 왔습니다. 대개 은혈(銀穴) 위아래의 바람과 햇볕에 미치는 곳은 모래와 돌이 드물고 은혈 안쪽의 판 곳은 모래 또는 돌이 있는데, 품질이 같지는 않으나 일어서 얻은 것은 다 은과 쇠가 섞였습니다. 산에 매장된 것은 다 이러하리라고 생각되니, 석공(石工)을 데리고 가지 않아서 깊이 파지 못하였으므로 은맥이 긴지는 상세히 살피지 못하고 왔습니다. 살펴본 상황은 별지에 써서 아룁니다. 단천(端川) 은장(銀匠)이 올라온 뒤에 세 가지 은을 녹여 만들어 보아 품질이 좋은 것이 많이 나오면 석공을 데리고 가서 다시 상세히 살피고 의논하여 처치하는 것이 마땅하겠습니다. 이대로 시행하는 것이 어떠하겠습니까?" 하니, 아뢴 대로 윤허하였다는 내용이 있다. 또 기록 중에 살펴본 상황을 별지로 써서 아뢴다는 내용이 있는데, 그 별지 내용은 다음과 같다.

"축석령에서 서쪽으로 뻗어 나간 산 한 줄기가 빙 돌아서 동쪽을 향한 산을 이루었는데, 양쪽 산기슭 가운데 시냇물이 만나는 지점에 하나의 단안(斷岸)이 있고 돌이 근간을 이루고 있습니다. 그 아래가 곧 은이 나는 곳인데, 전일 이미 뚫은 구멍은 가로 두 발, 너비 한 자, 길이 두 자이고, 구멍 안에는 철맥(鐵脈)이 돌 사이에 서렸습니다. 그래서 일꾼을 시켜 정(釘)으로 사면을 깨어 냈는데, 50여 명이 하루 일하여 얻은 수량은 쇠를 부수고 찌꺼기를 제거한 세 가지 품질을 아울러 10여 말이고 괴철(塊鐵), 잡철(雜鐵)은 겨우 두어 말이었습니다. 대개 이번에 일한 구멍은 전

후 판 것을 통틀어 좌우로 여섯 파(把), 앞뒤로 석 자, 밑너비 두 자이고, 깊이는 사람 키의 반쯤 되어 모양이 도랑 같은데, 양 머리에 다 맥세(脈勢-세맥)가 맺혀 있는 곳이 반쯤 됩니다. 또 하나의 구멍이 있는데, 구멍의 좌우에 액집(液汁-액즙)이 흙이 되어 오색이 얼룩지고 철기(鐵氣)가 양 머리에 이어져 있습니다. 반드시 석공을 많이 써서 남포질을 크게 해야 그 정혈(正穴)이 있는 곳을 알 수 있고 힘을 쓰고 공을 얻는 것이 얼마나 될지도 헤아릴 수 있을 것입니다."

별지 내용을 살펴보면 광맥이 분포하는 주변 지형과 광맥의 세부 현황, 채굴 및 채굴된 철광석의 선별 현황 등을 비롯해 어떻게 탐사할 것인지 등에 관한 사항을 상세히 보고하고 있는데, 오늘날의 지질조사 내용과 비슷한 형식을 띠고 있다.

:: 조선 광해군

1609년(광해 1년) 5월에는 정원이 아뢰기를, "…(중략)… 병조판서 이정귀가 아뢴 '은광(銀鑛)을 백성들에게 채광하도록 허락하는 일'과 …(중략)…" 전교하기를, "창고의 저축을 텅 비게 해서는 안 되니 갑자기 시행하기는 어려울 듯하다. 후사를 세우는 일과 은을 채굴하는 일은 해조로 하여금 의논해 처리하게 하라. 신원해 주는 일은 천천히 하라." 하였다는 내용이 있는데, 광해군이 등극한 후 좌의정 이항복과 우의정 심희수, 병조판서 이정귀, 우승지 유공량 등이 여러 현안 사항을 결정해 줄 것을 왕에게 올리자 왕이 은을 채굴하는 일은 해당 관청과 의논하여 처리하라고 하였는데, 당시 은 채굴(채광)을 백성들이 할 수 있도록 병조판서인 이정귀가 허락해 달라고 요청한 것을 보면 은광 채굴을 병조에서도 관여했다는 것을 알 수 있다. 또 오늘날에 사용하는 용어인 채광(採鑛)이라는 용어가 처음으로 등장하는데, 채광이란 광산에서 광석을 캐내는 작업을 말한다.

1615년(광해 7년) 11월에는 훈련도감이 아뢰기를 "유학 김홍백의 상소를 해조에 하달하여 회계(回啓-임금의 물음에 신하들이 심의하여 대답하는 것)하라고 명하셨습니다. 근래에 은을 채취하는 일은 한갓 공력(工力)만 허비할 뿐 마침내 실효가 없고 말았습니다. 그래서 김홍백을 불러 시험 삼아 은이 산출되는 곳 및 채취하는 방안을 물었더니 '은광(銀鑛)은 강진(康津)과 해도(海島) 가운데 있는데, 언덕의 한쪽이 모조리 은빛이 나며 초목 역시 자라지 못한다. 서산(瑞山)에 사는 전 첨사(僉使) 이효신이 일찍이 찾아다니다가 가서 보고 그곳 흙을 조금 가지고 와서 전 군수 안종길과 상의한 다음 서울에 사는 단천(端川)의 은장을 구해 시험 삼아 취련하게 하였더니, 나온 은이 단천의 흙보다 배나 많고 그 품질도 매우 좋았다.'라고 하였습니다. 그래서 또 안종길을 불러 물어보았더니 그 말이 더욱 자세하였습니다. 홍백의 상소는 실로 종길이 나라를 위해 이용하려는 계책에서 나온 것이니, 만약 이 말이 끝내 들어맞는다면 국가의 재물이 생기는 방도도 역시 여기에 있을 것입니다. 어찌 맹랑한 말로 치부한 채 시험해 보지 않아서야 되겠습니까? 안종길은 일찍이 본 도감에서도 낭청으로 있었는데 부지런하다는 평판이 꽤 있었으니, 안종길을 본 도감 낭청의 칭호에다 군직을 붙여주어 내려보내되, 본 군 현감과 같이 가서 그 흙을 채굴한 다음 배편이나 육지로 편리에 따라 급히 실어 오도록 해야겠습니다. 그리고 도감에서 취련해 사실의 여부를 시험한 다음에 봄이 되면 즉시 내려보내 채취해야 하겠습니다. 안종길에게 말을 주어 빠른 시일 안에 내려보내는 것이 어떻겠습니까?" 하니 윤허한다고 전교하였다는 기록이 있으며, 1616년(광해 8년) 9월에는 밀양에 사는 유학 석수립이 상소하였는데, 대개 금은과 수철(水鐵-무쇠)을 채취하여 나라의 비용에 보태 쓰기를 청하는 내용이다.

1619(광해 11년) 4월에는 호조가 아뢰기를, "…(중략)… 그런데 우리나라는 은광은 곳곳에 있으나 채광을 널리 하지 못하여 이익을 버리고 있으며, 비록 채광을 허락하는 명령이 있어도 어리석은 백성들은 취련하는 방법을 모르는 데다가 또 관아에서 그 이익을 빼앗아 갈까 두려워하기 때문입니다. 지금 기술자와 역군을 모집하여 도성에서 편리하고 가까운 금천(衿川) 등지에 시설을 하여 관아에서 이익을 취하지 말고 그들로 하여금 스스로 그 이익을 가지게 하고 그 기술을 습득하기를 기다린 다음에 사방의 은이 생산되는 곳에 나누어 보내어 널리 채굴하게 하고 세를 거두어야 하겠습니다. 그러면 그 이익이 매우 광대하여 국가에도 이익이 될 것입니다. 그리고 우리나라에서 동철이 생산되지 않고 있으나, 왜노가 바치는 수량이 해마다 수만 근을 웃돌고 국내 민가에도 간혹 동기(銅器-구리로 만든 그릇)를 많이 가지고 있으니, 지금 주전국을 설치하여 그 가치를 국가에서 정하여 통용하게 허락하고, 모든 하사하는 물건과 값을 먼저 민전으로 계산하여 지급한 다음 부세를 징납할 때도 민전으로 하게 하고 …(중략)…" 하니, 답하기를, "아뢴

대로 하라. 은을 채굴하는 일은 각별히 착실하게 논의하여 처리하라." 하였다는 기록이 있다. 이 기록에 보면 이때까지는 조정에서 제련 결과물인 금과 은을 모두 다 가져가고 개인들에게는 노임을 지급하는 국가 직영의 광업을 시행하고 있었는데, 이후부터는 개인이 광산을 개발하고 이익을 취할 수 있는 사기업 형태의 광업이 시작되었다고 볼 수 있다. 또 이 기록에는 우리나라에서는 당시에 철을 생산하지 않고 일본으로부터 조공을 받아 사용했다는 것도 알 수 있으며 백성들로부터 구리를 회수해 동전도 만들었다는 것을 알 수 있다.

또 4월에 전교하였다. "이처럼 국가의 저축이 텅 비어 다 된 때에 은광을 채굴하는 일을 착실히 논의하여 처리하지 않을 수 없다. 금천(衿川)에서 은이 나는 곳을 우선 서둘러 채굴하도록 하라."는 내용이 있는데, 국고에 비축한 은이 부족하여 금천 은광 개발을 통해 조달하려 했다는 것을 알 수 있다.

5월에는 호조가 아뢰기를, "금천(衿川)의 은을 채굴하는 일은 이일성으로 하여금 채굴해 보도록 하였는데 은의 품질이 매우 좋았습니다. 그러나 다만 첫머리 채굴하기 쉬운 곳은 모두 유대명에게 점유당해서 많은 공력을 허비하여 암석을 깨고 샘물을 개통한 뒤에야 채취할 수 있다고 하므로 본조에서 역군을 모집하여 앞으로 다시 보내어 역사를 시작하려고 합니다. 이일성은 일찍이 단천(端川)에서 은자 천 냥을 채취하였으나 하관 말직의 은전도 받지 못하였으니 별도의 포상이 있어야 하겠습니다. 그로 하여 관대를 착용하고 임무를 보게 하여 재물을 생산하는 도리를 중하게 하소서." 하니 전교하기를, "아뢴 대로 하라. 이일성이 단천의 은을 어느 때에 채굴하여 바쳤는가. 채굴하여 바쳤다면 어째서 본도의 장계가 없단 말인가." 하였다. 회계하기를, "본도의 장계는 3월 12일에 본조에 계하였습니다." 하니 전교하기를, "알았다. 이일성은 매우 가상하다. 속히 가자 하여 금천으로 내려보내 은의 채굴을 감독하게 하라." 하였다. 또 8월에는 호조가 아뢰기를, "이일성이 금천(衿川)에서 은을 채굴하는 일을 차송(差送-관리를 뽑아 파견하는 것)하였는데, 지난번에 이일성이 돌아와서 말하기를 '많은 인력을 들여 암석을 파 들어가 겨우 광맥을 얻었으나, 채취한 은이 빛깔과 품질은 좋은 듯하였으나 규정에 따라 제련하니 일전도 얻지 못하여, 공력만 들였지 실효를 거두지 못하였다.' 하였습니다. 이일성은 이미 사소한 공로로 당상관의 품계를 받기까지 하였으니 한가하게 놀게 해서는 안 됩니다. 다시 단천으로 들여보내 전과 같이 은을 채취하여 올려 보내도록 하는 것이 마땅하겠습니다." 하니 전교하기를, "금천의 은이 품질이 가장 좋다고 하였는데 어찌 이 정도일 뿐인가. 다시 보내어 십분 착실하게 채굴하여 제련하게 하라." 하였다는 기록이 있다. 이 기록을 보면 은광을 개발하기 위해 이일성이라는 사람에게 그간의 은광 채굴과 제련 공로를 인정해 정3품 당상관에 해당하는 별정직 관직을 주어 현장에 파견했다는 내용을 볼 수 있는데, 당시 정부가 얼마나 은 채굴을 하기 위해 고심했는가를 엿볼 수 있다.

:: 조선 인조

1627년(인조 5년) 5월에는 호조판서 김신국이 단천의 은을 채굴할 것을 건의하여 아뢰기를, "재물을 늘리는 방도는 반드시 백성에게 해가 없는 것으로 하는 것이 좋은데, 은을 채굴하는 한 가지 일은 백성들에게 조금도 해가 없을뿐더러 백성들과 이익을 다투는 어염(魚鹽–생선과 소금)의 유와는 다릅니다. 국내에 은을 채굴할 수 있는 곳으로는 단천만 한 곳이 없습니다. 그러나 본 군의 수령이 연례로 봉진(封進–밀봉하여 올리는 것)하는 이외에 아무리 여분이 있어도 감히 올려 보내지 못하는 것은 혹시 이로 인해 상을 받게 되는 것을 혐의쩍게 여기기 때문입니다. 은을 채굴할 때에는 차관(差官–조선시대 벼슬아치)을 두어야 하는데, 만약 적합한 인물을 구할 수 없다면 그 지방의 수령으로 하여금 전담하여 효과를 거두게 하는 것보다 좋은 것이 없으니 옛 투식(套式–굳어진 틀로 된 법식)을 따르거나 작은 혐의를 피하지 말게 하여 국가의 경비에 도움이 되도록 하는 것이 마땅하겠습니다." 하니, 상이 따랐다는 내용이 있는데, 당시 은광을 개발할 때는 이를 감독하는 관리가 있어야 하는데, 없을 경우는 그 지방의 수령이 관리를 대신해야 했던 것으로 보인다.

9월에는 비변사가 아뢰기를, "현재 적을 막을 수 있는 전구는 화기보다 나은 것이 없기 때문에 조총을 만들기 위해 각 도에다 염초(焰硝)를 구워보도록 하였습니다. 그러나 이에 사용할 납탄을 미처 구하지 못하였습니다. 이제 듣건대 함경도 영흥(永興) 지방에 납이 나는 곳이 있는데 채굴하기도 어렵지 않고 품질도 좋다고 합니다. 그러니 본부로 하여금 1국을 별도로 설치하여 많은 수량을 채굴해서 쓸 수 있도록 하소서." 하니 상이 따랐다는 기록이 있다. 조총 제조에는 염초를 비롯해 필수적으로 납이 있어야 하는데 염초는 각 도에서 조달할 수 있지만, 납의 경우는 각 도에서 조달할 수 없는 물건이므로 연(鉛)광, 즉 납 광산을 함경도 영흥 지방에서 개발해 사용할 수 있도록 하였으며, 이를 위해 정부조직의 하나인 비변사에 한 개의 국을 신설했다는 것도 알 수 있다.

:: 조선 효종

1651년(효종 2년) 7월에는 파주에 사는 전 사평 이원이 파주에 은혈이 있다고 상소하여 시험 삼아 캐낼 것을 청하니 조정에서 파주로 병졸을 보내 채굴하도록 하였다. 의논하는 자들이 모두 은혈이 장릉(張陵)의 산맥을 침범한다고 말하자, 상이 관상감 제조 여이징을 보내어 상지관을 거느리고 가서 살펴보게 하였다. 여이징이 형상을 그려서 바치니, 상이 "파 들어가는 구멍이 점점 넓어지면 필시 능(陵) 뒤 산맥을 손상할 것이다." 하고, 그 공사를 그만두도록 명하였다는 내용이 있는데, 장릉은 조선왕조 제16대 임금인 인조와 인열왕후의 무덤이 있는 곳으로 은 광맥이 연장될 가능성이 있다고 생각해 개발하지 못하도록 한 것으로 보인다.

:: 조선 현종

1668년(현종 9년) 4월에는 경상도 밀양부에 동혈(銅穴-동 광맥)이 있었는데, 어영청에서 좌병사 이집으로 하여금 채굴하여 제련한 다음 함석(含錫)을 섞어서 놋쇠를 만들게 하고, 이어 아뢰기를, "좌병영에서 현재 조정의 명령으로 석유황(石硫黃)을 굽고 있어서 동철을 제련하는 일에 전념하지 못하고 있습니다. 유황은 지금 이미 곳곳에서 구워내고 있어서 모든 사람들이 제련법을 알고 있습니다. 그러니 동철이 처음 발견되었을 때에 미쳐 급급히 제련하여 그 방법을 널리 알게 하는 것이 마땅합니다." 하니, 상이 따랐다는 기록이 있다. 이 내용 중에 놋쇠를 만들 때 구리에 함석을 섞었다는 부분이 나오는데, 함석이란 아연을 말하는 것으로 구리와 아연을 넣어 가열하면 놋쇠, 즉 황동을 만들 수 있고, 반면에 구리에 주석(朱錫)을 넣으면 청동을 만들 수 있다.

:: 조선 숙종

1706년(숙종 32년) 5월 〈비변사등록〉의 기록에는 호조판서 조태채가 아뢰기를 "방금 평안감사 박권의 장계를 보건대, 부채인(負債人)으로 하여금 금을 채취하여 감영의 빚을 계산해 상환하게 하겠다면서 품처하기를 청하기까지 했습니다. 듣건대 자산(慈山) 땅에 금광 하나가 있는데 금가루가 오이씨만큼 크고 품질이 아주 좋다고 합니다. 그래서 봄 사이에 차인(差人-관아에서 임무를 주어 파견한 관리)을 정해 보내어 채취해 바치게 했는데 도신(道臣-조선시대 각 도의 경찰권이나 사법권 및 징세권 등 행정상의 절대적인 권한을 가진 종2품 벼슬)이 금단하여 허락하지 않고 이에 부채인에게 채취를 허락하여 감영의 빚을 계산해 줄이겠다는 뜻으로 글을 보내 신에게 물었습니다. 신이 '이미 금이 산출되는 곳이 있으면 호조에서 마땅히 관장해 관리해야 한다.'고 답하였습니다. 박권은 금화(金貨)를 사사로이 팔다가 혹 청나라에 발각되어 우리나라에 사단이 벌어질까 염려하고, 또 본영 각 창고의 포흠(逋欠-관가의 물건을 빌려서 없이 하거나 숨기고서 돌려주지 않는 것)된 빚을 받아내기가 어려워 빚을 진 사람들로 하여금 그 금을 채취해 감영의 빚을 갚아 본조의 전포(錢布－천으로 만들어 사용한 화폐)로 바꾸어 쓰게 하고자 한 것이며, 또 사사로이 판매하는 것을 금한 것은 연경 시장으로 흘러 들어가는 것을 방지하기 위해서라고 합니다. 대저 은연(銀鉛) 등의 물건은 모두 호조에 소속시키고, 각 아문에서 채취하지 못하게 하는 일은 이미 규식이 정해져 있는데 더군다나 금광은 우리나라에서 나는 것이 아니어서 매양 비싼 값으로 연경 시장에서 사들이고 있습니다. 우리나라 땅에 이미 나는 곳이 있으면 호조에서 마땅히 관리하여 채취해 경비에 보태야 하는데, 감영에서 포흠된 부채를 받아들이기가 어려운 것을 염려하여 단지 부채인에게만 채취해 바치도록 하고, 호조의 차인(差人)을 금단한 일은 불가함이 있습니다. 또 그 채취한 것을 호조에서 값을 주어 바꾸어 쓰겠다고 한 것은 더욱 부당합니다. 지금 이후부터는 호조에서 관리해야 하는데 이익이 있는 곳은 간사한 일을 방지하기가 매우 어렵습니다. 만약 본조에서 낭청을 정해 보내어 금혈(金穴)을 살펴보고 인하여 채취하게 한다면 간사하고 난잡한 폐단이 없게 될 것입니다. 금이 산출되는 곳이 우선은 그 많고 적음이 어떠한지 모르겠으나 내려간 후 형세를 보아가면서 처리하는 것이 좋을 듯하니, 대신에게 물어서 처리하는 것이 어떻겠습니까?" 하였다.

영의정 최석정이 아뢰기를 "호조판서의 말이 옳습니다. 부채인으로 하여금 주관하여 채취하는 것은 일이 매우 부당하며, 그 장계에 또 '금이 산출되는 광혈(鑛穴)의 넓이가 크지 못해 일시에 채굴할 수 있다.'라고 하였으니, 금맥(金脈)의 많고 적음은 아직 알 수가 없습니다. 만약 일을 잘 아는 낭청으로 하여금 친히 가서 채취를 간검(看檢)하게 하면 사사로이 훔치는 폐단을 방지할 수가 있습니다. 이 일을 좌의정 서종태와 의논했더니 좌상이 말하기를 '관서 사람들이 사사로이 채취해 팔아서 심지어 연경 시장까지 들어가고 있으니, 치죄(治罪)해야 마땅하다.'라고 하였습니다." 하였으며, 우의정 김창집은 아뢰기를 "만약 박권의 말대로라면, 부채인으로 하여금 금을 채취해 빚을 갚게 하고, 호조로 하여금 값을 보내 금을 가져오게 한다면 이는 호조에서 그 빚을 갚아 주는 것이 되니 일이 아주 구차스럽게 됩니다." 하니, 임금이 이르기를 "박권의 장계는 일이 매우 구차스럽다. 금의 품질은 과연 어떤가?" 하였다.

조태채가 아뢰기를 "감영에서 먼저 10여 금(金)을 보내며 인하여 그 값을 물었습니다. 신이 몸소 그 금을 살펴보았더니, 큰 것은 수박씨만 하고, 작은 것은 참외씨만 하였는데 품질이 좋은 것이 호조에 보관된 금보다 조금 나았습니다." 하였고, 이희무가 아뢰기를 "금은 아주 귀중한 보배이니, 채취한 후에 마땅히 모조리 관으로 들어오게 해야지 민간으로 유출되게 해서는 안 됩니다. 호조에서 만약 차인을 보낸다면 큰 이익이 있는 바여서 사사로이 몰래 감추어 매매하는 근심이 없지 않을 것입니다. 만약 본도에서 관리하여 부채인으로 하여금 채취해 바치게 한다면 그들은 빚을 갚느라 몰래 팔 겨를이 없을 것이며, 영문(營門-감사(監司)가 일을 보던 관아)에서 관장하면 감히 사(私)를 부리지 못할 것입니다. 또 관향(管餉)의 물자는 한갓 빈 장부만 끌어안고 있어 부채가 매우 많은데 이로 인해 갚게 한다면 공사가 모두 편리하니, 박권의 말에도 역시 의견이 있습니다." 하였다.

김창집이 아뢰기를 "금은 귀중한 보배인데 우리나라에서는 예전에는 없다가 지금에야 있게 된 것입니다. 차인을 내려보내 채취하는 것을 은점(銀店-은을 캐는 광산)의 예처럼 한다면 일이 매우 허술할 것이니, 낭속(郎屬-사내종과 계집종)을 파견하여 채취하는 것을 살피게 하면 착실하게 될 듯싶습니다." 하였고, 부제학 윤지인(尹趾仁)이 아뢰기를 "금을 채취하는 이해(利害)를 신은 알지 못하나 지금 삼가 상교를 듣건대, 박권의 장계 가운데 '상인배들이 사사로이 금을 채취하여 몰래 연경 시장에서 판다.'라고만 말하고 조사해 다스리는 방도는 강구하지 않았으며 단지 '금품이 연경 시장에서 팔린다.'라고만 말하였으니 일이 매우 허술합니다. 금은 우리나라에서 산출되는 것이 아닌데 지금 비로소 얻게 되었으니 이것이 얼마나 귀중한 보화입니까? 그런데도 나라에서는 알지 못하고 상인들이 사사로이 채취하여 다른 나라에서 매매까지 하니, 일이 매우 한심스럽습니다. 마땅히 별도로 조사해 처리하는 방도가 있어야 합니다." 하니, 임금이 이르기를 "박권의 장계 가운데 말하기를 '장사꾼들이 몰래 연경 시장에 가서 파는데 받는 값이 적지 않다.' 라고 하였으니, 그 죄가 크다. 황력재자관(皇曆齎咨官-중국 달력을 가지러 가는 임시 관원) 및 동지사(冬至使-조선시대 해마다 동짓달에 중국으로 보내던 사신)의 행차 때 수 백금이 들어갔다고 한다." 하였다.

최석정이 아뢰기를 "마땅히 자세하게 조사해 치죄하는 방도가 있어야 합니다." 하니, 임금이 이르기를 "이 일은 나라에서 알기 전에 장사와 역관들이 먼저 연경 시장에서 팔아 그 값을 많이 받았다고 하니, 조사해서 다스려야 한다." 하였다. 조태채가 아뢰기를 "금을 채취하는 일은 이미 본조의 낭관(郎官-정5품 이하의 당하관)을 별도로 파견하기로 정탈(定奪-임금의 재결)하였는데, 내려가는 즈음에 으레 말을 주는 일이 있으니, 지금 역시 이 예에 의해 주는 것이 어떻겠습니까?" 하니, 임금이 이르기를 "아뢴 대로 하라." 하였다는 기록이 있다.

이 기록을 보면 당시 백성들이 각 지방관청에 빚을 지는 경우가 있었다는 사실을 알 수 있는데, 빚을 갚는 방법으로 금을 캐서 갚고자 했으며, 이를 허락할지 말지를 결정하는 과정들이 아주 상세하게 묘사되어 있음을 볼 수 있다. 또 백성들이 몰래 금광을 개발해 중국으로 가는 장사꾼이나 통역하는 역관들을 통해 비싼 값으로 팔아 왔다는 사실도 알 수 있다.

:: 조선 경종

1722년(경종 3년) 3월에는 평안도 자산군에서 금(金)이 나오는 곳을 발견한 박권(朴權)이 감사(監司)에게 채취하도록 청하였다는 기록과 평안도 자산 땅에 금이 산출되어 박권이 감사로 있을 때부터 채취하자는 청이 있었으나 끝내 채굴하지 않았다는 내용이 있는 것을 볼 때 1706년 박권이 평안감사로 있을 때부터 시작된 논란에도 불구하고 금광이 개발되지 못하였다는 것을 알 수 있다. 박권은 1705년 7월 28일에 평안도 관찰사로 임명된 바 있다.

:: 조선 영조

1727년(영조 3년) 윤3월에는 정형익이 또 말하기를, "요사이 광은(鑛銀-광산에서 나온 은)이 너무도 한없이 저들의 속으로 흘러 들어가고 있는데, 이른바 광은은 우리나라에서 채굴한 은입니다. …(중략)… 또한 요사이는 사람들의 마음이 더욱 교묘하고 간사해져 광은에다 연철을 많이 섞었다가 피인들에게 타매(唾罵-아주 더럽게 생각하고 경멸하는 것)를 당하고 있으니, 청컨대 이제부터는 저들에게 들여보내지 못하게 하소서." 하니, 임금이 이르기를, "변통해야 할 일이므로 마땅히 묘당(廟堂-의정부)으로 하여금 품처(稟處-처리)하게 하겠다." 하였다.

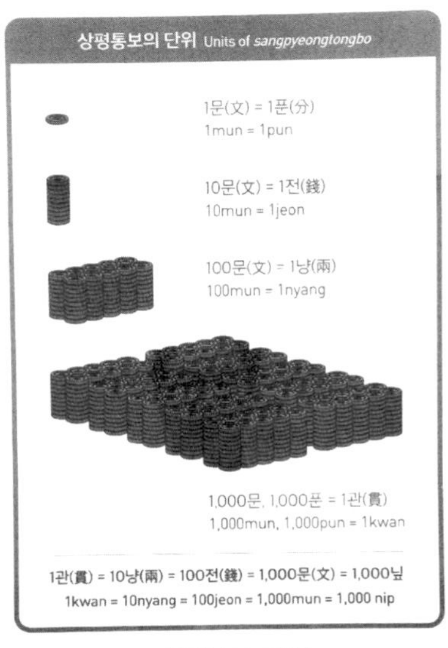

상평통보 단위

정사 밀풍군 이탄이 말하기를, "광은에다 납을 섞는 폐단에 있어서는 의논하는 사람들이, 자표(字標)를 정하여 주조해 내기를 한결같이 상평통보의 규식처럼 하게 한다면, 간사한 짓을 방지할 수 있다고 여겨집니다." 하니, 임금이 이르기를, "이 뒤에도 그전처럼 비국(備局-조선시대 군국의 사무를 맡아보던 관아)을 속이는 자는 마땅히 일률을 적용하겠으니, 이대로 엄중하게 신칙(申飭-단단하게 타일러서 경계)하라. 광은에다 자표를 주조해 내는 하나의 조항도 또한 묘당으로 하여금 품처토록 하겠다." 하였다는 내용도 있는데, 이 당시에는 은에다 철이나 납을 넣어서 파는 행위가 성행한 것으로 보이며, 해결 방안으로 은에다 글자를 새기는 방안을 만들어 올리라는 내용이다.

1729년(영조 5년)에는 은점세(銀店稅)를 받는 읍이 23개 추가되었다는 내용이 있다. 은점세는 은 광산을 개발하는 백성들에게 매긴 세금으로 조정이 광산에서 세금을 받는 행위는 전술한 것처럼 광해군 11년(1619년 4월)에 처음 논의된 바 있지만, 은점이라는 용어가 처음 등장하는 것은 숙종 때(1706년 5월) 〈비변사등록〉 기록이고, 은점세를 받았던 광산도 23개였다는 것을 고려해 볼 때 1700년 초에 은점세가 도입되었다고 유추해 볼 수 있다.

11월에는 어영청의 동 채굴을 정지하도록 명하였다는 기록이 있는데, 분부를 내리기를, "우리나라의 은전은 진실로 폐단이 되고 있으니, 내가 이에 있어 심상하게 개탄해 왔었다. 지금 어영청 낭청이 채집해 온 것을 보건대, 참으로 구리이기는 하다마는, 한번 이를 캐내기 시작하면 비록 군기에는 편리하게 되어도 민생들에게는 폐단이 크게 될 것이다. 옛날 선조 때에 은을 채굴하기를 청하게 되자 '오산 제일봉에 말을 세우겠다.'란 구절을 들어 분부를 내리셨으니, 선조께서 생각이 심상한 사람들보다 만만 배나 뛰어나셨던 것이다."라는 내용이 있는데, 이는 당시 군사훈련 기관이던 어영청(御營廳)에서 구리광산은 물론 은광산도 개발하려 했었다는 것을 알 수 있다.

1731년(영조 7년) 12월 〈비변사등록〉에는 훈련도감이 아뢰기를 "지난번 충원(忠原) 현감 정익하의 상소와 관련하여, 비국이 복계(覆啓-임금에게 아뢰는 일) 하기를 '보련산(寶蓮山)의 황석(黃石-누런빛을 띠는 유황이 들어 있는 돌)이 멸종되어 땅을 파도 소득이 없는데, …(중략)… 강압적으로 그 군으로 하여금 다른 도의 유황을 사들여 …(중략)… 근래 연석에서도 유황의 생산지를 제외한 지역의 군문(軍門)과 황군(黃軍)을 다 해체시키라고 하교하신 일이 있어서 …(중략)… 황석이 완전히 고갈된 것이 틀림없는 사실이라면 이른바 황군을 즉시 강제 해산시키게 한 뒤에 황석이 생산되는 다른 읍을 다시 물색하여 옮겨 정하는 것이 마땅하다고 복주(覆奏-상소하는 것)한 것에 대해 윤허하셨습니다. 유황은 바로 군기(軍器) 중에서도 가장 긴요한 물품입니다. …(중략)… 유황의 광맥이 너무도 좋았기 때문에 …(중략)… 근년 이래로 모군은 4명에 불과하기 때문에 모군의 숫자가 적어 채취할 길이 없게 된 것이지, 이것은 황석이 멸종된 것이 아닙니다.' 하였습니다. …(중략)… 보련산의 광맥이 전과 다를 바 없이 풍성하다고 하였습니다. 이미 황석의 생산지인 만큼 그 완급을 고려하고 군물을 중요시하는 도리상 절대로 혁파할 지역이 아닙니다." 하니, 윤허한다고 하는 내용이 있는데, 보련산은 충북 충주시 노은면에 있는 산으로 조선 영조 때 여기서 유황이 산출되었던 것으로 보인다. 또 당시 유황은 군수 물품으로 상당히 중요하게 사용되었으며 유황을 캐기 위한 황군도 있었던 것으로 보인다.

1771년(영조 48년)에는 은(銀)의 채굴이 금지되었다는 기록이 있으며, 1775년(영조 52년)에는 호조가 북관(北關)에 은점(銀店)을 개설하기를 청하니 영조께서 이르되 '은(銀) 채굴 허가를 주청(奏請)함에 전에 태종께서는 수백만의 은(銀)을 얻는 것이 어찌 한 사람의 어진 인재를 얻는 것과 같을 수 있느냐고 말씀하였다'라는 내용도 기록되어 있다.

:: 조선 정조

1783년(정조 8년) 4월에는 각 도(各道)에 동(銅)과 은(銀)의 사설점(私設店)을 금(禁)한다는 내용이 있는데, 그동안 나라에서만 구리와 은을 개발하는 광산을 운영했는데 백성들이 개인적으로 광산을 많이 개발해 왔다는 것을 알 수 있다.

1787년(정조 12년) 11월에는 금은 광산의 패도(敗徒)들이 조세와 병역을 도피하니 채광업자들의 폐해가 도적의 죄와 다를 바 없다는 기록이 있는데, 이때부터 광산이라는 용어가 사용되기 시작하였으며, 또 당시는 패도, 즉 광산 개발에 실패한 사람들이 세금을 내지 않았으며 병역의무도 이행하지 않았다는 것을 알 수 있다.

1793년(정조 17년) 6월에는 호조판서 심이지가 아뢰기를, "금은광(金銀鑛)의 설치를 금지한 것은 실로 민폐를 진념(軫念-임금이 신하나 백성의 사정을 걱정하여 근심하는 것)하신 훌륭한 뜻에서 나온 것이니, 신이 어찌 감히 의논할 수 있겠습니까. 그러나 폐단을 막고자 염려하여 마련한 방도가 재물을 생산하는 근원을 영원히 막아서 끝내 방해되는 바가 있습니다. 또 현재의 사세를 가지고 말하더라도 정은(丁銀-품질이 낮은 은)은 이미 씨가 말랐고 광은(鑛銀)도 캐는 곳이 드무니, 만일 이 시기에 변통하지 않는다면 앞으로의 사세는 참으로 대단히 민망한 일이 많을 것입니다. 그러니 앞으로는 금, 은, 동, 철을 막론하고 만일 그 광맥이 풍부한 곳이 있다는 말만 들으면 신의 호조에서 먼저 관문을 해당도에 보내 물어보고 이어 믿을 만한 사람을 보내서 그 광맥이 풍부한지의 여부를 살핀 뒤에 광산을 설치할지의 여부에 대해서는 묘당을 통해 연석에서 아뢰고 비로소 광산을 설치하도록 한다면 민읍에 폐단이 되지 않을 것이고 또한 공사 간에도 보탬이 있을 것입니다." 하니 상이 대신에게 물었다. "…(중략)… 이 뒤로 분명히 광물을 캐내기에 적합한 곳이 있으면 연석에서 품하여 사람을 내보내되, 만일 혹시라도 보고한 바가 부실하였을 경우에는 보고한 사람을, 전장(田庄-개인 소유의 땅)을 거짓으로 아뢴 자에 대한 형벌에 따라 다스릴 것으로 새로 법령을 정해 시행하도록 하라." 하였다는 기록이 있는데, 이는 당시 민폐를 걱정해 많은 금은광을 폐지하다 보니 시중에는 품질이 떨어지는 최하급의 은도 구할 수 없었기에 호조에서 나서 광맥이 좋은지 나쁜지를 의정부 연석회의에 올려 논의한 다음 개발하면 백성들에게도 피해가 가지 않을 것이니 허위로 보고하는 것을 막기 위한 법도 함께 만들어 시행하라는 내용이다.

1798년(정조 22년) 5월에는 호조판서 김화진을 파직하였다는 내용이 기록되어 있는데, 우의정 이병모가 아뢰기를, "제도에 금은점(金銀店)을 설치할 만한 곳에 대해서는 반드시 연품(筵稟-왕의 면전에서 아뢰는 것)을 거친 다음에야 관문(關文-공문서)을 발송하는 것이 본디 정해진 법식입니다. 또 연전에는 북관에서 금을 캐는 일로 인하여 칙교를 엄히 내린 바 있습니다. 그런데 요즘 들으니, 해조에서 금은을 캘 만한 곳에 관문을 발송했는데 그 숫자가 수십 읍에 달한다고 하였습니다. 그래서 호조의 관리를 불러 물어보니, 연품을 거치지 않았다고 하였습니다. 이는 정해진 법식을 위배한 것으로 대단히 미안한 일입니다. 호조판서 김화진을 견파(譴罷-파면)하여도 안 될 것이 없겠으나, 중대한 책임을 가벼이 체직하기 어려우니, 우선 무거운 쪽으로 추고하소서.

그리고 해조의 차인(差人)이 외방 고을에 폐단을 끼친 것이 많으니, 본사에서 제도에 행회(行會)하여 각각 자기 도내에 금은점을 설치할 곳이 몇 고을이며, 고을 중에는 금은점을 설치한 곳이 몇 군데나 되는지를 상세히 열록(列錄)해서 장문하도록 해서 이를 품처한 뒤에야 비로소 금은점 설치를 허락한다는 뜻으로 말을 만들어 통지해야 할 것입니다. 따라서 지금부터는 거듭 엄히 법식을 정하여, 만일 연품을 거치지 못했으면 관문을 발송할 수 없게 해서, 경외로 하여금 조정에서 법령을 내린 본의를 환히 알도록 해야겠습니다."라는 내용이다. 금은 광산을 새로 만들 때는 반드시 왕에게 보고하라는 기록으로 정조가 광산 개발에도 신경을 많이 썼다는 것을 알 수 있다.

7월에는 아뢰기를, "지난번에 여러 도에 금은점(金銀店)을 설치한 곳은 장문(狀聞)하여 품처하라고 연석에서 아뢰어 통지하였습니다. 황해 감사 이의준(李義駿)의 장계를 보니, '수안군(遂安郡)의 금혈(金穴)은 갑인년 호조에서 적간한 뒤 화성부(華城府)로 관문을 보내 금점을 옮겼는데, 금점 5곳 가운데 두 곳의 금맥은 이미 다 되어 거의 철폐하기에 이르렀고, 세 곳의 금맥은 넉넉하고 많아 올여름에 새로 뚫은 혈이 39개이고 비가 와서 사역을 정지한 혈이 99개입니다. 현재 광부는 5백 50여 명이고, 도내 무뢰배뿐만 아니라 농사에 실패하여 투입하였거나 사방에서 이익을 좇는 무리가 소문을 듣고 몰려들었다가 올여름 장마를 만나 태반이 뿔뿔이 흩어졌는데 현재 막사 수는 아직도 7백여 개이고 사람 수 역시 1천 5백쯤 됩니다. 총인원 수는 일정하지 않아 세금을 걷는 수 역시 그에 따라 늘었다 줄었다 하는데, 가장 왕성하게 점을 설치할 때는 하루아침에 받는 세금이 수천여 냥이나 되며, 그중 7백

냥은 화성부에 상납하고 50여 냥은 점안의 소임(所任) 등의 급료 값으로 제하고, 남은 1천 냥은 차인(差人)이 차지합니다.' …(중략)… 금 채굴은 본래 법으로 금지하고 있습니다만, 이는 몰래 캐는 것과는 다르고, 또 허다한 점민(店民)을 생각할 때 하루아침에 흩어져 가게 하면 도리어 간사함이 생기기 쉬우므로 우선은 종전대로 그대로 두게 하여야겠습니다"라는 기록이 있다. 이는 조선시대를 통틀어 금광 개발 상황을 가장 세밀하게 기록한 내용으로 맥(혈)의 수, 광부의 인원수, 채굴 막사의 수량, 세금과 급료 등을 아주 상세히 기록하고 있다.

또 12월에는 은맥(銀脈)의 조사를 금한다는 내용이 있는데, 그해 12월 좌의정 심연이 품언(稟言)하기를 '금의 채굴을 금하는 것은 그 뜻이 엄한 것인데, 요사이는 근본의 뜻을 버리고 지엽에 치우치는 폐단이 있다'라는 기록도 있다.

1799년(정조 23년) 12월에는 좌의정 심환지가 아뢰기를, "제도에서 금을 채취하지 못하도록 거듭 금지시키는 일에 대하여 후일 주사(공무를 집행하는 곳, 즉 관청)에서 모임을 갖고 충분히 상의한 뒤 품처하라고 명하셨습니다. 금을 채취하지 못하도록 금한 법의 뜻이 본래 엄격한데 요즘 들어 본업을 버리고 말업만 따르는 폐단이 생겨나고 있으니 …(중략)… 그리고 이 무리들은 동이나 은과 같은 광물을 취급하는 점포에서 광산을 채굴하여 채취하는 것과도 다른 점이 있어 아침에는 이쪽에 모이고 저녁에는 저쪽에 모이는 등 제멋대로 오고 가며 모이고 흩어지는 데에 일정함이 없었습니다"라는 기록이 있는데, 나라에서 금을 채굴하지 못하게 하니 사람들이 여기저기 몰려다니면서 몰래 채취했었다는 것을 알 수 있다.

정조가 즉위한 1776년부터는 매년 각사(各司), 각영(各營)에서 올린 회부(會簿), 즉 회계장부를 취합해 연말에 왕실의 회계장부를 작성해 보고하기 시작했다. 맨 처음 보고하기 시작한 1776년에는 회계한 현황을 12월 30일에 보고하였으나, 1780년부터는 다음 해 1월 15일 또는 2월 15일까지 보고하였는데 대부분 1월 15일에 보고하였다. 각사, 각영이란 호조의 양향청(糧餉廳), 선혜청(宣惠廳), 상진청(常賑廳), 균역청(均役廳), 병조의 훈련도감(訓鍊都監), 금위영(禁衛營), 어영청(御營廳), 수어청(守禦廳), 총융청(摠戎廳) 등을 말하는데, 이들 기관이 보관하고 있는 황금(黃金), 은자(銀子), 전문(錢文)을 비롯해 면포(綿布), 저포(苧布), 포(布), 미(米), 전미(田米), 태(太), 피곡(皮穀) 등에 대한 총량을 집계하여 보고하였다. 각종 물품 중 황금과 은자 및 전문의 보관 현황을 보면 황금의 경우 1781년까지는 약 100~200냥, 즉 4~7kg 정도를 보유하고 있었으며, 1782년부터 1800년 사이는 약 300냥, 즉 10kg 내외를 보유했고, 1782년(정조 6년)에는 최대 13.4kg을 보관했던 것으로 기록되어 있다. 또 당시 보유하고 있던 은자는 40만 냥으로 약 15~16kg 정도였다는 것을 알 수 있고, 전문, 즉 돈(현금)은 1백만 냥 정도였던 것으로 확인된다.

시대구분 (음력)		왕실 금 보관량 (조선왕조실록 연말 회계)				
		황금(黃金)		은자(銀子)		전문(錢文) 냥, 영(남짓)
연도	왕조	당시 중량 (냥, 영-남짓)	환산값(g)	당시 중량 (냥, 영-남짓)	환산값(kg)	
1776	정조 즉위년	190	7,125.0	484,700	18,176.2	1,041,500
1780	정조 4년	119	4,462.5	453,378	17,001.6	1,597,489
1781	정조 5년	118	4,425.0	441,215	16,545.5	1,176,299
1782	정조 6년	358	13,425.0	431,555	16,183.3	1,281,896
1783	정조 7년	357	13,387.5	434,140	16,280.2	1,362,588
1784	정조 8년	354	13,275.0	433,600	16,260.0	1,456,816
1785	정조 9년	335	12,562.5	426,063	15,977.3	1,057,696
1786	정조 10년	330	12,375.0	415,400	15,577.5	1,218,200
1788	정조 12년	300여	11,250여	410,000여	15,375여	1,380,000여
1789	정조 13년	325	12,187.5	415,617	15,585.6	1,299,540
1790	정조 14년	322	12,075.0	418,876	15,707.8	1,044,633
1791	정조 15년	326	12,225.0	318,779	11,954.2	875,190
1792	정조 16년	300	11,250.0	420,113	15,754.2	848,395
1793	정조 17년	300	11,250.0	419,265	15,722.4	1,005,162
1794	정조 18년	299	11,212.5	419,128	15,717.3	1,144,167
1795	정조 19년	301	11,287.5	422,699	15,851.2	803,076
1796	정조 20년	267	10,012.5	384,400	14,415.0	651,800
1797	정조 21년	267	10,012.5	384,824	14,430.9	661,728
1799	정조 23년	268	10,050.0	421,677	15,812.8	1,577,799
1800	정조 24년	260	9,750.0	414,700	15,551.2	1,671,200

:: 조선 순조

1805년(순조 5년) 12월에는 호조판서의 보고에 따르면 경기도의 서쪽, 동쪽, 북쪽 등 6개 도에는 금맥(金脈)을 잠채(潛採-몰래 캐는 것)하는 무리가 점점 늘어 그칠 날이 없었다는 기록이 있는데, 이러한 현상은 정조 8년(1783년) 4월에 개인이 광산을 개발하는 것을 금지한 후, 조정에서 신설 광산에 대한 허가를 엄격하게 했기 때문에 나타난 현상으로 점차 증가하게 된 것이다.

1806년(순조 6년) 12월에는 호조판서 서영보가 아뢰기를, "기호(畿湖-경기도와 황해도 남부 및 충남 북부 지역), 양서(兩西-황해도와 평안도), 동북(東北) 등 6도(道)에는 금맥이 점점 성하여 몰래 채취하는 무리가 거의 없는 곳이 없는데, 수령이 비록 징금(懲禁-혼내고 금지하는 것)을 엄중히 더하고 있으나 잠깐 흩어졌다가는 바로 모여들어서 막을 수가 없다고 합니다. 지금에 만일 엄중히 징금하여 영원히 막는다면 진실로 대단히 좋겠습니다마는, 그것을 기필코 금하지 못할 것이라고 명확하게 알고 있으니, 관아에서 구검(句檢)하여 오로지 통기(統紀-통일하는 규칙)함이 있는 것보다 더 나을 것이 없습니다. 제도(諸道)의 금이 생산되는 곳에는 거기에 설점(設店)을 허락하고 탁지(度支-조선시대 탁지부의 준말)에서 은점(銀店-은 광산)의 예에 의해 구관(句管-맡아서 다스리는 것)하여 세금을 거두어들이되, 먼저 그 풍성에 따라서 전파되는 소문이 낭자한 곳에 시행토록 하는 것이 아마도 편의에 합당할 것입니다." 하니, 임금이 대신에게 물어본 다음 "가하다" 하였다는 기록이 있다. 이는 그동안 잠채(潛採) 때문에 생긴 문제를 해결하기 위한 것으로 각 지역의 광물이 산출되는 지역에 설점(設店), 즉 조선시대 호조의 허가를 받아 운영되던 금점(金店), 은점(銀店), 동점(銅店), 연점(鉛店) 등과 같은 설점을 허가하고 호조의 기능을 승계한 탁지, 즉 탁지부에서 관리하여 세금을 거두는 방식을 채택하려고 했던 것으로 보인다.

1807년(순조 7년) 2월에는 지금 관서지방의 금점(金店)을 철파(撤罷)해야 되는데, 간악한 백성들이 항상 싸우고 살상하며 몰래 캐낸 금을 사사로이 소유하기 때문이며, 그렇지 않은 고을이 없더라는 내용이 기록되어 있으며, 7월에는 전 평안감사 이면긍이 아뢰기를, "위원군(渭原郡)의 한점(漢店)은 곧 은을 채굴하는 곳으로, 처음 역사를 시작한 곳은 은 광맥이 풍성하여 백성들이 촌락을 이루고 있으며, 호조의 세입이 매년 1,500냥(56.25kg)이나 되었습니다. 그런데 근년 이래로 은 광맥이 점차 줄어들어 세입이 250냥(9.375kg)으로 감소되었는데, 또한 염출할 곳이 없어 점촌(店村)에서 집집마다 거두므로 점촌의 백성들이 달아나 흩어지는지라 심지어 부근의 마을에서 거두기까지 하고 있습니다. 경용(經用)이 비록 중요한 것이기는 하지만, 윗사람의 것을 덜어 아랫사람에게 보태어 주는 정사에 있어 견감하는 도리가 있어야 합당하겠습니다." 하니 임금이 대신과 호조에 하문한 뒤 허락하였다는 기록이 있다.

이 기록에 보면 평안북도 위원군의 은 광산 생산량이 급격히 줄어 호조에 내야 할 세금을 제대로 내지 못하자 광산촌이나 그 주변 마을의 백성들에게 염출하려고 하자 달아나 버려 광산의 세금을 경감해 주어야 한다는 것으로 광산에서 은을 생산하지 못해도 세금은 계속 거두어 갔음을 알 수 있다.

1810년(순조 10년) 4월 〈비변사등록〉에는 아뢰기를

"삼수부(三水府-북한 양강도 혜산시 남쪽 지역)의 별해진에 금이 나는 곳이 있어서 삼수, 갑산, 장진의 백성들이 금법(禁法)을 무릅쓰고 들어가 몰래 채취한다고 하기에 신이 부임한 뒤에 비밀리에 사람을 보내 염탐하여 드러나는 대로 포착하여 엄히 형신(刑訊-죄인의 정강이를 때리면서 캐묻던 것)한 뒤에 원배(遠配-먼 곳으로 귀양을 보내는 것)한 것이 앞뒤로 줄을 잇듯 하였으나 이익이 있는 곳에는 죽고 사는 것을 가리지 않아 귀양 가는 자가 앞에 있는데도 범하는 자는 뒤를 이어 나타나니, 참으로 이른바 죽인다 해도 이루 다 죽일 수가 없다는 그것입니다. 신이 들으니 호조에 저축된 금은 수량이 매우 적은 데다 지출은 있고 수입은 없어서 해마다 점점 줄어들고 있고 또 법을 만들어 채굴을 금지함으로 인하여 사들이기가 매우 어렵다고 합니다. 국가가 애당초 금을 쓰지 않는다면 모르거니와 기왕 수용(需用)하지 않을 수가 없는데도 채취하는 길을 막는다면 장차 어디에서 얻겠습니까. 대개 금법을 만든 뜻은 다른 게 아니라 매번 채취할 때에 남의 무덤을 침범해 들어가기도 하고 남의 전답을 파헤치기도 하여 백성들이 그 피해를 입어 원망하는 일이 많기 때문입니다. 그런데 이 별해진의 금혈(金穴)만은 깊은 산 궁벽한 골짜기 속에 있어 마을과 매우 멀리 떨어져 있고 인적이 통하지 못하며 무덤이 하나도 없고 전답이 한 조각도 없으면서 금맥(金脈)이 매우 풍부하고 채굴하기가 아주 쉽습니다. 그러므로 가난하고 의지할 데 없는 사람들이 법금을 아랑곳하지 않

고 염치를 무릅쓴 채 잠입해서 채굴하는데 낮에는 숨어 있다가 밤에 일하면서 간사한 계략이 갖가지로 나오기 때문에 수령과 진장(鎭將)이 오랜 시일 기찰하여도 일체 소탕하여 길이 근본을 끊어내지 못하고 있는 것입니다. 이런 까닭으로 비록 채굴을 금지한다는 명분은 있으나 기실은 몰래 채취하는 무리들이 없는 때가 없어도 결국 금하여 막을 수가 없는 것입니다. 신의 얕은 소견으로는 차라리 조정에서 특별히 설점(設店)을 허락하여 백성들에게 들어가 채취하게 하고 그 세금을 거두어 조금이나마 호조의 비용에 보태고 남은 것으로는 곤궁한 백성들의 생활에 보탬이 되도록 하는 것이 실로 공사 간에 모두 편리한 도리가 되리라고 여겨집니다. 묘당에서 이런 방향으로 품처하게 하는 것이 어떻겠습니까?" 하니, 임금이 말하기를 "금을 채취하지 못하게 한 데에는 그 뜻한 바가 있는 것인데 근래 외방 고을에서는 전연 마음에 새겨두지 않아 몰래 채취하는 폐단을 적발하지 못하고 있는 것이니 나라의 기강을 생각하면 진실로 극히 한심한 일이다. 그러나 경의 말이 또한 이와 같으니 경용(經用-매일 일정하게 쓰는 비용)과 민리(民利)의 편의(便宜)에 정히 합당하다. 호조에서 유의하고 거행하여 실효가 있도록 하게 하는 것이 좋겠다."

하였다는 기록이 있는데, 이 설점 허용문제는 순조 6년인 1806년 12월에 탁지부가 관리하여 세금을 거두는 방식을 이미 채택했던 것으로 또다시 논란이 된 것이다.

1821년(순조 21년) 10월에는 최근 3천 개의 금점(金店)에서 잠채(潛採)로 인한 광세(鑛稅)가 수만 냥도 더 될 것이라는 기록이 있는데, 당시에 몰래 개발하던 금 광산이 3천여 개나 되었다는 것을 알 수 있고,

또 1831년(순조 31년) 12월에는 채금을 주장함에 영의정 남공철이 말하기를 금은광의 채굴을 금하고 있음은 법의 뜻이 매우 엄중하다는 것인데 근자에 듣기로는 잠채(潛採)가 더욱 심했다는 기록도 있다.

1801년부터 1834년까지 순조시대 금 보관량은 정조 시대 금 보관량보다 작은 200~250냥 내외였으며, 순조시대 말로 갈수록 점점 더 줄어 180냥 정도를 보관한 것으로 확인된다. 은도 금과 마찬가지로 순조 말기로 갈수록 점차 줄어 30만 냥 정도를 보관했으며, 전문도 순조 말기로 가면서 급격히 줄어 1834년에는 50만 냥 정도를 보관한 것으로 기록되어 있다.

시대구분 (음력)		왕실 금 보관량 (조선왕조실록 연말회계)				
		황금(黃金)		은자(銀子)		전문(錢文) 냥, 영(남짓)
연도	왕조	당시 중량 (냥, 영-남짓)	환산값(g)	당시 중량 (냥, 영-남짓)	환산값(kg)	
1801	순조 1년	257냥4전9푼	9,637.5↑	398,932냥7전3푼	14,959.9↑	1,374,922냥6전3푼
1802	순조 2년	257냥3전1분	9,637.5↑	403,740냥7전	15,140.2↑	1,047,381
1803	순조 3년	247	9,262.5	386,380	14,489.2	606,500
1804	순조 4년	240	9,000.0	380,540	14,270.2	779,900
1805	순조 5년	195	7,312.5	471,594	17,684.7	1,139,843
1806	순조 6년	227	8,512.5	363,040	13,614.0	835,480
1807	순조 7년	234냥5전7분	8,775.0↑	291,651냥1전	10,936.9↑	1,107,366냥4전
1808	순조 8년	252	9,450.0	446,364	16,738.6	1,444,947
1809	순조 9년	256	9,600.0	452,551	16,970.6	1,326,742
1810	순조 10년	256	9,600.0	452,603	16,972.6	1,567,640
1811	순조 11년	255	9,562.5	446,382	16,739.3	1,599,345
1812	순조 12년	251	9,412.5	374,308	14,036.5	928,316
1813	순조 13년	203	7,612.5	459,580	17,234.2	1,200,430
1814	순조 14년	240	9,000.0	473,800	17,767.5	794,800
1815	순조 15년	240	9,000.0	459,130	17,217.3	1,149,290
1816	순조 16년	200냥 7전	7,500.0	346,624	12,998.4	618,022
1817	순조 17년	230	8,625.0	400,900	15,033.7	726,540
1818	순조 18년	230	8,625.0	366,520	13,744.5	856,520
1819	순조 19년	233	8,737.5	412,460	15,467.2	1,027,358
1820	순조 20년	230	8,625.0	431,710	16,189.1	1,006,860
1821	순조 21년	228냥7전2푼	8,550.0↑	403,697냥1전9푼	15,138.6↑	682,392냥6푼
1822	순조 22년	223냥7푼	8,362.5↑	402,420	15,090.7↑	632,515
1823	순조 23년	220	8,250.0	422,150	15,830.6	750,960
1824	순조 24년					
1825	순조 25년	206	7,725.0	396,040	14,851.5	740,990
1826	순조 26년	205	7,687.5	398,748	14,953.0	965,359
1827	순조 27년	205	7,687.5	399,977	14,999.1	1,174,950
1828	순조 28년	193	7,237.5	392,053	14,701.9	1,093,809
1829	순조 29년	192냥3전	7,200.0↑	310,178냥6전	11,631.6↑	758,300냥1전
1830	순조 30년	189	7,087.5	371,161	13,918.5	864,400
1831	순조 31년	144	5,400.0	349,180	13,094.2	665,190
1832	순조 32년	180	6,750.0	307,490	11,530.8	633,480
1833	순조 33년	180	6,750.0	352,420	13,215.7	889,180
1834	순조 34년	180	6,750.0	330,042	12,376.5	568,560

:: 조선 헌종

1836년(헌종 2년) 5월에는 좌의정 홍상주가 아뢰기를, "금광, 은광의 채굴을 금한 것은 비단 농사철에 방해될 뿐만 아니라, 무뢰한 백성들을 이익을 다투는 지경으로 몰아넣어서 사세가 반드시 서로 몰려서 도둑질하기에 이르기 때문이었다"라는 기록이 있으며, 6월에는 좌의정 홍상주가 말하기를 "금은광(金銀鑛)을 금(禁)하는 것은 농사에 오히려 방해가 될 뿐 아니라 무뢰한 백성들의 싸움터가 되는 까닭이다."라는 내용도 있다.

헌종 시대의 금 보관량은 순조 때보다 더 줄어 150냥 정도를 보관하다가 헌종 말인 1849년에는 119냥까지 줄었다. 은 보관량도 점차 줄어 20만 냥 수준으로 낮아졌고, 전문은 50~100만 냥 정도를 보관하였다.

시대구분 (음력)		왕실 금 보관량 (조선왕조실록 연말회계)				
		황금(黃金)		은자(銀子)		전문(錢文) 냥, 영(남짓)
연도	왕조	당시 중량 (냥, 영-남짓)	환산값(g)	당시 중량 (냥, 영-남짓)	환산값(kg)	
1835	헌종 1년	165냥6전7분	6,187.5↑	342,816냥1전	12,855.6↑	540,863냥1전2분
1836	헌종 2년	158냥1전8푼	5,925.0↑	300,534냥2전4푼	11,270.0↑	487,381냥7전8푼
1837	헌종 3년	157냥3전9푼	5,887.5↑	295,757냥5전5푼	11,090.8↑	532,098냥6전2분
1838	헌종 4년	150냥3전3푼	5,625.0↑	226,242냥1전6푼	8,484.0↑	368,679냥6전1푼
1839	헌종 5년	149냥3전9분	5,587.5↑	205,111냥9전1분	7,691.6↑	329,044냥2전5분
1840	헌종 6년	148	5,550.0	220,410	8,265.3	487,998
1841	헌종 7년	147냥8전1푼	5,512.5↑	223,655냥3전2푼	8,387.0↑	496,978냥3전5푼
1842	헌종 8년	146냥1전3푼	5,475.0↑	221,598냥1전	8,309.9↑	762,873냥2전
1843	헌종 9년	145냥8전7푼	5,437.5↑	236,973냥2전9푼	8,886.4↑	1,108,790냥1전3푼
1844	헌종 10년	142냥1전7푼	5,325.0↑	222,430냥1푼	8,341.1↑	1,118,071냥9전8푼
1845	헌종 11년	138냥4전6푼	5,175.0↑	211,418냥5전3푼	7,928.1↑	831,236냥1전7푼
1846	헌종 12년					
1847	헌종 13년	136냥9전4푼	5,100.0↑	203,936냥4푼	7,647.6↑	632,736냥9전5푼
1848	헌종 14년	131냥4푼	4,912.5↑	203,881냥6푼8리	7,645.5↑	735,067냥7전9푼
1849	헌종 15년	119냥4푼	4,462.5↑	208,689냥3전9푼	7,825.8↑	648,085냥8푼

:: 조선 고종

1864년(고종 원년) 4월에는 미국인 모어스(謀於時, J. R. Mors)에게 고려 때부터 개발해 온 운산금광의 채굴권을 허가하였다는 기록이 있는데, 운산금광은 1896년 4월에 다시 채굴 허가를 받아 개발하게 된다. 운산금광은 동양합동회사(東洋合同會社)가 1939년까지 개발하다 일본광업(주)으로 넘어간 뒤 1954년까지 56년간 채굴한 광산으로 일제강점기 시절 규모가 제일 큰 광산이었다. 1928년에는 일 300톤 처리능력의 청화제련(靑化製鍊) 시설을 운전하여 연간 800kg 내지 1,000kg의 금을 생산하였다.

실록에는 운산금광 허가 조건도 기록되어 있는데 그 지역 일대의 산림 벌채권은 물론, 거기서 나오는 여러 종류의 광물을 채굴할 수 있도록 해 주었는데, 세금으로 일시금 20만 원과 매달 600원의 세금을 비롯해 전화가설세 3,500원을 왕실에 납부하는 조건이었다. 1898년에 운산금광에 근무했던 광부는 외국인 40명을 포함해 1,240명이었으며, 생산한 금을 일본으로 수출했는데 1902년 기

〈운산 금광 개발허가 조건〉

- 광구(鑛區)는 운산군 일원(산림 벌채권 포함)
- 광물(鑛物)은 각종 광물
- 광세(鑛稅)
  - 일시금 2십만 원 왕실 납부(納付)
  - 매월 세금 6백 원 왕실 납부
  - 전화가설세(電話架設稅) 삼천오백 원 왕실 납부
- 기한
  - 1895년~1954년 (58년간)
- 실적
  - 1898년 인원 1,240명(외국인 40명)
  - 1902년 일본수출지금(日本輸出地金) 1,255,700원(元)
    기타 제경비(諸經費) 600,000원
    광부노임(鑛夫勞賃) 40선(仙)/일

준 한 해 수출 금액만 무려 1,255,700원으로 채굴 기간을 58년으로 적용해 보면 7천만 원이 넘는 금액이다.

1865년(고종 2년) 2월 〈고종순조실록〉에는 무산(茂山)과 백산(白山)에서 채금을 허가한다는 기록이 있으며, 1866년(고종 3년) 6월에는 의정부에서 아뢰기를, "방금 호조에서 올린 보고를 보니, '칙수은(勅需銀-중국 칙사를 접대하기 위한 은자) 1만 냥을 가져와 제련한 결과 많은 양이 줄어들어 장차 모자랄 우려가 있습니다. 그러나 8,000냥을 특별히 더 지급해줄 것을 요청합니다.'라고 하였습니다. 지난번에 지급된 은도 이미 모자란 적이 있었으니, 지금 더 요청하는 것은 형편상 어쩔 수 없는 일입니다. 남성(南城)에 있는 은 5,000냥을 다시 떼어 보내어 대략이나마 용도에 맞추어 지급받도록 해 주시는 것이 어떻겠습니까?" 하니, 윤허하였다는 기록이 있다.

1877년(고종 14년) 3월 〈고종순조실록〉에는 군용(軍用)을 보충하기 위해 친군(親軍)으로 하여 채굴에 임하게 하였다는 내용도 있다.

1881년(고종 18년) 2월에는 경리사 김병덕이 아뢰기를, "외도(外道)에서 금, 은을 캐는 것은 조정에서 금지시키고 있다 하더라도 혹 채굴을 허락할 때에는 호조에서 세금을 거두는 전례가 있습니다. 그런데 관서(關西)의 몇 개 고을과 영남의 몇 개 고을에는 산출지가 있다고 하므로 본 아문(衙門)에 소속시켜 참작하여 구검(조사)토록 하는 것이 좋을 듯합니다." 하니 윤허하였다 한다.

1882년(고종 19년) 7월 〈고종순조실록〉에는 5호(戶)를 1조(組)로 하여 채굴하되 한 사람의 장(長)을 둔다는 내용이 있는데, 다섯 가구를 한 개 조로 묶은 후 한 명의 책임자를 두어 채굴작업을 했다는 기록으로 특이한 형태의 광산 개발 기록이다. 또 7월에는 영의정 홍순목이 아뢰기를, "지난번에 돈을 주조하는 일을 혁파하라는 명이 있었습니다. 그런데 듣자니 이미 채취한 동(銅)이 적지 않은데, 무용지물이 되고 말았다 합니다. 지금은 나라의 재정이 어려운 형편이니 우선 이것을 가지고 탁지부에서 다시 돈을 주조하게 하되, 호조판서에 명하여 이를 관할하고 검찰토록 해야 할 것입니다. 금이나 은으로 만든 화폐는 모든 나라에서 통용되고 있는 돈입니다. 지금 여러 나라들과 통상하고 있는 때에 우리나라에서는 동전만 쓰기 때문에 군색한 일들이 많습니다. 금전(金錢), 은전(銀錢), 문전(紋錢)을 지방에서 장애 없이 통용하게 하는 것이 어떻겠습니까?" 하니 윤허하였다는 기록이 있는데, 당시는 운산금광을 포함해 여러 광산에 눈독을 들인 외국인들이 많이 방문하던 시기로 구리로 만든 동전의 한계성을 느껴 금이나 은으로 만든 돈을 사용하려 했다는 것을 알 수 있다.

같은 해 10월 〈고종순조실록〉에는 채금에 필요한 기기(機器)를 해외에서 긴급수입하는 것을 허가한다는 기록이 있는데, 당시 열악했던 우리나라 광산 개발 장비를 미국산 좋은 장비로 바꾸고자 하였던 것으로 보인다.

1884년(고종 21년) 1월 〈고종시대사 2집〉에는 '이달에 광국(鑛局)을 설치하다. 앞서 5개 금광에 채취를 허하여 군향(軍餉-군향미의 준말)에 보체하였으나 이제 설국건관(設局建官)토록 명하였던 것이다.'라는 내용이 있는데, 광국(鑛局)이란 대한제국 때 광산에 관한 사무를 맡아보던 광무국(鑛務局)을 말한다.

또 같은 해 3월 〈고종순조실록〉에는 추가로 필요한 양의 금을 채취하기 위해 금이 많이 산출되는 지역에서 친군(親軍-임금이 직접 관리하는 군대)으로 하여금 채취하게 했다는 기록도 있다.

1887년(고종 24년) 4월과 5월에는 전교하기를, "현재 광업(鑛業)에 관한 업무가 점점 개시되고 있다. 중요한 일인 만큼 구관(句管)하는 곳이 없어서는 안 될 것이니, 따로 관서(官署) 하나를 설치하여 광무국(鑛務局)이라 하고 협판 내무부사 민영익을 총판(總辦-주관)으로 차하(差下-벼슬을 시키던 일)해서 일체 시행해야 할 문제를 품지(稟旨-임금께 아뢰어서 바치는 교지)하여 차례로 거행하도록 하라." 하였다는 기록이 있는데, 이때 설치했던 광무국은 고종 21년(1884년) 1월에 설치하라 했던 광국과 같은 기구라 볼 수 있다.

1888년(고종 25년) 12월 〈고종순조실록〉에는 함경도 감사(監司) 조승무(趙承武)의 서면 보고에 따르면 여러 채광지(採鑛地)에 전답(田畓)이 많이 들어가는데, 그중에서 영흥(永興)과 정평(定平)이 심하게 난굴(亂掘)의 피해를 입었다는 기록이 있으며, 1890년(고종 27년) 8월 〈고종순조실록〉에는 보(洑)를 만들고 둑(堰)을 쌓는 채광질서를 지키면 폐해(弊害)도 없어지고 백성의 고충(苦衷)도 줄어들 것이라는 기록도 있다.

1891년(고종 28년) 10월 〈고종시대사 3집〉에는 통리교섭통상사무아문(統理交涉通商事務衙門)이 의신(義信) 회사 이명재가 일본인 마키 겐조(馬木建三)를 고용하여 경상도 창원부 용담에 금광을 설채(設彩)하는 것을 다시 허가하였다는 내용이 있다.

1892년(고종 29년) 2월에는 의정부에서 아뢰기를, "방금 황해감사 이경직의 보고를 보니, 해주부(海州府)의 청산(靑山) 등 9개 방이 계미년에 연(鉛)을 캐기 위한 전(廛-터)을 열기 시작한 때부터 구덩이를 파서 폐기된 전답이 도합 1,272결(結) 37부(負) 8속(束)이나 됩니다. …(중략)… 근래에 광물의 채굴로 인하여 폐단이 많다는 소문이 이미 자자합니다."라는 기록을 비롯해 2월 〈고종순조실록〉에 근래 채광지역에 폐해(弊害)가 많다는 내용 등이 있는데, 광산 개발에 따른 농민 피해가 제법 있었다는 것을 알 수 있다.

1895년(고종 32년) 2월 〈고종순조실록〉에는 각 도의 금은(金銀)광이 문을 여니 유랑민들이 다시 돌아오고 길가에 도적의 무리가 사라지더라는 내용과 조선과 일본이 조약을 체결, 통감부를 설치하고 조선 각 도에 광산 감리관(監理官)을 임명한 다음 인두세(人頭稅)를 징수하였다는 기록이 있다.

1896년(고종 33년, 광무 1년) 4월에는 미국인 모어서(J. R. Mors)에게 허가하였던 운산금광 채굴권을 다시 허가했다는 기록과 러시아(露國人)인 니시첸스키(Nisichensky)에게 함경북도 경원, 경성 일대의 사금광(砂金鑛) 채굴을 허가하였다는 기록이 있는데, 당시 허가 조건은 금과 은 및 석탄 등을 채굴하는 것으로 세금은 생산액의 25%를 납부한다는 조건이었지만, 이 광산은 금광이 아니라 석탄광으로 개발해 얼마

되지 않아 폐광되었다 한다.

〈경원, 경성 일대 사금광 채굴 허가 조건〉

- 광구(鑛區)는 경원(慶源), 경성(境城) 일대
  (해안까지의 철도부설권(鐵道敷設權) 25년간)
- 광종(鑛種)은 금(金), 은(銀), 석탄(石炭), 기타 일체
- 광세(鑛稅)는 출산액(出産額)의 25% 왕실 납부
- 기한은 15년간 (사후 재산도 왕실 귀속)
- 실적
  - 개광후(開鑛后) 얼마 되지 않아 탄질 불량으로 문을 닫음

4월 〈고종시대사〉 20권에는 전 부호군 서응선이 상소하기를, "삼가 아룁니다. 신은 누추한 시골의 미천한 사람이며 무관 말직에 있는 사람으로 종적은 보잘것없고 언의(言議)는 천루(淺陋)합니다. …(중략)… 저 희천 군수(熙川郡守) 경광국(慶光國)은 남의 재물을 빼앗아 사리사욕 채우기를 능사로 여겨 고을 전체가 근심하고 원망하고 있습니다. …(중략)… 전임 군수가 맡겨 놓은 본 군의 금광(金鑛)에 대한 4개월 치 세금 16냥을 전부 받아내서는 모두 상납하지 않았고, 본 군 동북면(東北面)에 지정한 초피와 산삼에 대한 값이 모두 640금인데 역시 모두 부당하게 갈취하였고, 경내 30리마다 이수(里首)와 존위(尊位)를 각각 1명씩 차출하여 예목(禮木)이라는 명목으로 강제로 품주(品紬) 60필을 받았고, 살인 옥사에 연루된 이계식(李桂植)이라는 사람을 혹독한 형벌로 위협하여 엽전(葉錢) 3,000냥을 받아 아예 사적으로 착복하였습니다."라는 기록이 있는데, 당시 금광에 대한 세금이 한 달에 4냥이었다는 것을 알 수 있다.

또 9월 29일 〈고종시대사〉 20권에는 '제1호 직산(稷山) 경내에 금광을 개설한 지 이미 오래되었는데, 해당 영파원의 보고로 인하여 본 군수가 쫓겨나서 폐광하는 지경에 이르렀다고 하더니, 지금 들어보니 봄부터 가을까지 모집한 광군(礦軍)의 수가 많아서 채굴한 것에 대해 세금을 거둔다고 하니, 해당 별장배(別將輩-정7품 무관 무리)가 본 관(官)과 한통속이 되어 법으로 금지하는 것을 고의로 범한 것인지 매우 통탄스러우며, 또한 청주(淸州) 금광도 개설하여 채굴한 지 5개월에 해당 세감(稅監)이 징수한 금액은 적지 않다는 소문이 여기저기에서 들리는데, 본 부(部)에는 수납한 것이 전혀 없으니 매우 의아하므로, 두 광산의 실제를 조사해 밝히기 위하여 귀 원(員)을 파견하니, 두 개 군에 가서 해당 광산에서 직접 조사하되, 문부(文簿-회계장부)를 먼저 거두어 현재 있는 광군의 수를 상세히 검토한 후에, 세금을 수납하지 않은 해당 간사와 별장은 본 군에 잡아서 가두고, 덕대(德隊)와 광군은 일체 신칙하여 이전대로 개광하여, 흩어지는 지경에 이르지 않도록 하며, 거둔 문부는 낱낱이 굳게 봉하여 올려 보내되, 중도에 유실되는 폐단이 없도록 하기 위하여 이에 비밀 훈령하니 이에 따라 시행함이 마땅함.'이라는 기록이 있다. 여기에 나오는 직산 지역은 현재 충남 천안시 서북구 직산읍에 해당하는 곳으로 이 지역과 청주 지역의 금광 개발에 따른 문제점을 기록한 것으로 세금을 잘 수납할 수 있도록 하고, 또 문제가 있는 광산의 회계장부는 봉인해서 올려 보내라는 내용이다.

1897년(고종 34년, 광무 2년) 3월 〈고종시대사〉 21권에는 영흥·길주·단천·삼수 4군에 광산을 열자는 청의서(請議書) 내용이 기록되어 있는데,

"위는 영흥·길주 등에 금광(金鑛)과 탄광을 러시아 상민이 개채(開採)함을 위하여 지난달 24일에 러시아 공사 베베르(韋貝, Weber)가 해당 광산조약을 적어 발송하여 조회를 보내 청하였다. 이어서 다시 이달 2일에 단천과 삼수 등에 광산을 열자는 일로 조회하여 또한 적어 합동으로 발송하며 조속히 귀결을 지어달라고 하였다. 살피건대 영흥군은 선원전(濬源殿) 본궁(本宮)의 경봉지지(敬奉之地)라, 그 소중함이 각별하니 실로 논의를 따르기 어려우며, 기타 3군도 현재 정형과 인민에 편부(便否)를 조사한 연후에 시행하는 것이 좋겠으니, 그 지적한 세 곳 가운데 비록 한두 곳이라도 만약 장애가 없으면 곧바로 허가할지 마음대로 결정하기 어려우니, 결의를 기다려 해당 건의는 재차 제의하려 하며, 사안이 광산과 관계되므로 회의에 먼저 제출합니다."라는 것으로 당시 의정부찬정(議政府贊政) 외부대신(外部大臣) 이완용(李完用)과 의정부 의정(議政) 김병시(金炳始)가 함께 올렸다고 기록되어 있다.

도금한 금 책(1897년)

4월과 7월에는 독일 사람 워르터(花爾德)에게 광산 채굴권을 허락하였다는 내용과 독일인 워르터(花爾德)에게 강원도 당현 지역의 금성(金城)광산 채굴을 6년간(1897~1903년) 허락하였다는 기록이 있는데, 작업 결과는 출금액(出禁額) 백만 원, 경비 20만 원이었다 한다.

1898년(고종 35년, 광무 3년) 8월 〈고종순조실록〉에는 금광이 개설된

곳은 난리가 동반되어 주민은 광업으로 이산(離散)되고 도적마저 성행하였다는 내용이 있고, 9월에는 영국인 모르겐(Morgen)이 광업권을 획득하였다는 기록이 있는데, 광구(鑛區)는 영흥(永興), 길주(吉州), 단천(端川), 재령(載寧), 수안(遂安) 이외의 지역으로 개발 광물의 종류는 금속(金屬), 석탄(石炭)이었다. 광산 허가 조건은 75년간 세금(광세)으로 순수익의 25%를 낸다는 조건이었는데, 1900년부터 1903년까지 3년간 개발해 230만 원(元)을 벌었으며, 총경비는 80만 원(元)이었다고 기록되어 있다.

〈허가 조건〉

- 광구(鑛區)는 영흥(永興), 길주(吉州), 단천(端川), 재령(載寧), 수안(遂安)을 제외한 임의 지역(면적 2,400平方里)
- 광종(鑛種)은 금속(金屬), 석탄(石炭)
- 기한은 75년간
- 광세(鑛稅)는 순이익(純利益)의 25%
- 실적 (1900~1903, 3년간)
  - 총 채광량 36,500톤
  - 총수입 2,300,000원(元)
  - 총경비 800,000원(元)

11월에는 광산액(鑛産額)은 황실 수요를 제하고는 모두 농상공부(農商工部)에 환속(還屬)되며, 화폐는 금광개발에 먼저 쓴다는 기록이 있고, 12월에는 사치를 금하고 금광을 봉쇄(封鎖)한다는 내용도 있다.

1899년(고종 36년, 광무 4년) 1월 사료 〈고종시대사〉 23권에는 박제순이 "삼가 아룁니다. 현재 미국 공사(公使)의 조회를 접수해 살펴보건대, '미국 금광(金礦) 회사가 또 해당 금광에 소요되는 폭약 900포를 1포당 50파운드(磅)씩 총 45,000파운드와 또 25포를 1포당 10,000파운드씩 총 250,000파운드와 아울러 55통의 화관(火管)을 일본에서 화륜선[輪船]에 꾸려 싣고 들어옵니다. 지금 해당 회사는 해당 물건이 와 도착하기를 기다리고 있습니다. 이렇게 조회하니 청컨대 번거로우시겠지만, 규정을 살펴 미국인 타운선(駝雲仙)에게 허락하여 항구에 들어오는 데 편리하게 해 주시기를 요청합니다.'라고 했습니다"라는 기록이 있는데, 금광 개발에 필요한 화약을 배에 싣고 오고 있으니 쉽게 통관될 수 있도록 조치하여 달라는 내용이다.

3월 〈고종시대사〉 4집에는 농상공부에 소관된 평안남도와 황해도에 있는 금광을 모두 궁내부(宮內府)로 이관하고

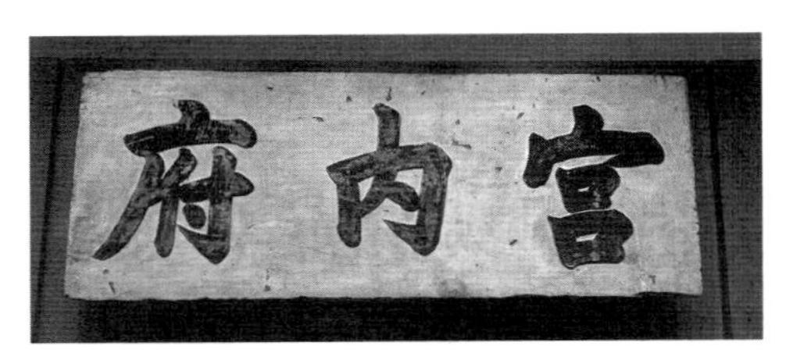

궁내부 현판

세금은 도지부(度支部)에 상납케 하였다는 기록이 있는데, 농상공부에 소속되어 있던 금광 개발 업무를 왕실에 관한 모든 사무를 맡아 보던 궁내부로 이관한 이유는 외국과의 금광개발 계약조건에 왕실과 관련된 내용이 많았기 때문으로 생각된다. 이 궁내부는 고종 31년인 1894년에 설치하여 1910년까지 유지된다.

6월 〈고종시대사〉 4집에는 광무 3년 6월 2일 '덕국서리영사(德國署理領事) 「라인스도르프」가 외부대신 박제순에게 조회(照會)하여 덕국(德國-독일) 황제 「하인리히」(Heinrich, 현리) 친왕이 오는 6월 9일에 제물포로 입국, 서울에 2일간 유하다가 세창양행에서 경영하는 강원도 금성

당현의 금광을 구경하고 20일에 다시 제물포에서 상선(上船), 회국(回國)한다는 내한 일정을 통고하여 오다.'라는 기록이 있는데, 당시 독일 황제가 방한해 우리나라 금광을 이틀간 시찰했다는 것은 그 시절 독일에서도 황금에 대한 관심이 상당히 높았다는 것을 말해 준다.

우리나라 황금에 처음 눈독을 들인 외국인은 고종이 즉위한 1864년에 조선을 방문한 미국인 J. R. Mors라는 사람이다. 1864년은 1848년부터 1853년까지 미국 서부 캘리포니아에 불어닥쳤던 골드러시가 끝난 지 10년 정도 지난 시기로 미국과 독일은 물론 전 세계 사람들이 황금을 찾아 헤매던 때이기도 했다. 독일 황제가 우리나라 금광을 방문했던 것도 이러한 이유 때문이었는지도 모른다. 당시의 금값은 트로이온스당 20.67달러, 즉 g당 약 0.66달러로 1833년부터 1934년까지 100년간 동일(同一)하게 거래되었다.

9월 〈고종시대사〉 4집에는 영국인 「모오간」(M. P. Pritchard Morgan, 목이탁; 木爾鐸)을 대표로 하는 영국상회에 은산 금 광산 채굴권을 허가했다는 기록이 있는데, 전술한 것처럼 미국, 영국, 러시아, 독일 등 당시 부유한 나라들이 앞다투어 우리나라의 황금을 개발해 가져가기 위해 혈안이 되어 있었던 것으로 보인다.

또 11월 〈고종시대사〉 4집에는 외부대신 박제순이 독일서리영사 「라인스드르프」에게 조회하여 세창양행 금광합동 제1조 광계(礦界-광구 경계)는 광 40리, 장 60리를 한하여 조선 리 수로 정할 것, 제10조 광산채득 총액 중 개광 경비를 제한 外, 여액의 10분의 25분을 조선 정부에 납입하고 각양 기계 가치는 계제(計除)하지 않을 것, 제11조 조선 정부는 해광 근처에 파원하여 분국을 설치하고 해광의 이익 및 문부를 수시검사하고 아울러 해광 소산의 금속의 운출, 방매 등물을 검찰할 것 등의 조항에 의하여 농상공부에서 검찰관으로 이현상, 한기준 양원을 타파하여 당 지에 전부하여 분국을 설치하고 수시로 문부를 사명하고 운출방매의 수를 검찰케 할 것이니 이들에 대하여 협조하여 줄 것을 요망했다는 기록이 있는데, 6월에 독일 황제가 다녀간 지 약 5개월 만에 정식계약을 체결하려 했던 것으로 보인다. 계약 내용을 보면 광구 경계선은 조선에서 사용하던 마을의 리를 사용해 정했다는 것도 알 수 있다.

1900년(고종 37년, 광무 5년) 3월 〈고종순조실록〉에는 광산의 세금을 톤수(噸數)에 따라 매기기는 어려우므로 각 군마다 독촉이 성화같아 매우 소란스럽고 백성들의 원성도 높았다 하며, 5월에는 영국인 허치슨(轄治臣, Hutchison, W. du. F.)에게 은산(殷山) 금광 채굴권을 허가하였다는 기록도 있다.

8월 〈고종시대사〉 5집에는 이 날짜 뎨국신문에 의하면 직산군수 유병응이 내부로 보고하여 본 군 보제원의 일인 금광 역사를 금지하였더니 거월(去月) 21일경에 일본인 51명이 아산군 둔포로 하륙(下陸)하여 금광을 또 설치하기에 이를 금지한즉 칼과 총을 가지고 억지로 개광하여 말하기를 한국정부의 허가가 없을지라도 우리는 개광할 터이라 하니 금지할 수 없다고 하였다는 내용과 일본인 시부사와 에이이치(澁澤榮一), 아사노 소이치로(淺野總一郎)의 광산조합과 직산군(稷山郡) 금광 채굴에 대한 합동 조약이 체결되었다는 기록이 있는데, 일본이 우리나라 금광을 약탈해 간 사건임을 알 수 있다.

9월 〈고종시대사〉 24권에는 광무학교 관제를 칙령으로 반포했다는 기록이 나오는데, 칙령의 주요 내용은 학교 설립 목적과 수업 연한, 학교의 주요 조직과 직원 및 각 직원의 역할 등이다. 광무학교 수업 연한은 3년으로 되어 있으며, 직원은 학교장 1인, 감독 1인, 교관 4인, 부교관 1인, 서기 1인 등으로 구성되고, 감독과 교관은 외국인을 고용할 수 있도록 하였으며, 현장실습을 위해 광산에 분교인 지학교 설치도 가능하도록 한 것이었다.

〈광무학교 관제〉

제1조 광무학교는 광업에 필요한 실학(實學)을 교육하는 곳으로 정한다.
제2조 광무학교의 수업 연한은 3년으로 정한다.
제3조 광무학교의 학과 및 과정과 기타 규칙은 학부 대신이 정한다.
제4조 광무학교에 다음의 직원을 둔다.
학교장 1인 주임(奏任), 감독 1인 주임(奏任), 교관 4인 주임(奏任),
부교관 1인 판임(判任-판단책임), 서기 1인 판임(判任)
제5조 교장은 교무를 총괄하여 소속 직원을 통솔한다.
제6조 감독은 교장과 사무를 협의하여 교내 제반 사무를 감독하고 소속 직원을 통솔한다.
제7조 교관은 교장과 감독의 명령을 받들어 생도의 교수를 전담하며, 또 생도를 통솔하고 광무의 실지 견습에 관한 사무를 맡는다.
제8조 부교관은 상관의 명을 받들어 교관의 사무를 보조한다.
제9조 서기는 상관의 명을 받들어 교과 서류의 필사 및 보존과 서무 회계에 종사한다.
제10조 감독과 교관은 혹 외국인을 고빙하여 채울 수 있다.
제11조 실지 견습을 위하여 본국 소관 개광(開礦) 각 곳 중에 지학교를 설치할 수 있다.
제12조 본 칙령은 반포일부터 시행한다.

광무 4년(1900) 9월 4일
의정부 참정(議政府 參政) 조병직

11월 〈고종시대사〉 5집에는 전월 5월 미국공사 「알렌」이 외부대신 박제순에게 조회하여 운산군 미국 금광 소재지에서의 한국 광부 등의 음주로 인한 폐해를 말하고 해 지역에 금주령을 시행하도록 제의한 바 이날 박제순이 조복(照覆)하여 국내에는 금주의 예가 없으므로 본 대신이 제칙(制勅–황제의 칙령)하기 어렵다 하고, 이어 해 지방관이 판리(辦理–판별해 처리하는 것)하여 일시 설금(鈔金)할 수 있으므로 해 회사와 해 지방관이 상의하여 서로 좋은 방법을 찾음은 가하다고 했다는 내용이 있다.

12월 〈고종시대사〉 24권에는 충청북도(忠淸北道) 목천 군수(木川郡守) 정철조(鄭喆朝)의 보고 내용에, "이번 12월 11일 오후 미시(未時)쯤에 일본인 4명이 본 목천군 동쪽의 산 중구봉(重九峯)에 와서 올라 사방을 살펴보고 마치 찾는 바가 있는 것 같았습니다. 그러므로 즉시 아전을 파견하여 어떤 연유로 여기에 이르렀는지 물었고 또 성명을 물었더니 바로 쿠즈하라 마스키치(葛原益吉)였습니다. 수행원 3명은 말하기를, '직산(稷山) 보덕원(保德院) 금광사무소(金礦事務所)에서 여기로 왔는데 석금(石金)의 기맥(氣脈)이 있는지를 살피고자 한다.'라고 했습니다. 이 봉우리는 바로 객사(客舍), 관사(官舍)의 단청룡(單靑龍)에 해당하고, 아울러 또 천제단(天祭壇)으로 나라를 위하고 풍년을 기원하는 장소입니다. 그 아래에 민가가 빙 둘러 100여 호가 삽니다. 따라서 만약 광산을 개설해 금을 캐는 조치가 있게 되면은 여기에서 살아갈 수 없고 읍은 지탱하기 어렵습니다. 그러므로 공문이 있는지를 물었으나 대답하지 않고는 바로 몇 개의 돌 조각을 깨뜨려 본 후에 자루 속에 넣고는 성내며 가버렸습니다. 비록 광산을 개설하려는 것인지는 정확히 알 수 없으나 염려하지 않을 수 없었습니다. 그러므로 이에 보고하니 조사하신 후 만약 광산을 요청하는 일이 있을지라도 이 산의 경우, 온 고을이 함께 금지하는 곳이고 조정에서 허락하기 어려운 곳입니다. 특별히 백성과 고을의 사정을 생각하시어 일본 공사관(公使館)에 조회를 보내 영원히 금지 단속해 주시도록 바랍니다."라고 했습니다. 이에 근거해 보니 "일본인이 '금맥을 찾고자 한다.'라고 말하고 여러 군(郡)에 마구 다니는 일은 조약(條約)에 있지 않습니다. 이에 삼가 알려드리니 잘 살피시기를 요청합니다."라는 기록이 있는데, 충남 천안시 직산읍 주변 하천에 산출되는 사금은 고려 충렬왕 때인 1277년부터 사금 채굴 기록이 있었던 곳으로 사금 채취 지역 주변에서 근원이 되는 금광맥을 찾고자 했던 것으로 보인다.

1901년(고종 38년, 광무 5년) 1월 〈고종시대사〉 24권에는 "…(전략)… 이제 은산 군수가 보고한 내용에 근거하니, 본 은산 지역 백성들이 아뢰기를, '영국 금광회사(英國金礦會社)는 아직도 토지값을 지급하지 않습니다.'라고 하였습니다. 이에 근거하여 조사해 보니, 대한제국 백성들은 농사를 지어 목숨을 유지하는데, 금광(金礦)에서 금을 캐기 시작하자 농지를 침입하여, 비록 높은 값으로 즉시 보상해 주었지만, 오히려 손해에서 벗어나지 못하고 있습니다. 하물며 공정하게 매매한 값을 해가 바뀌도록 지급을 지체하여, 생업을 잃은 백성들이 달려와 원통함을 호소하게 하였습니다. 귀 공사(公使) 또한 가엾게 여기실 것입니다. 이에 문안을 갖춰 조회합니다. 귀 공사께서는 청컨대 번거로우시겠지만 조사하여 해당 금광회사에 전달 지시하여, 빨리 해당 값을 액수대로 갚아 주도록 해 주시고, 아울러 회답해 주시기 바랍니다. 모름지기 조회가 이르기를 바랍니다. 이상입니다."라는 기록도 있다.

5월 〈고종시대사〉 24권과 황성신문(5월 24일)에는 미국공사 알렌(安連) 씨가 외부(外部-현재의 외교부)에 조회(照會)하기를, '운산 금광(雲山金礦)의 소용폭약(所用爆藥) 150톤을 어제 인천항에 수입하였으니 해관(海關-현재의 세관)에 훈칙하야 면세(免稅)하라.' 하였더라는 기록이 있으며, 또 6월 〈고종시대사〉 24권에는 "요점만 아룁니다. 현재 미국공사 알렌(安連; Horace Newton Allen)의 조회를 잇따라 접수해 보니 내용에, '운산미국금광회사(雲山美國金礦會社)에서 사용할 폭발탄(爆發彈) 20만 개를 20상자로 만들어 지쿠고마루(筑後丸)로 어제 인천항에 도착했습니다. 오늘 다시 증남포(甑南浦)로 향해 가서 해당 회사 대리원(代理員) 바스토에게 넘깁니다. 시기상 이같이 매우 급하니 청컨대 번거로우시겠지만 조사하여 빨리 증남포 해관 세무사(甑南浦海關稅務司)에게 전보로 지시하여 즉시 통관하도록 해 주시기 바랍니다.'라고 하였습니다. 이에 따라 편지로 알리니 귀 총세무사(總稅務司)께서는 조사하고 삼화항 세무사(三和港稅務司)에게 전보하여 폭발탄 20상자를 운반해 통관하도록 허가하는 것이 옳겠습니다. 이에 행복하시기를 바랍니다."라는 기록이 있는데, 운산 금광에 사용할 폭약을 급히 운반해야 하니 통관허가에 협조해 달라는 내용이다.

또 6월에는 프랑스인 살타렐(薩泰來, Saltarel, P. M.)에게 평안북도 창성군(昌城郡)의 금광채굴권을 허락하여 주었다는 기록도 있다.

7월 〈고종시대사〉 24권에는 귀 제8호 조회(照會)를 접수해 보니, "일본 공사(日本公使)의 조회에 근거하니, '농상공부(農商工部) 국광파원

(國礦派員) 박내원이 정산 금광(定山金礦)에서 생산한 사금(砂金)을 사기로 약속한 돈 2,327圓 30전 및 손해금을 한꺼번에 처리해 갚아 주십시오.'라고 하였습니다. '해당 별지 1통을 대조해 기록하여 별도로 첨부해 조회합니다.'라고 하였습니다. 이에 따라 해당 파원을 조사하고 심문하였더니, 해당 파원의 제7호 보고서 내용에, "본 파원은 올해 2월 17일에 세금을 상납하려고 해당 광산에서 길을 떠나 서울로 올라갔다가 5월 3일에 돌아와 해당 광산에 도착하였습니다. 그런데 같은 달 7일에 일본인 오우기 야스타로(扇安太郎)가 와서 말하기를, '일찍이 금을 사려고 돈 약간을 귀 광산 상인 서오위장(徐五衛將)에게 미리 주었으니 귀 파원이 해당 돈을 담당하겠다는 뜻으로 증서를 작성해 달라.'고 하였습니다. 그러므로 본 파원이 대답하기를, '파원의 직무는 오로지 세금을 거두는 데 있을 뿐이고 세액 이외에 사사로이 매매하는 것에는 애당초 관여하지 않으니 결코 담당할 이치가 없고, 또 상부의 명령 지시가 매우 엄중하여 외국인이 관여하는 것을 허락하지 않는다. 만약 이를 그만두지 않으면 마땅히 즉시 작성해서 상부에 보고하여 조처를 기다리겠다.'라고 하였습니다. 그러자 오우기 야스타로는 즉시 철수해 돌아가서 다시는 얼굴을 대한 적 없습니다. 이번 외부(外部) 조회의 별지 중 이른바 '베꼈다'는 증서는 어떤 사람이 작성한 것인지 알지 못합니다. 재판하여 결론지어 주시기를 삼가 바랍니다."라고 하였습니다. 이에 삼가 회답하니 "잘 살피신 후 일본 공사에게 이것으로써 회답 조회하시기를 요청합니다."라는 내용이 있는데, 이는 농상공부에서 세금을 거두기 위해 광산에 파견한 관리에게 사기행각을 벌이려 했었다는 일본 사람에 관한 이야기다.

10월에는 곡가앙등(穀價昂騰-곡물 가격 상승), 즉 곡식값이 올라 금광 정지령을 내렸으며, 같은 해 이탈리아인 Moretti에게 후창(厚昌) 동광의 채굴을 허가하였다는 기록도 있는데, 당시 우리나라에서 광산을 개발하려고 했던 나라는 미국, 영국, 일본, 독일, 러시아, 프랑스, 이탈리아 등이다.

1902년(고종 39년, 광무 6년) 1월 〈고종시대사〉 25권에는 정산 군수(定山郡守) 김윤환(金潤煥)의 제23호 보고서(報告書)를 접수해 보니 내용에, "본 정산군 금광(金礦)은 이미 농상공부(農商工部)의 지령(指令)을 받들어 정지되었습니다. 일본인 오우기 야스타로(扇安太郎) 등이 말하기를, '해당 광산 파원(派員)에게 돈을 빌려주었다.'라고 핑계 대고 마음대로 와서 광산을 개설하였습니다."라고 하였습니다. 거듭 해당 파원 박내원(朴來元)의 보고서를 접수해 보니 내용에, "일본인 오우기 야스타로가 금을 사려고 본 금광에 오고 간 사실에 대해서는 이미 지난번 보고에 다 말했습니다. 음력 7월쯤에 본 파원이 일로 인해 서울에 올라갔다가 10월쯤에 다시 본 광산 사무소에 임명되었습니다. 그사이 여러 달 해당 일본인이 광산 업무를 그가 주관하였으며 세금(稅金)을 그대로 자기 물건으로 만들었습니다. 그래서 도착하는 즉시 직접 만나 의논했더니 해당 대리인 미키(三木)가 말한 내용에, '이미 귀 정부의 허가 문서는 없었고 또 본 공사나 영사의 공문도 없었으니 이번에 간여한 남의 광산을 전관하려고 했던 것이 아닙니다. 그사이 광산 사무소가 온통 비어 있었고 담당하는 사람은 하나도 없었기 때문에 공식 세금을 잃어버릴까 염려되어 잠시 처리한 것입니다. 귀 파원이 지금 이미 다시 임명되었으니 각 항목의 사무를 마땅히 즉시 돌려드리겠습니다.' 라고 하였습니다. 좋은 모양으로 조치하였는데 며칠 지나지 않아 갑자기 말을 뒤집기를, '이 광산세금의 수납 등의 권한 및 모든 사무를 결코 귀 파원에게 돌려드릴 수 없습니다. 만약 이 사실을 바르게 결론짓고자 한다면 귀 농상공부에 가서 보고하는 것이 옳습니다.'라고 하였습니다. 오로지 방해하기만 일삼으니 어찌 이러한 이치에 맞지 않는 일이 있단 말입니까? 이 사람의 이 행동은 다만 본 파원만 낭패당하고 부끄러운 일이 되는 것은 아닙니다. 나라와 더불어 돈독히 교제하는 우의를 살펴보건대 남의 나라를 업신여겨 '깔보았다.'라고 말할지라도 결코 지나친 말이 아닐 것입니다. 그러니 어찌 한탄스럽지 않겠습니까? 이처럼 도리에 맞지 않는 사람은 정말로 사사로이 타협하기 어렵습니다. 이에 보고하니 잘 살펴 외부에 조회로 알리고 해당 나라의 공사에게 전달 조회하여 어서 빨리 타협할 수 있도록 해 주시기를 삼가 바랍니다." 라고 하였습니다. 해당 사건을 상세히 조사해 보니 일본인이 해당 광산 직원에게서 설령 받을 물건이 있더라도 사사로이 서로 돈 거래를 할 수 없는데 매우 중요한 국가 소유 금광에서 제멋대로 채굴하는 것은 이치에 어긋나는 일에 해당될 뿐만이 아닙니다. 외교상 부당함이 이와 같기에 이에 삼가 알려드리니 잘 살피신 후 일본 공관에 조회로 알려 즉시 금지하도록 해 주시고 분명히 알려주시기를 요청합니다."라는 기록이 있는데 이 사건은 전년 7월부터 6개월 이상 계속되었다.

4월 〈고종시대사〉 25권에는 영국 공사(英國公使)의 서한에 이르기를, "은산금광(殷山金礦) 폭약고에서 열교(烈膠) 250방(磅)을 절도 당했습니다."라고 하는데, '이는 매우 위험한 물건이니 생각하지 못한 염려가 있을 수 있으므로 속히 방범해야 할 것이어서 이에 조회하니 살펴서 각 도(道)에 지시하여 순검과 순교를 파견하여 별도로 수색하도록 하라'는 내용이 있고, 12월 〈고종순조실록〉에는 이용익(李容翊)에게 전국 금은동탄광(金銀銅炭鑛)의 총감독을 명했다는 기록도 있다.

1903년(고종 40년, 광무 7년) 3월 〈고종시대사〉 6집과 3월 5일 자 〈황성신문〉에는 '도지부(度支部)에서 개광(開鑛)을 봉폐(封閉)하라고 각 도에 훈령하다. 그 이유는 양전(良田) 개착(開鑿–산이나 땅을 파서 도로나 운하를 내는 것)으로 국세만 감축할 뿐 금광 세납은 적기 때문이다'라는 내용과 '내장원(內藏院) 소관 금광세(金礦稅)와 포사세(庖肆稅–가축도살세)를 농상공부로 이속(移屬)시키고 역둔조세(驛屯租稅)는 도지부로 이부(移付)토록 했다'는 기록이 있는데, 당시 광산을 새로 만들기 위해 좋은 땅과 토지를 사용해 갱도를 만들어도 받는 세금이 적었기 때문에 새롭게 갱도를 못 만들도록 한 것으로 보이며, 또 왕실 내장원에서 관리하던 가축을 도살할 때 내는 포사세와 금광 개발에 따른 금광세 등을 농상공부로 이관했다는 내용으로 금광 개발보다 농사가 더 우선시되었음을 알 수 있다.

4월 〈고종시대사〉 5집에는 앞서 일본공사 임권조가 외부대신 이도재에게 조회(照會)하여 일본인 시부사와(澁澤)·아사노(淺野) 양인(兩人)이 특허받은 직산 금광 구역의 기업이 기한을 넘기도록 지연된 것은 작년의 해 지방관의 방해 때문이므로 그 기업 기한을 연장하여 줄 것을 요청하고, 또한 금후 해 광산이 영업에 불합하다고 확인되면 전기 양인은 직산광을 포기하고 그 대신 궁내부 소관 다른 광산의 특허를 요청할 것이라고 시사한 데 대해 외부대신이 조복(照覆)하여 타광대택(他鑛代擇)이 정약(訂約) 이외의 사이므로 청시(聽施)할 수 없고 해 지방관의 방해 사는 다시 엄훈(嚴訓)하여 방애(放碍)함이 없게 하겠다고 한 바 있는데, 이날 일본공사가 다시 조회하여 직산 금광의 기업이 늦어진 데 대한 책임을 해 지방관에게 전가하고 타광대택은 꼭 그와 같이 해 줄 것을 요구한 것은 아니라고 해명하였다는 기록도 있다.

1904년(고종 40년, 광무 8년) 9월에는 직산(稷山) 금광의 광부 수천 명이 난동을 부려 안성(安城) 관아를 불 지르고 관리들을 죽이는 불상사가 발생했다는 내용도 있으며, 10월에는 깊은 심산의 넓은 땅 이외의 곳에서는 광업을 일시 정지했다는 기록도 있다.

1905년(고종 41년, 광무 9년) 2월 〈고종시대사〉 6집에는 '광무 9년 2월 8일 주한영국공사가 영국 정부의 훈령으로 수안금광을 영미일(英美日) 3국 합동출자(총자본금 1,000,000圓 각기 3분의 1 담당)로 경영할 것을 주한일본공사에게 제의하다. 일본 정부는 이에 동의하는 동시 삼정으로 하여금 출자케 하고 영미일 합동으로 채굴권(採掘權) 획득에 협동동작키로 했다'는 기록이 있다.

3월 〈고종시대사〉 6집에는 앞서 영국회사대표 「피어스」에게 수안금광의 채굴을 허가하는 건에 대하여 주한영국공사와 외부대신 사이에 협의가 있던 중 지난 2월 22일에 주한영국공사 「죠오단」이 외부대신 이하영에게 조회하여 해 영국회사가 일본·미국의 회사와 연합하여 합자회사를 설립하고 수안의 금광을 채굴하려 하니 이를 허가하여 달라고 요청하였던바 이날 이하영이 조복하여 영·일·미 합자회사에 해광의 채굴을 허가할 뜻을 밝히는 동시에 허가 조건을 제시했다는 기록도 있다.

또 5월 〈고종시대사〉 6집에는 앞서 지난 3월 21일과 4월 17일 양차에 걸쳐 외부대신 이하영이 주한일본공사 임권조에게 조회하여 일본인 마츠이타미 지로(松井民治郎)와 일본군 수십 명 등이 이 수안금광에서 총을 쏘고 칼을 휘둘러 광부들을 구축(驅逐－몰아서 내쫓음)하고 세감(稅監) 차성준을 결박하여 위협하며 해 광이 일본인의 것이라 하고 이를 강압하였다 하고 불법행위를 한 송정 등을 의법 처단하는 동시에 근일에 일본인 후료오샤 류우(不良者流)가 이와 같은 불법을 자행하는 것이 종종 들린다 하고 이의 단속을 요구하였던바 이날 외부대신 서리 외부협판 윤치호가 주한일본 임시대리공사 하기와라 슈이치(萩原守一)에게 다시 조회하여 지난 4월 25일에 송정이 다시 해 광에 나타나서 조석규로 하여금 개채(開採－채굴을 시작)케 하겠다고 한다 하고 송정의 엄징을 요구했다는 기록이 있다. 이 기록은 영미일 3국이 수안금광을 개발하기 위해 허가 조건을 제시하는 과정에서도 일본인들이 총칼로 위협해 광부들을 몰아내고 세금을 거두기 위해 파견된 관리도 결박하며 위협했다는 사실들을 기록한 것으로 당시 일본인들의 야만이 노골적으로 드러난 사건이라 할 수 있다.

이보다 앞선 4월 〈고종시대사〉 6집에는 지난 4月 1日에 주한덕국(德國)공사 「쌀데른」(謝爾典)이 외부대신 이하영에게 조회하여 덕국 광업회사가 경영하는 금성 당현 금광이 현재 이익이 없다 하고 다른 곳과 교환하여 줄 것을 요청하였던바 이날 이하영이 조복하여 본국에서 광무에 관한 법률과 장정(章程-조목으로 나누어 정한 규정)을 실시할 때까지는 허락할 수 없다고 통고했다는 기록도 있는데, 독일에서 황제까지 와서 개발하기로 했던 금광이 좋지 않다고 다른 좋은 금광으로 바꾸어 달라는 내용이다.

7월 〈고종시대사〉 6집에는 외부대신 이하영은 거(去) 27일 부 미국 공사 「모간」이 동양합자 금광회사에서 수입하는 폭약 50,000파운드와 뇌관 150,000발이 「캐디프」로부터 수일 내로 진남포에 도착하는바 이의 준허(准許-청원한 내용을 임금이나 관청에서 허가하는 것)를 신청한 데 대하여 총세무사에게 훈칙(訓飭)하여 처리토록 할 것을 조복했다는 내용도 있다.

8월 〈고종시대사〉 6집에는 "주한일본공사가 함흥 금광과 갑산동광 경영에 관해 광업 조례 발포를 기다리지 않고 특별 조건을 붙여 위 두 광산의 채굴을 허가하고 또 일본에서 유력한 광업가를 망라한 신디케이트를 조직하여 해 2광산을 일·영·미 3국 합동사업으로 하자고 일본 외무대신에게 품신(稟申)하다. 이에 대해 9월 13일 요지는 다음과 같이 훈령하다. 광업 조례 발포 전에 해 두 광산의 채굴권을 특허하는 것은 한국광산의 경영방침에 관한 우리의 일반 정책주의에 패려(悖戾-언행이나 성질이 도리에 어그러지고 사나운 것)할 뿐 아니라 외국인의 고장(故障)을 초치(招致)할 것이니 광업 조례를 발포하여 정식으로 허부(許否)를 결한다면 형식상 공평하여 타의 용훼(容喙-말참견)할 여지가 없으며 전반 훈령대로 조례 발포 전에 일본인으로 하여금 공사를 경유해 한국 정부에 채굴허가를 출원하면 출원인이 우선권을 갖게 될 것이므로 이 점에서 권리획득의 기초를 취득해 두는 게 도리어 유효하다. 또 외국 자본가와 공동경영하는 건은 주의에 있어서는 이의를 말할 자 없을 것이나 사정이 허하는 한 가급적 우리 자본만으로 경영하는 것이 유리할 것이며 과반 수안 금광의 경험으로 보아 합동사업은 다소 고핵(考覈-조사하여 밝힘)할 필요가 있다고 인정한다. 그런데 이 두 광산을 만약 광업 조례 발포 시 궁내부 소속으로 하여 특별취급을 받게 하면 이·불 등 외국인으로부터 하고(何故-까닭) 이의를 신입(申入-새로 들이는 것)할 이유가 없게 될 것이고 실찰 경영에 관하여는 추후 가급적 한일 간에서 적당한 방법을 강구할 생각"이라는 기록도 있다.

10월 〈고종시대사〉 6집에는 앞서 외부대신 이하영이 덕국 판리공사 「살데른」에게 조회하여 강원도 금성 당현의 덕국광업 회사원이 해 회사와 무관한 지방 민사에 간섭했다는 사실에 대해 항의하였는데!, 이날 덕국 판리공사가 외부(外部)에 조회하여 해원은 당현 금광 검찰관이 철환(撤還)한 이후 인근의 각 군수가 해현(該峴) 소재 백성들을 학대하기 때문에 그러한 실수를 저질렀다고 해명하고, 아울러 해원에게 이후 다시는 그러한 행동을 하지 못하게 하였다고 하는 내용도 있다.

1905년(고종 41년, 광무 9년) 10월 10일 〈고종시대사〉 6집에는 앞서 미국 대리공사 「패더크」가 미국인 운산금광 회사장의 보고를 받고 외부대신 이하영에게 조회하여 평안북도 운산·희천 양군을 합하여 지방 관아를 희천읍에 설치하면 해 회사와 거리가 멀어 지방관과의 교섭 및 해사고용(該社雇用) 한인의 관리가 불편하므로 합군(合郡)을 반대한다고 통고하여 온 바 있는데, 이날 외부대신 박제순이 미국공사 「모간」에게 조회하여 운산·희천의 합군설은 무근한 것이라고 회답했다는 기록이 있다.

10월 19일 〈고종시대사〉 6집에는 앞서 외부대신 박제순이 경리원에서 금광 파원(金礦派員) 서상진의 보고를 받고 보낸 공문에 의거해서 일본 임시 대리공사에게 조회하여 작년 8, 9월 사이에 일본인 데라모토 요키치(寺本豊吉)가 금을 산다 하고 값을 반액만 치르고는 방총상인(放銃傷人-총을 쏘고 사람에게 상처를 입힘)하여 금을 빼앗았으며, 본년(本年) 2월부터는 수세(收稅-징수)한다 모칭(冒稱-거짓으로 꾸미는 것)하고 광군에게 금 2분 중식을 불법적으로 축월(逐月-한 달도 거르지 않음) 늑취(勒取-재갈을 물리는 것)하여 왔는데, 그 후 광군 수십 명이 이를 알고 일제히 데라모토(寺本)에게 빼앗긴 토물을 돌려 달라면서 소요를 일으킴에 해 파원이 곧 이를 금집(禁戢)하고 범인들을 징계하였다 하고, 이어 불법적으로 채광물(採鑛物)을 늑탈(勒奪-강탈)한 해 일본인도 해지부근의 일본 영사로 하여금 엄징케 하는 동시에 늑탈한 금도 모두 돌려주게 하도록 요구한 바 있다. 이날 일본 임시대리공사 하기와라 슈이치(萩原守一)가 외부대신에게 조복하여 합천 금광의 분요(紛擾-분란) 사건을 해지에서 가장 가까운 곳에 있는 감리 일본 영사에게 일임하여 타결케 하자고 통고해 왔다는 내용도 있는데, 이는 당시에 일본인들의 횡포가 얼마나 심했던가를 잘 보여주는 사건이라 할 수 있다.

11월 4일 〈고종시대사〉 6집에는 "수안금광을 영국인 「피아스」

(Pearse)에게 특허하는 합동이 외부에서 조인되다. 이에 앞서 미국공사 「모간」이 외부에 조회하여 한국정부에서 수안금광의 채굴권을 미국인 「피아스」에게 특허하는 것에 대해 동의함을 알려온 바 있으며, 일본 임시대리공사 하기와라 슈이치(萩原守一)가 외부에 조회하여 한국 정부에서 수안금광의 소관 문제를 제기하는 것에 대하여 반박하고 전에 약속한 대로 해 광의 특허권을 조인할 것을 강요하여 온 바 있다."는 내용이 있는데, 수안금광에 대해 미국, 영국을 비롯해 일본까지 노려왔다는 것을 알 수 있다. 또 11월 6일 〈고종시대사〉 6집에는 앞서 외부대신 박제순이 영국 판리공사에게 조회하여 수안금광의 채굴권을 영국인 「피아스」에게 특허함에 따라 그 이전에 해 금광을 먼저 개발했던 한국인들에 대한 배보액(賠補額-배상금액)을 합동으로 조사할 것을 요청한 바 이날 영국 판리공사 「죠단」이 외부에 조복하여 해 개발비를 공평상환할 것임을 통고해 왔다는 내용도 있다.

11월 7일 〈고종시대사〉 6집에는 앞서 일본 임시대리공사 하기와라 슈이치(萩原守一)가 외부에 조회하여 일본인 시부사와 에이이치(澁澤榮一)·아사노 소이치로(淺野總一郎)·삼정물산회사의 오노 류우스케(小野隆助) 등이 궁내부 소관 함경도 갑산동광 및 함흥금광의 채굴을 출원하였음을 통보하여 왔는데, 이날 외부대신 박제순이 갑산동광은 작년에 이미 민인(民人)에게 인허하였고, 함흥금광도 금년 4월에 민인에게 개굴(開掘-갱도를 여는 것)을 허가하였다고 답변했다는 기록이 있다. 13일에는 앞서 미국공사 「모간」이 외부대신에게 조회하여 지난해 2월 15일 궁내부에서 「콜브란」·「보스트윅」에게 금광 1처를 특허하기로 정립한

계약에 따라 함경북도 갑산 고진동을 택정하였음을 궁내부에 전조하여 주도록 요청하였는데, 이날 외부대신 박제순이 미국 공사에게 조복하여 갑산광산을 본년 4월에 본국인에게 이미 준허하였다고 회답했다는 내용도 있고, 16일에는 앞서 본년 4월에 덕국 판리공사 「살데른」이 외부에 조회하여 덕국 광업회사에 특허한 금성 당현 금광이 이익이 없으므로 다른 금광 일처를 환허해 주도록 요청한바 외부대신 이하영이 조복하여 귀 공사가 덕국 광업회사를 대표해서 청원할 것 같으면 본 정부에서도 그것을 타상(妥商)할 것이라고 회답하였는데, 이날 덕국 판리공사가 다시 외부에 조회하여 금성 당현 금광 대신 평안북도 선천군에 있는 신 광지 일처(一處)를 덕국 광업회사에 인허해 주도록 요청해 왔다는 기록이 있다.

11월에는 영국인 아서가 황해도 수안군 60리(24km)×40리(16km) 구역 내에서 일체의 광물채굴권을 35년 기한으로 허가하였으며, 5년간 채광(採鑛)하여 185kg의 금(金)을 생산(3,700,000元)하였다는 기록이 있는데, 당시 영국인에게 허가했던 광구 면적은 384㎢ 넓이로 이는 현행 광업법상 일반적인 단위형 광구의 면적인 2.68㎢보다 143배 큰 면적에 해당한다. 또 광물채굴 기한을 35년으로 해 주었는데 현행 광업법에는 탐사권과 채굴권 등 2가지 광업 권리를 탐사권은 최대 7년, 채굴권은 1회당 20년씩으로 추가 연장이 가능하게 되어 있다. 생산량은 5년간 누계 185kg으로 370萬 元을 벌었다고 나와 있는데 이는 1kg당 2萬 元으로 2024년 10월 말 금 가격인 1kg당 약 1억 2천7백만 원과 비교해 볼 때 약 6천3백 배 차이 나는 것이며, 당시의 총생산 금액은 현재의 235억 원 정도에 해당하는 금액이다.

1906년(고종 43년, 광무 10년) 1월에는 농상공부는 광업(礦業)을 확장하기 위해 광업기사(礦業技師)와 기수(技手)를 일본으로부터 고빙(雇聘-초빙)하기로 했다 하며, 1월 18일 〈고종시대사〉 6집에는 "영국 자본가 단체는 한국 내에 있는 금광채굴권(金鑛採掘權)을 얻고 싶다는 뜻을 일본 대장성 대신에게 표시하다. 대장 대신은 통감부에 의향을 타진함에 통감부는 광업법의 규정에 의거해서 출원하라는 내용의 회답을 했다."는 기록이 있다.

3월 20일 〈고종시대사〉 6집에는 금년도 직산 금광상 납금을 궁내부에 납부하게 했다고 하며, 4월 5일 〈고종시대사〉 6집에는 농상공부는 구성금광의 상납금을 궁내부에 납부하게 했고, 또 5월 24일 〈고종시대사〉 6집에는 농상공부는 초산금광 상납금을 궁내부에 납부하게 했다는 내용도 있다.

1906년 6월 29일에는 법률 제3호로 광업법(채굴 및 부속사업)을 농상공부로부터 재가받았다는 기록이 있는데 이것이 우리나라 최초의 광업법이다. 최초의 광업법은 전문 32조로 구성되어 있으며 1906년 9월 15일부터 시행되었다. 최초 광업법의 주요 내용은 광구 면적의 형태와 크기를 정의했으며 먼저 광업권을 출원한 사람에게 우선권을 부여하고 광산세금을 정한 것은 물론 토지사용권도 광업권자가 가질 수 있도록 한 것으로 이 밖에도 광업처분에 관해 일본 통감(統監)의 동의를 받도록 한 조항이 있는데 광업법을 통해 우리나라 광산을 좌지우지하려 했다는 것을 알 수 있다. 광업 활동을 할 수 있는 광물의 종류는 금을 비롯해 14종만 당시 광업법시행령에 담았는데, 현재는 58종으로 다양해졌으며, 상위법인 광업법에 명시해 놓고 있다.

현행법상 탐사권이나 채굴권으로 등록할 수 있는 광물 종류는 금, 은, 백금, 동, 아연, 창연, 주석, 안티몬, 수은, 철, 크롬철, 티탄철, 유화철, 망간, 니켈, 코발트, 텅스텐, 몰리브덴, 비소, 인, 붕소, 보오크사이트, 마그네사이트, 석탄, 흑연, 금강석(다이아몬드), 석유(천연피치 및 가연성가스 포함), 운모(견운모 및 질석 포함), 유황, 석고, 납석, 활석, 홍주석(홍주석, 규선석, 남정석 포함), 형석, 명반석, 중정석, 하석, 규조토, 장석, 불석, 사문석, 수정, 연옥, 고령토(도석, 벤토나이트, 산성백토, 와목점토, 반토혈암 포함), 석회석(백운석, 규회석 포함), 사금, 규석, 규사, 우라늄, 리튬, 카드뮴, 토륨, 베릴륨, 탄탈륨, 니오비움, 지르코늄, 바나듐, 희토류(세륨, 란타늄, 이트륨, 프라세오디뮴, 네오디뮴, 프로메튬, 사마륨, 유로퓸, 가돌리늄, 테르븀, 디스프로슘, 홀뮴, 에르븀, 이터븀, 루테튬, 스칸듐 포함) 등이다.

최초의 광업법 시행령에는 광산물 가격도 정했던 것으로 나와 있는데, 광물 가격을 법으로 정할 만큼 광업에 대한 비중이 얼마나 크고 힘이 막강했는지를 알 수 있는 부분이기도 하다. 우리나라 최초 광업법과 시행령은 표와 같다.

〈최초 '광업법' 주요 내용〉

제3조 광구는 직선으로 경계하는 다각형으로 하되 면적에 있어서는 석탄광구는 5만평, 기타광구는 5천평 이상으로 하며 총면적은 각각 100만평 이내로 한다. 광구도의 축적은 1/1200이다.

제7조 먼저 출원한 사람에게 우선 허가한다.

제12조 1년 이상 휴업하거나 1년 내에 사업착수를 하지 않은 때와 광세를 체납했을 때에는 허가를 취소한다.

제14조 광산세(鑛山稅)는 1%로 하고 광구세는 연간 1천평당 50전(錢)으로 한다. 단 초년도는 반액으로 한다.

제19조 토지사용권은 광업권자가 갖되 그 사용료는 선납하여야 하며 3년 이상 계속해서 사용했을 때에는 매수(買收)하여야 한다.

제22조 밀채(密採)한 광석은 국가에 귀속되며 벌금은 50元에서 1,000元까지로 한다.

제25조 궁(宮)내부 광산은 칙령(勅令)으로 고시한다.

제29조 광업처분은 일본국 통감(統監)의 동의를 요한다.

〈최초 '광업법 시행세칙' 주요 내용〉

제1조 이 법이 정한 광물은 금(金), 은(銀), 동(銅), 철(鐵), 석(錫), 연(鉛), 아연(亞鉛), 수은(水銀), 만엄(滿俺), 안질모니(安質母尼), 흑연(黑鉛), 석탄(石炭), 석유(石油), 유황(硫黃) 등이다.

제8조 출원수속은 광구 간 광상설명서(鑛床說明書)를 제출하고 광구 정정(訂正)시에는 이유서를 첨부한다.

제41조 수속수수료(手續手數料)는 출원은 백환(百圜), 정정(訂正)은 오십환(五十圜)으로 한다.

제25조 매년 1월과 7월에는 광산량 판매대금(販賣代金) 가행공수(稼行工數) 등의 명세서를 제출하여야 한다.

제26조 광산물 가격은 농상공부(農商工部) 대신(大臣)이 정한다.

일본이 우리나라로 하여금 광업법을 반포하게 만든 이유는 궁내부 소속 광산제도를 유명무실하게 만들어 자신들이 우리나라 광산을 쉽게 차지하기 위해서인데 당시 광업법 반포로 인해 51개이던 궁내부 소속 광산 중 25개가 폐지되고 26개만 황실 직영으로 남게 되는 결과를 가져왔다. 궁내부 소속 광산은 혜산, 단천 등 20여 개의 금광과 동광, 철광 및 석탄광 등으로 표와 같다.

〈궁내부 소속 광산목록〉

혜산금광(惠山金鑛), 단천금광(端川金鑛), 희천금광(熙川金鑛), 자성금광(慈城金鑛), 창성금광(昌城金鑛), 구성금광(龜城金鑛), 선천금광(宣川金鑛), 태천금광(泰川金鑛), 후창금광(厚昌金鑛), 정평(定平) 금 흑연광, 함흥(咸興) 금 석탄광, 금성(金城) 각종(各種)광, 운산(雲山) · 직산(稷山) 각종(各種)광, 수안(遂安) · 은산(殷山) 각종(各種)광, 갑산동광(甲山銅鑛), 재령철광(載寧鐵鑛), 평양(平壤) · 삼등(三登) 석탄광

10월 20일 〈고종시대사〉 6집에는 일진회장 윤병시는 금광개발을 목적으로 농상공부 공문을 가지고 일본인 시바타(柴田)를 대동해 진산군에 내려가서 민토를 답사하며 개광했다는 기록이 있다.

1907년(고종 44년, 광무 11년) 2월 1일 〈고종시대사〉 6집에는 "평안남도 은산(殷山) 금광은 1899년부터 영국인이 도박(到泊-정박)하여 채굴했다. 현재에 이르러서 이익이 없으므로 금년 봄에 정역(停役)하고 폐광(廢鑛)하면 광민(鑛民)의 생활이 곤난할 것이라 하여 해(該) 군수 장덕근에게 광민을 보호해 줄 것을 부탁하다. 일개 외국인의 폐광을 기화로 하여 동읍 순검 정명언·정수언 형제가 광산의 파견원을 가칭하고

매월 세납을 매명(每名) 1, 2냥쫑, 혹은 4, 5전쫑, 소아는 1전 7, 8분쫑씩 수봉(收捧-세금을 징수하는 것)하고, 또는 수역이라 하여 매인에 7, 80냥씩, 혹 4, 50냥을 늑봉(勒捧-억지로 받아냄)하여 매월 세금 100냥쫑을 수봉하다. 또한 세감(稅監)과 순시 3, 4명을 율치(率置)하고 점민(店民)을 위협하여 동민(백성들)이 환산(換散-흩어지는 것)했다"는 기록도 있다.

고종이 재위한 44년 기간은 조선시대 광업의 격동기라고 할 수 있다. 고종이 즉위한 1864년은 미국 서부 황금 열풍이 끝난 지 10년 정도 지난 시점으로 전 세계적으로 황금을 찾기 위한 광풍이 불던 시기였다. 따라서 우리나라도 그 황금 광풍의 소용돌이를 비켜 갈 수 없던 상황이었으며, 고종이 즉위하자마자 미국이 우리나라의 황금을 개발하겠다고 찾아온 것이었다. 고종 시대는 미국, 영국, 러시아, 독일, 이탈리아 등 서구 열강을 비롯해 일본이 우리나라 황금을 차지하기 위해 설쳤던 시대였지만, 헌종 시대까지 열악한 장비와 탐사기술 부족으로 영세한 광업 활동을 이어오던 우리나라의 광업이 한 단계 성장하는 계기가 되었던 시대이기도 했다. 광산에 관한 학문을 배울 수 있는 광무학교를 만들었을 뿐만 아니라 우리나라 최초의 광업법과 광업법시행령까지 만들었던 시기였다.

고종 시대의 금 보관량은 헌종 때보다 더 줄어 100냥 이하로 보관하다가 고종 10년인 1873년에는 62냥까지 줄었지만 1874년에 다시 늘어 140~150냥 내외를 보관했는데, 1874년부터는 왕의 직할부대인 친군으로 하여금 금을 생산토록 해 보관량이 증가한 것으로 보인다. 은 보관량도 점차 줄어 1871년 최저 4만 7천 냥까지 내려가기도 했지만, 이후 다시 늘어 10만 냥 내외를 보관했는데, 이 역시도 왕의 친군이 은 생산량을 늘려 왔기 때문일 것이다. 금과 은 최저 보관량은 1887년으로 50냥과 7천 냥 수준이었으며, 전문 즉 돈의 보관량도 15만 냥 정도로 역대 최저를 기록했다.

금과 은 보관량에 대한 집계는 1882년부터는 자료가 확인되지 않는데, 1882년 당시는 훈련도감에서 해고된 군인들에게 13개월 치 급료를 지급하지 못해 저급한 불량 쌀로 임금을 지급하려다 일어난 임오군란이 있었던 시기로 정부 재정이 극히 어렵던 시기이기도 했다.

시대구분 (음력)		왕실 금 보관량 (조선왕조실록 연말회계)				
		황금(黃金)		은자(銀子)		전문(錢文) 냥, 영(남짓)
연도	왕조	당시 중량 (냥, 영–남짓)	환산값(g)	당시 중량 (냥, 영–남짓)	환산값 (kg)	
1863	고종 즉위년	100냥4전6분	3,750.0↑	214,898냥3분1리	8,058.6↑	460,002냥3전9분
1864	고종 1년					
1865	고종 2년	101냥3전5푼	3,787.5↑	87,985냥2전5푼	3,299.4↑	352,827냥6전5푼
1866	고종 3년	100냥8전2분	3,750.0↑	93,189냥7전4푼6리	3,494.5↑	411,133냥1전5분
1867	고종 4년	98냥5전2분	3,675.0↑	80,936냥7전9분6리	3,035.1↑	995,168냥7전8분
1868	고종 5년	98냥5전2분	3,675.0↑	83,559냥8전8분6리	3,133.4↑	7,804,986냥6전6분
1869	고종 6년	98냥5전2분	3,675.0↑	83,215냥4전8분6리	3,120.5↑	256,044냥9전9분
1870	고종 7년	59냥8전7푼	2,212.5↑	53,543냥7분6리	2,007.8↑	317,190냥5전
1871	고종 8년	62냥8전7푼	2,325.0↑	47,757냥7전1분6리	1,790.8↑	358,978냥6분
1872	고종 9년	62냥8전7분	2,325.0↑	85,838냥1전8분6리	3,218.9↑	750,265냥1분
1873	고종 10년	62냥8전7분	2,325.0↑	108,793냥6전4분6리	4,079.7↑	656,912냥7전6분
1874	고종 11년	151냥1전1분	5,662.5↑	154,933냥7전6분	5,809.9↑	1,635,498냥3전9분
1875	고종 12년	105냥4전1분	3,937.5↑	116,797냥2전8분	4,379.8↑	138,863냥7분
1876	고종 13년	151냥2전4분	5,662.5↑	122,020냥	4,575.7	242,860냥
1877	고종 14년	144냥4전9분7리	5,400.0↑	107,671냥	4,037.6	164,775냥
1878	고종 15년	144냥6전6분	5,400.0↑	106,039냥4전9분	3,976.4↑	140,634냥
1879	고종 16년	144냥5전1리	5,400.0↑	98,309냥6전5분	3,686.5↑	293,594냥
1880	고종 17년	144냥5전1리	5,400.0↑	64,745냥5전9푼4리	2,427.9↑	144,618냥
1881	고종 18년	144냥5전1리	5,400.0↑	63,405냥3전9분	2,377.6↑	141,829냥
~1886	고종 19~23					
1887	고종 24년	58냥1전5분	2,175.0↑	7,266냥2전5분5리	272.4↑	151,354냥
~1905	고종 25~42					

조선 정조 시대부터 집계해 왔던 금과 은을 비롯한 왕실 비축 물품에 관한 기록은 고종 25년인 1888년부터는 더 이상 확인되지 않는다.

:: 조선 순종

1907년(순조 즉위년, 융희 원년) 2월에는 평안남도 은산 금광은 영국인이 채굴해 왔지만, 수익성이 없어 폐광하려고 하자 광산에 파견원을 보내 세금을 억지로 받아내니 백성들이 흩어졌다는 기록이 있고, 4월에는 법률 제4호로 사광(砂鑛) 채취법을 재가(궁내부 소속의 광산은 폐지)하였으며, 7월 24일 〈사광채취법〉을 전문 18조로 공포하였다는 기록이 있다.

사광 채취법과 시행세칙의 주요 내용은 사광에 대한 정의와 사광을 운영할 때 내는 세금을 얼마로 정할 것이냐에 대한 것으로 세부 금액도 나와 있다.

8월에는 칙령 제9호, 칙령 제10호 〈평양광업소 관제〉, 칙령 제11호를 모두 재가하여 반포하였다는 기록이 있고, 9월에는 "…(중략)… 농상공부 대신 송병준을 평양광업소 총재로 겸임시켰다." 하며, 12월에는 국고에 넣던 동광세(銅鑛稅)를 농상공부(農商工部)에 이관하였다는 기록이 있다.

〈사광채취법 주요 내용〉

제1조 사광(砂鑛)이라 함은 사금(砂金), 사철(砂鐵), 사석(砂錫)을 말한다.
제11조 사광(砂鑛)의 채취세(採取稅)는 1元/년/천평/1정(町)하천장(河川長)이고 다음 해의 세금을 12월에 선납해야 한다.

〈사광채취법 시행세칙 주요 내용〉

제2조 광상설명서, 표품 등은 제출하지 않아도 된다.
제25조 광업수속 수수료는 채취원(採取願)은 건당 50환, 정정원(訂正願)은 20환으로 한다.
증감구원(增減區願) 1건당 30환
매매양도원(賣買讓渡願) 1건당 50환
저당상속원(抵當相續願) 1건당 50환
측량조사원(測量調査願) 1건당 20환
광구판정원(鑛區判定願) 1건당 30환
다만 1건은 하상(河床)은 100정(町) 단위, 면적은 10만평 단위가 된다.

1908년(순종 1년, 융희 2년) 1월에는 이탈리아인 모레티에게 후창(厚昌) 동광(銅鑛) 채굴권(採掘權)을 다시 허가하였다 하고, 3월에는 직영으로 운영하던 갑산동광(甲山銅鑛) 채굴(採掘)을 미국 회사에 허가하였다는 기록이 있다. 3월에는 법률 제4호 〈광업법 중 개정에 관한 안건〉, 법률 제5호 〈사광채취법 중 개정에 관한 안건〉을 모두 재가하여 반포하였다 하며, 7월에는 법률 제11호 〈광업법 중 개정에 관한 안건〉과 법률 제12호 〈사광채취법 중 개정에 관한 안건〉을 모두 재가하여 반포하였고, 8월에는 법률 제21호 〈광업용 기구와 기계의 수입세 및 금, 은, 동, 광석의 수출세 면제에 관한 안건〉을 재가하여 반포하였다는 기록이 있다.

11월에는 '…(중략)… 농상공부에서 관할하는 평양광업소 각소의 영선(營繕) 및 설비비 38,000원(圓), 평양광업소의 거치 운전 자본 지출금 79,000원을 융희(隆熙) 2년도 세입 세출 총예산 가운데 추가하는 사안에 대해 상의를 거쳐 상주(上奏)하니, 제칙을 내리기를, "재가한다." 하였다.'는 기록도 있다.

1909년(순종 2년, 융희 3년) 4월에는 탁지부(度支部)에서 평양광업소 탄광조사비용 700원(圓)을 예비금 가운데서 지출해 줄 것을 청의한 일로 인하여, 내각 총리대신 이완용이 의논을 거쳐 상주(上奏-임금에게 말씀을 아뢰는 것)하니, 제칙을 내리기를, "재가한다." 하였다는 기록과 6월에 탁지부(度支部)에서 평양광업소 대부금 15,886원과 임시 학사 확장비 7,900원, 가축 전염병 예방비 6,271원, 사고 중건비 1,572원을 예비금 가운데서 지출해 줄 것을 청의한 일로 인하여, 내각 총리대신 이완용이 의논을 거쳐 상주(上奏)하니, 제칙을 내리기를, "재가한다." 하였다는 기록이 있는데, 이완용이 광산에도 관여했음을 알 수 있는 기록이기도 하다. 12월 2일 〈고종시대사 6집〉에는 평안남도 운산군 금광 회사용 부지 소재 전답결(田畓結) 14결 84부 9속에 대한 지세(地稅)의 면제사(免除事)를 재가하였다 하며, 또 12월에는 칙령 제103호 〈평양광업소의 관제 중 개정에 관한 안건〉, 칙령 제104호를 모두 재가하여 반포하였다는 기록이 있다.

1910년(순종 3년, 융희 4년) 4월 30일 〈고종시대사〉 6집에는 이달에 안변군 낭성(浪城) 등지에 대(大)금광 수십 맥이 발견되어 한일 인이 채굴을 개시했다는 내용과 이달에 안변 거주 이하전, 이진옥, 오영석 등이 해군 고성면 금광의 채굴 허가를 얻었다는 기록이 있다.

1895년부터 1910년 사이 기간 중 광산을 새로 개발하기 시작한 북한지역 주요 광산은 평안북도 운산군 북진면의 운산 금광(1895년 개시)과 평안북도 삭주군 외남면의 대유동 광산(1895년 개시)을 비롯하여 황해도 수안군 남령면의 수안 광산(1905년 개시) 등이 있고, 일제강점기가 시작된 1910년에는 평안남도 순안군에서 순안사금광이 개발되기 시작했다는 기록이 있다.

일제강점기

1910년부터 시작된 일제강점기 동안에는 〈매일신보〉, 〈조선총독부관보〉, 〈조선의학사〉, 〈조선총독부통계연보〉, 〈조선민족운동연감〉, 〈한국독립운동사〉, 〈동아일보〉, 잡지 〈삼천리〉 등의 자료를 모아 만든 〈일제침략하 한국 36년사〉 등에 상세히 기록되어 있다.

:: 1911년

〈매일신보 1911. 2. 3〉에는 농상공부 조사 전국 광업구는 739區 246,355,572평이고, 그 외 사금 2,514정(町) 15간(間) 내에 금광 189區 11,166,243평과 별도로 사금 176區 13,094,398평, 금은 44區 26,834,551평, 철 52區, 15,480,529평, 석탄 42區 18,136,554평이라는 기사가 있다.

〈매일신보 1911. 2. 17〉에는 국내 금광업 상황은 미국인 경영의 운산금광과 일본인 시부사와 에이이치(澁澤榮一) 경영의 운산금광, 수안

금광, 선천금광 및 그 밖의 사금광이 전국 도처에 산재해 있으나, 세관국 조사에 의하면 1909년도 생산액은 229,100방(磅) 6,112,419원(圓), 1910년도는 316,947방(磅) 8,831,709원(圓)이었다는 기사가 있다.

〈매일신보 1911. 2. 24〉에는 1910년 남한과 북한의 총 사금광구 수는 157개이며, 면적은 1,276만 평에 달한다는 기사가 있는데, 광구당 평균면적으로 계산해 보면 약 8만 평 정도이다.

이 해 말 현재 전국 사금광구 및 동 면적 통계는 다음과 같다.

구분	광구	면적 (천 평)	구분	광구	면적 (천 평)
경기도	14	820	황해도	11	867
충북도	24	1,812	평남도	25	4,128
충남도	18	1,515	평북도	32	1,410
전북도	5	471	함남도	15	1,241
전남도	3	18	함북도	1	55
경남도	2	31			
강원도	17	436	합계	157	12,760

〈매일신보 1911. 3. 28〉에는 이해 말 현재 광업허가 건수는 총계 735광구로 금광 193, 사금 175, 흑연 141, 철 57, 석탄 42 등이며, 분포는 평북 212, 평남 77, 함남 67, 경남 63을 주요지로 산재하여 있고, 경영인은 韓人 249인, 日人 406, 英人 11, 獨人 7, 佛人 2, 美人 20, 伊人 2라는 기사가 있는데, 58%가 일본인이다.

〈매일신보 1911. 4. 8〉에는 이달 중 무역액은 수출 1,561,278圓, 수입 4,513,192圓, 총액 6,074,770圓으로 전월에 비하여 수입초과

2,952,214圓이며, 수출입지는 인천 외 12개소이다. 본년 1월 이후 3월 말까지의 무역 상황은 작년 동기에 비해 수출 167만 圓, 수입 431만 圓, 계 600만 圓이 증가되었는데, 수출에 있어서는 석탄, 대두, 생우, 금광 등, 수입에 있어서는 양목, 석유, 방적사, 철도 관계 자재 등이 주요한 위치를 점하였다는 기사가 있는데, 금을 수출했다는 내용이다.

〈매일신보 1911. 4. 14〉에는 평안북도 구성군 천마면에서는 작년 봄에 금광이 발견된 이래 인구가 2, 3백여로 증가했다 하며, 〈매일신보 1911. 4. 15〉에는 평안북도 운산금광에서 하오 3시경 화약이 폭발해 사자(死者) 1명, 중경상자 수 명을 내었다는 기사가 있다.

〈조선총독부관보 1911. 4. 21〉에는 남작(男爵) 민영기가 운산 금광 부총재직을 사임했다는 기사도 있다.

〈조선총독부관보 1911. 4. 24〉에는 이달 말 각종 화폐의 유통액은 21,800,000여 圓이 증가했고 작년 2월에 비하여 4,200,000여 圓 증가, 구한국신경화(舊韓國新硬貨)의 유통액은 3,320,000여 圓으로 작년 2월에 비하여 890,000圓이 감퇴했으며, 수안금광권의 유통액은 17,640,000여 圓으로 작년 2월에 비하여 6,850,000여 圓이 증가, 엽전은 작년 2월보다 1,240,000여 圓이 감퇴했고, 일본통화의 유통예상고는 310,000여 圓으로 작년 2월에 비하여 80,000여 圓이 증가했다는 기록이 있다. 여기에 나오는 경화(硬貨)란 언제든지 금이나 다른 화폐로 바꿀 수 있는 것으로 미국의 달러 등을 말한다.

〈매일신보 1911. 5. 19〉에는 작년 4월부터 금년 3월까지 1년간의 광업청원 및 허가 건수는 한국인 324건 중 100건, 일본인 315건 중 101건, 외국인 25건 중 7건이고, 사금광은 한국인 171건 중 126건, 일본인 91건 중 57건, 외국인 6건 중 3건으로 되어 있다는 기사가 있다.

〈매일신보 1911. 6. 24일. 29일〉에는 한국 중요 광물에 대하여 조선총독부 일본인 천기(川崎) 기사의 조사 발표에 의하면, 주요 광물은 금, 은, 동, 철, 연, 아연, 안질모니(安質母尼), 수은, 석탄, 흑연, 운모, 석류황 등으로 그 분포상황을 보면 석금광구수(石金鑛區數)는 1910년 말 현재로 평안북도를 수위로 총 193광구이며, 금산총액(金産總額) 800여만 원 중 500여만 원이 석금산류이고, 석금 중 반분(半分)은 운산, 수안, 직산에서 산출되었다. 사금은 연산 200여만 원에 달하며, 광구 수는 총 181구(區)로 순안, 직산 등은 가장 우수하다. 동은 허가구수(許可區數) 총 60구 중 경남 창원 동산과 함남 갑산 동산이 가장 우수하며, 갑산광산은 2~3년 전에는 황동(荒銅) 연산 50만 근(萬斤)에 달한 바 있다. 철은 총 58광구 중 황해도 26, 평남 12구(區)를 점하고 있으며, 안악, 은율, 장연, 재령, 철산 등은 가장 우수한 것으로 작년 산총액(産總額) 14만 톤 중 13만 톤이 생산되었다. 흑연은 총광구 186구이며, 구성, 삭주, 선천, 강릉, 영흥, 상주 등지가 가장 저명하고 연산 1,310만여 근에 달한다는 기사가 있다. 이는 일본인이 정리한 우리나라 광업 현황으로 금광(金鑛)은 운산, 수안, 직산, 순안광산 등이며, 금 외에도 동과 철을 비롯해 흑연을 생산했다는 것을 알 수 있다.

〈매일신보 1911. 7. 15〉에는 한국은행이 일본 대판 조폐국에 보낸 순금량은 1910년 1월부터 6월까지는 708관(貫) 033문(匁) 6분(分) 3리

(厘)(正貨 3,540,158원 15전), 1911년 1월부터 6월까지는 757관(貫) 280문(匁) 8분(分) 3리(厘)(正貨 3,786,404원 15전)로 작년 상반기에 비해 49관(貫) 247문(匁) 2분(分)(正貨 246,236원)이 증가되었으며, 주요 산금광은 운산을 비롯하여 수안금광, 창성금광, 직산금광 등이라는 기사가 있는데, 당시 한국은행이 일본 조폐국에 보낸 순금량은 1911년 상반기에만 757관으로 2.8톤이 넘는다.

〈조선의학사〉 424항, 삼목영 편에는 이해에 한국 최초의 여의사(女醫師) 박에스터가 삭주 금광에서 근무 중 사망했다는 보도가 있으며, 직산 금광에 간호부 양성소를 개설하고, 소장에 해리스(Miss G. Harris R. N.) 양이 부임했다는 기사도 있는데, 당시 여자 의사와 간호사가 광산에서 근무했다는 사실을 알 수 있다.

:: 1912년

〈매일신보 1912. 3. 12〉에는 이해 중에 미인(美人) 모리스가 경영하는 영변군 길성면 금광의 채굴량은 갱도 연장 2,946척(呎-피트), 채광량 300,000톤, 가액(추정) 3,000,000원이었다는 기사가 있는데, 금 채굴 갱도 길이는 약 900m 정도이다.

〈매일신보 1912. 6. 23〉에는 1909~1911년 사이 3년간의 주요 금광 생산액을 집계하고 있는데, 운산금광 867만 원(萬圓), 수안금광 181만 원(萬圓), 직산금광 85만 원(萬圓), 삭주금광 55만 원(萬圓) 등으로 확인된다.

현재 중요 금광 채굴지는 운산금광, 수안금광, 직산금광, 삭주금광 등인데, 1909년부터 1911년까지의 산액(産額)을 보면 다음과 같다.

구분	운산금광	수안금광	직산금광	삭주금광
1909년	2,842,426	30,218	161,192	134,599
1910년	2,825,265	773,595	293,001	234,304
1911년	3,007,457	1,102,940	397,734	187,062

〈매일신보 1912. 2. 16〉에는 이달 평북 운산 금광회사에서 채굴한 금은 784근(斤), 가격은 257,000圓이었다는 보도가 있다. 784근은 470.4kg으로 당시 광산에서 생산된 금 가격은 g당 0.54원(圓)으로 계산되는데, 국제 금 가격은 g당 0.66달러였다.

〈매일신보 1912. 6. 4〉에는 '이달 평양의 무역 개황은 다음과 같다. 수출액 73,110원, 수입액 265,578원으로서 수출은 전년 동기에 비하면 9,950원, 전월에 비하면 61,946원이 증가하였다. 이는 주로 금광의 수출이 60,820원에 달한 때문이다. 수입은 전년 동기에 비해 48,227원, 전월에 비하면 38,057원이 증가하였다. 이는 염어(鹽魚), 소맥분, 면직사(綿織糸), 일본무명, 숙철(熟鐵), 세멘트 등의 매행(賣行)이 왕성하였던 까닭이다.'라는 기사가 있는데, 여기서도 금 때문에 수출이 증가했다는 것을 알 수 있고, 철과 시멘트는 수입했다는 것을 확인할 수 있다.

〈매일신보 1912. 6. 19〉에는 '이달에 청진 북선 광업소 탐광대(探鑛隊)는 회령군 나리 덕동 산봉리진 동광으로부터 약 1리 거리의 지구에서 대(大)금광맥을 발견하였는데, 분석 결과 함량 10만분의 8이다.'라는 기사가 있다. 당시 청진의 북선 광업소 탐사대가 동광 주변에서 발견한 금광맥의 함량이 톤당 80g이라는 내용인데, 금맥의 발견이 신문에까지 보도되는 상황이었다.

〈매일신보 1912. 6. 23〉에는 미국인 경영에 의한 운산 금광회사는 작년 7월 1일부터 금년 6월 30일에 이르는 1개년간의 영업보고를 발표하였는데, 총수입은 3,124,218원이고, 영업비는 1,728,980원으로 차이는 1,395,236원의 이익을 보았다고 보도하고 있다.

〈조선총독부관보 1912. 3. 17.〉에는 '조선광업 주식회사의 지점 설치를 허가하다. 본점 소재지 영국 윤돈(倫敦-런던), 자본금은 74,400방(磅)이다.'라는 기사가 있으며, 〈매일신보 1913. 12. 17〉에는 '이달 중 운산 금광의 채광고(採鑛高)는 1,089근(653.4kg), 가격 28만 4천 원이다.'라는 보도도 있는데, g당 가격은 0.43원으로 1912년 2월의 가격과 비슷하다.

:: 1913년

1913년 4월에는 충북의 천마산에서 크고 넓은 금광맥이 발견되었는데, 맥의 연장은 90~150m, 맥폭은 1.5~5.4m로 5개이며, 노출된 노두의 높이가 6m, 연장 150m로 맥폭은 5m 정도였다는 보도가 있고, 또 운산 동양 금광의 4월 생산량이 1,392근으로 835.2kg이었다는 기사도 있다.

7월에는 전국의 광상에 대한 조사가 진행되었는데 평안남도는 이미 완료하였고 황해도는 1913년 가을까지, 평북과 함경도는 1913년도 말까지, 그리고 경기도는 여주 금광만 조사를 완료하여 1914년부터 조사를 실시할 예정이었다는 기사가 있는데, 이때가 우리나라 전역에 대한 광상 조사를 최초로 실시한 때이기도 하다.

또 1913년에는 미국인 모리스가 조선광업(주) 채굴권 전부를 홍충현에게 양도했으며, 11월에는 운산 동양 금광에서 갱내 전력을 공급하기 위해 평북 신안주에서 발전기 2대를 갖춘 대창발전소가 가동되기 시작했다는 기사도 있다.

:: 1914년

〈매일신보 1914. 3. 1〉에는 조선총독부 조사에 의하면 국내의 외국인 광산액(鑛產額)은 구미인계(歐美人系) 5,982,134원, 일본인계 283,997원, 합계 6,266,131원으로 주요 광산은 운산금광(미국계, 연산액 3,258,218원), 수안금광(미국계, 연산액 1,344,821원), 창성금광(佛國系, 연산액 598,301원), 직산금광(일본계, 연산액 592,470원) 등이라고 명확히 집계되고 있는데, 4개 광산이 외국인들에 의해 운영된 광산으로 생산 금액은 6백만 원을 넘었던 것으로 확인되고 있다.

〈매일신보 1914. 6. 6〉에는 조선총독부 식산국(殖産局) 광무과 출장소를 상주(尙州), 의주(義州), 신흥(新興)에 설치하였는데, 금광경영비 30만 원을 2개년 계속 사업비로 책정했다는 내용도 있다.

〈조선총독부관보 1914. 10. 12.〉에는 충청북도 충주군의 금광

227,863평의 광업허가를 일본인에게 교부했다는 기록이 있고, 〈매일신보 1914. 12. 9〉에는 이달의 채광출원자의 처분을 완료한 것을 보면, 사금광 5, 금광 11, 금은아연광 2, 석탄광 1, 금은광 6, 철광 3, 은동아연광 1, 동광 1, 흑연광 1 등 31건은 모두 채광을 허가하고, 은광 4, 사광 2는 취소되고, 사광 1은 불허가 되는 등 모두 18건이 각하(却下)되었다는 기록도 있다.

〈조선총독부관보 1914. 12. 3.〉에는 충청남도 천안군 영성면 소재의 29,882평 사금광의 채취허가가 황해도 봉산군 사인면 결곡동 김영필과 평안남도 덕천군 태극내면 태극리 김병해에게 교부되었다는 기록이 있다.

〈조선총독부통계연보 1914년도〉에는 '금년 말 현재 사금광은 230구(區) 19,828평이며, 세액은 23,385원이다. 국인별로는 한국인 122구에 6,567평, 일본인 106구에 12,678평으로 일본인의 광구는 규모가 크다'라는 내용과 '금년 말 현재 광구는 878구에 383,306평이며, 이에 부과된 세액은 191,653원이다. 이를 국인별로 보면 한국인 소유 241구에 105,449평, 일본인 소유 608구에 259,131평, 기타 외국인 29건에 18,726평이며, 광종별로는 금광이 374구 179,095평, 금은광 120구, 철광 107구, 흑연광 103구, 석탄 69구, 동광 19구이다. 광산액은 총 2,205,250원이며, 순익 110,025원에 세금 220,520원을 부과하다. 광산액을 국인별로 보면 한국인 155,608원, 일본인 642,831원, 기타 외국인 1,406,811원이었다.'라는 기록이 있다.

1914년 말 사금광은 총 230광구로 면적은 19,828평으로 광구당 평균으로는 86평인데, 한국인들은 광구당 평균 53평, 일본인들은 119평으로 일본인들에게 2배가 넘는 면적을 허가해 준 것으로 나타나고 있다. 또 1914년 말 기준 등록광구 수는 878광구로 광구당 평균면적은 436평이며, 특히 금광의 경우는 광구당 평균면적이 478평으로 사금광의 허가면적보다 컸음을 알 수 있다.

:: 1915년

〈조선총독부통계연보 1914년〉과 〈매일신보 1915. 6. 4〉에는 금년의 광업허가 건수는 한국인 93건, 일본인 214건, 기타 외국인 1건, 계 308건이며, 광종별로는 금은광 155, 동 2, 철 30, 사금 59, 금은연의 합광(合鑛) 25 등의 분포이고, 금년 광산액은 금 6,064,318원(1,288,991刃), 금광 110,016원, 사금 575,350원, 금동광 500,487원, 은 18,712원, 동광 1,705원, 철광 267,606원, 흑연 122,178원, 석탄 739,791원 등 총 8,402,649원인데, 국가별로는 한국인 310,559원, 일본인 1,668,490원, 기타 6,423,600원이라고 기록되어 있다.

〈매일신보 1915. 8. 11〉에는 이달 중 운산금광 및 창성금광으로부터 신의주역을 거쳐 일본 방면으로 수출된 금괴(金塊) 수량은 운산금광에서 276,000원가 상당의 876근, 창성금광에서 57,000원가 상당의 134근이라는 기사가 있다. 각각의 무게는 525.6kg과 80.4kg으로 총 606kg인데, 이를 금괴로 만들어 신의주를 통해 일본으로 수출한 것으로 확인된다. 당시 g당 금 가격은 0.5원(圓)으로 계산되는데, 2024년 10월 말 기준 g당 금 가격 12만 7천 원과 비교하면 터무니없이 낮은 수준으로 거의 강제로 빼앗아 갔다고 밖에 생각할 수 없는 금액이다. 이때의 국제 금 가격은 g당 0.66달러로 원화로 600원이 넘는 수준이었는데 수출용 금 가격과 비교하면 1천 배가 넘는 가격이었기 때문이다.

〈매일신보 1915. 12. 4〉에는 종래 국내의 광업은 외국인의 경영에 속하는 것 외에는 노두부의 난채(亂採)에 불과하던 것이 근래에 와서는 일본의 유력한 광업자의 침투로 인하여 점차 대규모 설계에 의한 개발의 경향이 일어나고 있다는 기사도 있다.

12월 〈매일신보〉에는 수안광산에 대한 채굴 현황을 설명하고 있는데, 홀동과 남정리의 2개 갱도에서 개발하고 있으며 평균 품위는 톤당 20g 수준으로 구리와 창연이 함유되는 것으로 보도하고 있다.

〈조선총독부통계연보 1915년도〉에는 1915년 말 전국의 주요 광산 목록이 나와 있는데, 1915년 말 광산물 생산액 1만 원 이상의 주요 광산은 총 46개로 금속 광산은 36개, 비금속 광산은 10개다. 금속 광산 대부분은 금광이나 금은 또는 금은연아연 복합광이며, 사금광도 7개나 된다. 최대 금광은 평안북도 운산군에 위치한 운산 금광으로 연간 생산액은 325萬圓에 달했으며, 수안광산은 195萬圓, 직산광산 98萬圓, 창성금광 82萬圓 등이었던 것으로 확인된다. 곡강 동광산 등 5개 광산이 10~20萬圓 규모의 중규모 금광이다.

금속+비금속 광산(광종명/광산명/위치/광업권자/인원/생산액, 千圓)

1915년 말 현재 주요 광산 일람표

- (전광종) 운산광산(평북 운산군, 오리엔탈콘소리데트마이닝 Co, –명, 3,250千圓)
- (전광종) 수안광산(황해도 수안군, 코리안 신디케이트, 1,003명, 1,956千圓)
- (전광종) 직산광산(충북 천안군, 직산금광주식회사, 708명, 981千圓)
- (전광종) 창성금산(평북 창성군, 메리·에리자벧데지네, –명, 826千圓)
- (금광) 여수금산(경기 여주군, 大村保太, 63명, 31千圓)
- (금광) ○○광산(경기도 개성군, 水野邁郎, 42명, 16千圓)
- (금광) 용인광산(경기도 용인군, 澤井元善, –명, 27千圓)
- (금광) 금왕산금광(경기 양평군, 沈悅, 76명, 16千圓)
- (금광) 곡강동광산(충북 괴산군, 조선광업주식회사, 129명, 114千圓)
- (금광) ○○광산(충북 영동군, 안백윤 외 2인, –명, 31千圓)
- (금광) ○○광산(충북 충주군, 津田鍛雄, 131명, 10千圓)
- (금광) ○○광산(충북 공주군, 엔·비·류코프, 4명, 12千圓)
- (금광) ○○광산(충남 공주군, 芥川將三郎, 84명, 12千圓)
- (금광) ○○광산(충남 서산군, 道岡增藏, –명, 24千圓)
- (금광) ○○광산(황해도 연백군, 정양변, –명, 24千圓)
- (금은광) 사장리광산(충남 공주군, 川本新作, 85명, 14千圓)
- (금은광) 강서금산(황해도 연백군, 水野邁郎, 39명, 18千圓)
- (금은광) 선천금산(평북 선천군, 加藤萬四郎, 20명, 28千圓)
- (금은광) 삭주금산(평북 삭주군, 荒井初太郎, 194명, 56千圓)
- (금은동광) 백천금산(황해도 연백군, 竹下康之, 14명, 14千圓)
- (금속)○○광산(평북 정주군, 조정윤 외 2인, 310명, 39千圓)
- (금속)약산광산(황해도 송화군과 장연군, 348명, 129千圓)
- (사광) 직산광산(충남 천안군, 직산광업주식회사, 491명, 151千圓)
- (사금) ○○광산(경북 상주군, 金啓運 외 1인, 2명, 14千圓)
- (사금) ○○광산(황해도 평산군, 森永磯吉, 464명, 208千圓)
- (사금) ○○광산(평남 평원군, 淺野總一郎, 741명, 164千圓)
- (사금) ○○광산(평남 대동군과 평원군, 윤기익, 70명, 24千圓)
- (사금) ○○광산(함남 단천군, 이용일 외 14인, 117명, 11千圓)
- (사금) ○○광산(함남 단천군, 市橋慶之助 외 4인, 230명, 25千圓)

- (금은연광) 수벌광산(황해도 옹진군, 水野邁郎, 91명, 55千圓)
- (은연아연) 소민광산(평북 영변군, 합명회사蘇田組, 15명, 269千圓)

금속+비금속 광산(광종명/광산명/위치/광업권자/인원/생산액, 千圓)
1915년 말 현재 주요 광산 일람표 – (철광) 안악광산(황해도 안악군, 마생광업합자회사, 405명, 84千圓) – (철광) 은율광산(황해도 은율군, 농상무성, 309명, 97千圓) – (철광) 재령광산(황해도 재령군, 농상무성, 759명, 127千圓) – (철광) 개천광산(평남 개천군, 삼정광산주식회사, 197명, 30千圓) – (철광) 이원광산(함남 이원군, 龜割安藏, 92명, 17千圓) ―――――――――――――――― – (흑연) 득수광산(경북 상주군과 충북 옥천군, 小宮萬次郎, –명, 17千圓) – (흑연) ○○광산(평북 구성군, 谷口與四郎, 27명, 15千圓) – (흑연) 복목광산(평북 삭주군, 古河합명회사, 112명, 37千圓) – (흑연) ○○광산(평북 초산군, 永瀨得樹, 43명, 10千圓) – (흑연) ○○광산(평북 강계군, 安田豊治 외 1인, 23명, 13千圓) – (흑연) 동림광산(평북 선천군, 山岸爲吉, 41명, 12千圓) – (흑연) 영흥흑연산(함남 영흥군, 山下善三郎, 10명, 53千圓) – (흑연) 성진흑연산(함북 성진군, 山下善三郎 외 1인, –명, 26千圓) ―――――――――――――――― – (석연탄) ○○탄광(평남 대동군, 평양광업소, 석탄 2,181명, 1,007千圓) – (석탄) 안주탄광(평남 안주군, 明治광업주식합자회사, 255명, 52千圓)

이 밖에 석탄 광산인 평양광업소가 100萬圓 정도였으며, 나머지 연, 아연 광산과 철광산, 흑연 광산 및 석탄 광산이 10萬圓 수준 또는 그 이하 수준의 중, 소규모 광산으로 운영되었던 것으로 나와 있다.

1915년 12월 말 기준 남북을 합한 전국의 등록광구 수는 1,183개 광구(석금 557, 사금 233, 은 28, 동 53, 연 11, 아연 5, 철 107, 수은 2, 석탄 82, 흑연 100, 기타 5)로 이 중 남한은 462개 광구(석금 253, 사금 84, 은 18, 동 32, 연 6, 아연 4, 철 12, 유화철 1, 석탄 29, 흑연 22, 기타 1)가 등록되어 있었다.

1906년에 공포되었던 최초의 광업법은 1915년 12월에 일본어로 된 '조선광업령(朝鮮鑛業令)과 시행세칙'으로 각각 수정, 공포되었다. 이때 만들어진 조선광업령은 총 64개 전문으로 구성되어 있으며 1916년 4월 1일부터 시행되었는데, 오늘날의 광업법과 유사한 형태를 보여주고 있다.

1915년에 만들어진 조선광업령은 1906년 법률 제3호 32개 조항으로 구성된 최초의 광업법보다 2배 늘어나 64개 조항으로 만들어졌으며, 법정 광물의 종류도 28종으로 최초 14종보다 2배 늘어났다.

또 시행세칙에 정의되어 있던 법정 광물의 종류도 시행령으로 한 단계 올려 정의하였다. 새로 추가된 법정 광물은 창연, 유화철, 티탄철, 망간, 텅스텐, 수연, 비소, 인, 토역청, 운모, 석면, 고령토, 사금, 사철, 사석 등인데, 최초의 광업법에 만엄(滿俺)으로 표시되던 것은 광물로 정의 내리기 어려워 제외한 것으로 보인다. 현행 광업법에는 58종을 법정 광물로 정하고 있다. 그리고 이때 만들어진 조선광업령은 1907년 4월 법률 제4호로 만들어졌던 〈사광채취법〉 내용을 포함해 만들었기 때문에 이전 사광채취법은 8년 만에 폐지되었다.

〈조선광업령 주요 내용〉

제1조 광물이라 함은 금광(金鑛) · 은광(銀鑛) · 동광 · 연광 · 창연광 · 석광 · 안티모니광 · 수은광 · 아연광 · 철광 · 유화철광 · 티탄철광 · 망간광 · 텅스텐광 · 수연광 · 비소광 · 인광 · 흑연 · 석탄 · 석유 · 토역청 · 유황 · 운모 · 석면 · 고령토 · 사금 · 사철 · 사석으로 한다.

제6조 제국신민 또는 제국법령에 따라 성립한 법인이 아니면 광업권을 가질 수 없다.

제16조 금광을 목적으로 하는 광업권자는 그 광구 안에 존재하는 사금을 채굴 취득할 권리를 가진다. 다만 그 광구 안에 이미 존재하는 사금의 광구는 그러하지 아니하다.

제41조 광산세는 광산물 가격의 1/100로 하고 광구세는 1,000000평 또는 하상 연장 1정(町)마다 1원 60전으로 한다. 다만 1,000평 또는 1정 미만의 단수는 1,000평 또는 1정으로 계산한다.

부칙(1915.12.24)

제54조 1906년 법률 제3호 광업법 및 동년 법률 제4호 사광채취법은 폐지한다.

〈조선광업령 시행세칙 주요 내용〉

제43조 광업의 출원 수수료는 출원 1건당 100원, 명의변경신고 1건당 10원, 증구 또는 증구와 감구를 포함하는 출원 1건당 50원, 감구출원 1건당 5원, 정정의 출원 1건당 30원, 합병 또는 분할 출원 1건당 50원, 광종명 변경 1건당 5원, 실지조사 1건당 100원, 사용 또는 수용의 출원 1건당 20원, 토지의 입회 또는 장애물 제거출원 1건당 50원, 광업출원지 및 광구지명대장 열람청구는 시간당 50원의 수수료를 납부하여야 한다.

1915년 말 기준 광물생산량은 금 6,929kg, 은 683kg, 아연 4,071kg, 철 239,127kg, 토상흑연 4,640kg, 인상흑연 840kg, 석탄 229,124kg 등이다.

:: 1916년

〈매일신보 1916. 3. 14〉에는 이달 중의 광업 출원 건수는 총계 167건으로 그 내역을 보면, 사금 71, 금광 56, 금은광 8, 철광 7, 금은동 6, 기타 19건으로 사금의 출원이 많은 것은 직산의 종래 특허지를 신광업령에 의해 광구로 변경하기 위하여 출원한 까닭인데 이 건수는 47건이다. 그런데 이 외에 텅스텐광의 출원이 많았으나 이것은 신 광업령의 시행기인 4월 1일 이후가 아니면 수리하지 못하는 까닭에 이 중에는 포함되어 있지 않다. 그리고 이달 중의 처분 건수는 허가 21, 각하 24, 미처분 1,598건이었다는 기사가 있다.

내용 중에 텅스텐광의 출원이 많았다고 나오는데 텅스텐 즉, 중석은 1916년 4월에 강원도 영월군 상동면 꼭두바위(고두암, 현재는 꼴두바우)에서 황순원이라는 사람이 처음 노두 광맥을 발견해 개발하기 시작한 광물이다. 1936년까지 소규모로 개발 또는 중단되기를 몇 차례 반복하다가 1934년부터 일본인 고바야시 우네오(小林采男)에 의해 해방 직전까지 생산되었다.

해방 후 1947년에 처음으로 미국에 수출된 바 있는 광물로 1952년에는 우리나라 전체 수출의 56%를 담당하기도 했다. 전쟁이 끝난 후 약 10년간 우리나라 수출의 50% 이상을 담당해 전후 복구 및 우리나라 경제발전의 초석이 되었다. 우리나라에서 가장 많이 중석을 생산했던 상동광산은 1994년에 폐광되었다가 2001년에 재등록된 후 2007년부터 캐나다 기업이 다시 개발하려고 준비하고 있지만 2024년 10월 말 현재까지 개발하지 못하고 있다.

1992년까지 상동광산의 총 누계 생산량은 WO_3 70% 기준 14만 1천 4톤이며, 몰리브덴도 MoS_2 90% 기준 4,116톤을 생산하였고, 부산물로 금 583kg과 은 6톤 및 창연 429만 톤도 각각 생산하였다. 남아있는 매장량은 WO_3 0.4~0.5% 기준 약 5,800만 톤으로 세계 최대 규모 중석 광산 중 하나이다.

〈매일신보 1916. 12. 23.〉에 보도된 전년 7월 1일부터 이달(6월 말)까지 1년간의 운산금광의 채광 현황은 다음과 같다.

1. 채광소는 대암리갱, 교동갱, 진후갱, 동곡갱, 이답리갱, 독대봉갱의 6갱으로 광구면적 약 22여 평방리, 동 기간 중 개착(開鑿) 연장은 합 40,790여 척, 이 외에 채광개발 착장(鑿長-갱도 연장)은 7,526척이다.

2. 산금액은 동 기간 중 각 갱 출광 총량이 309,730톤(噸)으로 그 제출한 금(金) 가액은 3,171,779원이며, 광석의 평균 품위는 10만분의 1로 광석 1톤에 대한 총수입 및 총지출액의 비례는 10원 56전 대 6원 18전으로 톤당 4원 38전의 순익이다. 그리고 1896년 특허 이래 금일까지 21년간의 채광량은 4,144,997톤, 그 가액은 51,486,426원 04전이다.

이 기사는 운산 금광의 1년간 채광 현황과 광석 품위 및 21년간의 총 채굴량을 기록한 자료로 운산 금광은 모두 6개의 갱도에서 채굴했다. 새로 만든 갱도 연장의 합은 약 12,360m이며, 기존에 개발하던 갱도를 연장해서 개발한 것은 약 2,280m였다. 또 연간 채광량은 30만 9천 톤으로 평균 품위는 1톤당 10g 수준이었으며, 1896년 허가 이후 21년간 414만 톤, 5,148만 원(萬圓)이었던 것으로 나와 있는데, 21년간 생산한 양을 순금량으로 계산해 보면 41.4톤으로 2024년 10월 말 기준 금 가격인 g당 12만 7천 원을 적용해 보면 그 가치는 무려 5조 2천억 원에 달한다.

〈매일신보 1916. 12. 24.〉에는 금년 1월부터 이달까지 수안 금광 채굴 상황은 다음과 같다.

1. 채광장은 수안읍 북방 언진산 북록(北麓-북쪽 기슭) 수도구면 홀동(忽洞)과 그 동남방 6리 반을 거(距-떨어진)한 대천면 남정리 양갱(兩坑)
2. 광산액은 2,442,500여 원(圓)으로 평균 함량 품위는 10만분의 2 광석 5톤 여에 대하며 태광(汰鑛-선광한 광석) 1톤이며, 이 중에는 금은 외 100분(分) 중 동(銅) 25, 창연 1.5를 함유하며, 태광 1톤의 가격은 264원 35전이다.

위 기사는 수안금광에 대한 현황을 설명해 주는 자료로 광산물 생산액은 전술한 운산금광의 77% 수준이며, 평균 품위는 선광한 광석이 톤당 20g 정도이고, 금과 은 외에도 동 0.25%, 창연 0.015%가 포함된다고 보도하고 있다.

:: 1917년

〈조선총독부통계연보 1917. 1. 27.〉에는 1916년 말 우리나라의 무역 현황에 대해 상세하게 기록하고 있다. 주요 수출품은 쌀을 포함해 금광과 금(金) 정광(精鑛) 및 함 금은동 광석 등이었으며, 수출액은 492만 원(萬圓) 수준이다. 수입품은 석유를 비롯해 숙철(선철류) 및 석탄 등이었던 것으로 확인된다.

〈조선총독부관보 1917. 10. 26.〉에는 시부사와 케이조(澁澤敬三) 외 10명이 천안에 직산금광 주식회사를 설립한바 동사는 200만원(萬圓)의 자금으로 광석 채굴을 목적으로 세워진 것이라는 기록도 있다.

금년 중의 한국무역 개황은 다음과 같다.

항별 무역액			
중요수출품(100만 원 이상)		중요수입품(100만 원 이상)	
미(米)	19,356,778원	식염(食鹽-소금)	1,096,762원
대두(大豆)	6,011,696원	사당(砂糖-설탕)	1,898,527원
건염어(乾鹽漁)	1,135,965원	석유(石油)	2,336,509원
인삼(人蔘)	1,288,375원	면직사(綿織糸)	3,051,799원
면화(棉花)	1,749,743원	생옥양목류	7,168,825원
견(繭-누에고치)	1,470,175원	표백옥양목류	2,841,955원
금광 및 태광	1,044,440원	일본무명	2,757,309원
함금은동	3,880,200원	중국마포	1,612,579원
우피	3,573,818원	견직물	1,207,590원
피혁제품	3,119,270원	지류(紙類)	1,970,531원
		숙철(熟鐵)	1,170,762원
		제기계(諸器械)	2,025,710원
		석탄(石炭)	1,839,678원
		목재(木材)	1,327,661원
		소포우편(小包郵便)	4,044,395원

:: 1918년

1918년에는 규정 일부를 개정하여 금광, 은광, 연광, 철광, 사금광, 사철광에 대한 광산세를 부과하지 않기로 했는데, 1차 세계대전 이후 일본인들이 우리나라 광물자원 개발을 촉진해 수탈해 가기 위한 목적이었던 것으로 판단된다. 이 법에는 외국인이 신규로 광업권을 취득하는 것을 금지하고 있는데, 이로 인해 1896년부터 확대되어 오던 외국인의 광산 개발 활동이 많이 위축되었다.

이에 반해 일본인들에 의한 광업 활동은 조선광업령이 정비된 1915년경부터 활발하게 전개되었는데, 이때 도입되었던 주요 정책은 허가(許可) 선원주의(先願主義)와 신맥발견(新脈發見) 보상제도(補償制度) 및 분광업제도(分鑛業制度), 즉 덕대제도(德大制度) 등이었다.

선원주의는 조선시대 말부터 도입되었으나 개인이 광맥을 발견하고 출원등록을 하였더라도 재력과 기술이 부족하여 활발하게 개발하지 못한 실정이었는데, 일제강점기에 들어서면서부터 일본인 광업회사가 늘어나고 기계화가 진척되자 개인이 광산을 시작하게 되면서 새로 발견된 광맥이 가능성만 보이면 일본인 회사나 재력가에게 매도할 기회가 생겼기 때문에 전국 방방곡곡에 산재한 광맥을 먼저 발견하려는 과정에서 활성화된 것으로 보인다.

신맥발견 우대제도란 광맥 발견자에게 발견 지점 양쪽의 연장 각 150m의 구역을 6개월간 무분철(無分鐵) 채굴을 허가하는 제도이다. 이 제도로 신맥 발견자가 자력으로 개발하기 어려울 때는 300m 구간을 또다시 수십 개 구간으로 나누어 분광업자(分鑛業者), 즉 덕대인들에게 나누어 줌으로써 그 분철(分鐵) 수입으로 신맥발견에 대한 보상을 받도록 하는 정책이었다.

덕대(德大)란 타인의 광구에서 광맥의 일부를 채허(採許)받아 일정한 분철(分鐵)을 납부하고 광산물을 가져가는 분광업자(分鑛業者)를 말한다. 덕대 분광업(分鑛業)의 일반적인 조건은 구역은 수 m에서 수십 m이고 기한은 6개월에서 3년간이며, 분철은 2분철 내지 6분철이 일반적인데 6분철이란 생산량의 1/6을 광업권자에게 납부하는 것을 말한다. 덕대 조직은 일반적으로 자본주, 덕대, 광부가 한 개 조를 이루는데, 덕대는 분광업의 계획과 조직을 지휘 감독하는 사람으로 광업에 경험이 많은 사람이 도맡아 했었다. 조직의 규모는 보통 수명, 수십 명 또는 수백 명에 이른다. 덕대제에 모작파(模作派)라는 조직이 있었는데 숙련 광부 수명이 작파하여 별도의 덕대를 선임하지 않고 덕대대행(德大代行) 겸 작업에 참여하는 조직을 말한다.

:: 1919년

〈조선총독부관보 1919년도〉에는 1919년 말에 집계된 전국 주요 광산 중 연간 생산액 1만 원 이상 되는 광산은 총 51개 광산으로 이 중 금속 광산은 34개, 비금속 광산은 석탄 광산 포함 17개이다. 1916년 말보다 금속광은 2개 줄었고, 비금속 광산은 7개 늘어났다. 광물 종류별로는 금광의 경우는 사금광이 줄어든 반면 금을 함유하는 복합광산이나 동, 철광은 늘어났다. 생산액 규모로는 운산광산, 수안광산, 창성 불국인 광산 등이 1백萬圓으로 대규모 광산이며, 직산 광산과 통영광산 등 4개 광산은 10~50萬圓 규모, 나머지는 1~10萬圓의 중소규모 광산이다. 동광과 철광은 갑산동광이 약 190萬圓, 안악철광 140萬圓으로 대규모 광산이며, 중석은 53千圓원으로 중소규모 광산이었다.

금속 광산(광종명/광산명/위치/광업권자/인원/생산액, 千圓)

1919년 말 현재 주요 광산
– (전광종) 운산광산(평북 운산군, 오리엔탈콘소리데트마이닝 캄패니 1,749명, 2,410千圓)
– (전광종) 수안광산(황해도 수안군, 코리안, 신디케이트, 리미텟트, 611명, 1,816千圓)
– (전광종) 창성불국인광산(평북 창성군, 마리,에리자베,데레,사루다렐, 657명, 1,002千圓)
– (금광) 결성광산(충남 홍성군, 대창광업주식회사, 119명, 39千圓)
– (금광) 임천광산(충남 부여군, 三谷兼次郎, 8명, 49,371원)
– (금광) 율포광산(황해도 연백군, 谷口與四郎, 90명, 24千圓)
– (금광) 약산광산(황해도 송화군, 柴田鈴三, 198명, 28千圓)
– (금광) ㅇㅇ광산(전남 광양군, 長谷川龍平, 21명, 35千圓)
– (금광) 길양동광산(평북 구성군, 이용담, 150명, 35千圓)
– (금광) 신부면금산(평북 선천군, 谷口與四郎, 187명, 44千圓)
– (금광) 곽산광산(평북 정주군, 우푸레산, 21명, 20千圓)
– (금은광) 선천금산(평북 선천군, 加藤萬四郎, 122명, 36千圓)
– (금은광) 삭주금산(평북 삭주군, 堀田廉一, –명, 11千圓)
– (금은광) 고령광산(경북 고령군, 佐藤周藏, –명, 23千圓)
– (금은광) 통영광산(경남 통영군, 구원광업(주), 270명, 364千圓)
– (금은광) 서학광산(함남 안변군, 鄕多熊, 25명, 40千圓)
– (사금) 직산광산(경기 안성과 충남 천안, 직산금광(주), 85명, 437千圓)
– (사금) ㅇㅇ광산(평남 평원군, 淺野總一郎, –명, 21千圓)

– (금은동연광) 삼덕광산(평남 성천군, 久保順吉, 56명, 160千圓)
– (금은동연광) ㅇㅇ광산(평북 구성군, 고하광업(주), 288명, 243千圓)
– (금은연광) 수벌광산(황해도 옹진군, 水野邁郎, 423명, 217千圓)
– (금은연광) 서학광산(함남 안변군, 石原松太郎, 90명, 19千圓)
– (금은동철광) 약산광산(황해도 장연군과 송화군, 小林藤右衛門, 74명, 106千圓)
– (은연아연철광) 서흥광상(황해도 서흥군, 小山庄三, 283명, 36千圓)

– (동광) 갑산동산(함남 갑산군, 구원광업(주), 402명, 1,906千圓)

– (철광) 안악광산(황해도 안악군, 마생광업합자회사, 1,008명, 1,497千圓)
– (철광) 은율광산(황해도 은율군, 농상무성, 504명, 102千圓)
– (철광) 재령광산(황해도 재령군, 농상무성, 1,037명, 88千圓)
– (철광) 개천광산(평남 개천군, 주식회사일본제강소, 446명, 295千圓)
– (철광) 이원광산(함남 이원군, 이원철산주식회사, 693명, 336千圓)
– (철광) ㅇㅇ광산(황해도 해주군, 구원광업주식회사, –명, 117千圓)
– (철광) ㅇㅇ광산(황해도 황주군, 마생광업주식회사, 802명, 503千圓)
– (철광) 이원광산(함남 북청군과 이원군, 이원철산주식회사, 241명, 125千圓)

– (중석) 삼정금강광산(강원도 고성군, 삼정광산주식회사, 299명, 53千圓)

비금속 광산은 규사 광산이 전남 무안군 일대와 황해도 장연군 일대서 개발되었으며, 흑연 광산은 1916년과 마찬가지로 8개 광산으로 함경남도와 평안북도에서 개발되었다. 석탄 광산은 1916년 말보다 5개 광산이나 늘어 함경북도와 평안남도에서 200명 이하의 소규모 광산으로 개발되었다. 생산액 규모는 평양광업소에서 개발한 석탄 광산이 150萬圓으로 종업원이 1,486명에 달해 최대 규모의 광산이었다. 안주탄광은 21萬圓 규모이며, 이를 제외하고는 대부분 10萬圓 이하의 중소 규모였다.

비금속 광산(광종명/광산명/위치/광업권자/인원/생산액, 千圓)

– (규사) ㅇㅇ광산(전남 무안군, 旭硝子주식회사, –명, 32千圓)
– (규사) ㅇㅇ광산(황해도 장연군, 旭硝子주식회사, –명, 12千圓)

– (흑연) 득수광산(경북 상주군과 충북 옥천군, 小宮萬次郎, 51명, 46千圓)
– (흑연) 복목광산(평북 삭주군, 古河합명회사, 21명, 15千圓)
– (흑연) ㅇㅇ광산(평북 강계군, 安田豊治, 90명, 14千圓)
– (흑연) 영흥흑연광산(함남 영흥군, 山下善三郎, 7명, 30千圓)
– (흑연) ㅇㅇ광산(평북 창성군, 谷口與四郎, 2명, 24千圓)
– (흑연) ㅇㅇ광산(평북 강계군, 紫田次郎平, 23명, 10千圓)
– (흑연) 흑석령광산(함남 영흥군, 흑석령흑연주식회사, 52명, 25千圓)
– (흑연) 탕천광산(함남 영흥군, 합명회사탕천상점하관지점, 68명, 10千圓)

– (석탄) 평양광업소(평남 대동군, 조선총독부, 1486명, 1,517千圓)
– (석탄) 안주탄광(평남 안주군, 明治광업주식합자회사, 411명, 216千圓)
– (석탄) 장수원탄광(평남 대동군, 구원광업주식회사, 96명, 24千圓)
– (석탄) 생기령탄광(함북 경성군, 西脇濟三郎, 122명, 80千圓)
– (석탄) 생기령탄광(함북 경성군, 西脇濟三郎, 25명, 13千圓)
– (석탄) 환대탄항(함북 회령, 秋重德太郎, 200명, 22千圓)
– (석탄) 나북탄광(함북 경성군, 吉田長治, 31명, 19千圓)

:: 1921년

1921년 9월 4일 〈조선민족운동연감, 조선독립운동제2권 민족주의 운동편〉에는 천마대 최시흥이 부하 21명을 이끌고 창성군 동창면 대유동 일본경찰관재소와 불국인 경영의 금광사무소(창성 광산으로 추정)를 습격하여 총 11정, 군도(軍刀) 4병(柄), 금전 약간을 노획하여 갔다는 기록이 있다.

:: 1922년

〈조선총독부관보 1922년도〉에는 1922년 말에 집계된 전국의 주요 광산 중 연간 생산액 1만 원 이상 되는 광산은 총 58개 광산이며, 이 중 금속 광산은 35개, 비금속 광산은 석탄 광산 포함 23개이다. 1919년 말보다 금속광은 1개, 비금속 광산은 6개 각각 늘어났다.

금광의 경우는 북한보다는 남한에서 많이 늘어났으며, 생산액 규모로는 운산광산과 수안광산만이 1백萬圓을 넘는 대규모 광산이고, 창성(佛人)광산은 80萬圓 수준이다. 10~30萬圓의 중규모 광산은 직산 사금광 등 4개 광산이며, 나머지는 1~10萬圓 규모의 소규모 광산이다. 철광은 대부분 1919년에 개발되던 광산으로 규모는 10萬圓 정도이며, 삼릉제철㈜과 일본제강소 등 일본 철강회사의 광산 개발이 확대되었다.

금속 광산(광종명/광산명/위치/광업권자/인원/생산액, 千圓)
1922년 말 현재 주요 광산 – (전광종) 운산금광(평북 운산군/오리엔탈콤미니키마이닝캄패니/2,147명/1,944千圓) – (전광종) 수안금광(황해도 수안군/코리안신디케이트리미티이드/659명/1,181千圓) – (전광종) 창성광산(불인)(평북 창성군/마리엘사벨데지레사루다레/852명/809千圓) – (금) 율포광산(황해도 연백군/谷口與四郎/587명/308千圓) – (금) 송화광산(황해도 송화군/柴田鈴三/33명/17千圓) – (금) 길양동광산(평북 구성군/林長太郎/63명/26千圓) – (금) 여주금산(경기 양평군과 여주군/明治광업(주)/70명/15千圓) – (금) 금정광산(충북 영동군/金井左次/40명/10千圓) – (금) 용성광산(충북 공주군/芥川將二郎/81명/18千圓) – (금) 구봉산광산(충남 청양군/外城市郎/56명/12千圓) – (금) 대천금광(충남 보령군/中原金藏/16명/11千圓) – (금) 삼가리광산(전북 무주군/三浦次郎/18명/10千圓) – (금) 순천광산(전남 순천군/일본室素비료(주)/18千圓) – (금) 광양광산(전남 광양군/野口遵/60명/54千圓) – (금) 용장광산(경남 함안군,창원군/馬木辰次郎/53명/10千圓) – (금) 봉광산(경남 합천군/고전광업(주)/73명/23千圓) – (금) 화암금광산(강원도 정선군/최응렬/110명/51千圓) – (금) 화표금광산(강원도 정선군/김태원/57명/13千圓) – (금은) 임천광산(충남 부여군/三谷兼次郎/98명/56千圓) – (금은) 신부면금산(평북 선천군/谷口與四郎/38명/12千圓) – (금은) 고령광산(경북 고령군/佐藤周藏/51명/11千圓) – (금은) 통영광산(경남 통영군/구원광업(주)/210명/145千圓) – (사금) 직산금광(경기 안성과 충남 천안/직산금광(주)/85명/303千圓) --- – (금은동연) 삼덕광산(평남 성천군/久保順吉/81명/156千圓) – (금은동철광) 약산광산(황해도 장연군, 송화군/小龍元司/29명/11千圓) – (은동砒) 칠보광산(경북 영양군/安藤槌藏/23명/10千圓) --- – (철광) 안악광산(황해도 안악군/조선철산(주)/275명/219千圓) – (철광) 은율철산(황해도 은율군/농상무성/224명/169千圓) – (철광) 재령철산(황해도 재령군/농상무성/462명/206千圓) – (철광) 재령면철산(황해도 재령군/삼릉제철(주)/104명/42千圓) – (철광) 개천철산(평남 개천군/(주)일본제강소/62명/194千圓) – (철광) 이원광산(함남 이원군/이원철산(주)/349명/101千圓) – (철광) 황주철산(황해도 황주군/조선철산(주)/78명/40千圓) – (철광) 은산면철산(황해도 재령군/三菱제철(주)/348명/132千圓) – (철광) 겸이포철산(황해도 황주군/三菱제철(주)/44명/37千圓)

비금속 광산은 규사 광산이 전남 무안군 일대와 황해도 장연군 일대에서 여전히 개발되었으며, 흑연 광산은 대부분 북한지역에서 개발되었으나 남한에서도 충북 옥천과 경북 상주 일대에서 1개 광산이 소규모로 개발되었다. 석탄 광산은 12개 광산으로 1919년 말보다 함경북도 회령이나 경성지역 등에서 많이 늘어났지만 대부분 중소규모 광산이었다. 석탄광 중 가장 규모가 컸던 평양광업소는 생산액이 3년 전보다 약 60만 원 정도 늘어난 216만 원이었으며, 종업원도 1,200명 정도가 늘어나 규모 면에서 훨씬 더 커졌다. 이 밖에도 운모와 고령토 광산이 소규모로 개발되었다.

비금속 광산(광종명/광산명/위치/광업권자/인원/생산액,千圓)

– (규사) ㅇㅇ광산(전남 무안군/旭硝子(주)/175명/22千圓)
– (규사) ㅇㅇ광산(황해도 장연군/旭硝子(주)/47명/36千圓)

– (흑연) 小宮흑연광산(경북 상주군과 충북 옥천군/小宮萬次郎/34명/89千圓)
– (흑연) 창신동광산(평북 삭주군/宗三郎/82명/10千圓)
– (흑연) 강계광산(평북 강계군/安田豊治/11명/23千圓)
– (흑연) 영흥흑연광산(함남 영흥군/山下흑연공업(주)/50명/54千圓)
– (흑연) 흑석령광산(함남 영흥군/흑석령흑연(주)/99명/36千圓)
– (흑연) 월명광산(충북 옥천군과 경북 상주군/山野秀一/60명/12千圓)
– (흑연) 장흥광산(함남 영흥군/원진일/188명/45千圓)

– (석탄) 평양광업소(평남 대동군/조선총독부/2,644명/216千圓)
– (석탄) 안주탄광(평남 안주군/明治광업(주)/518명/315千圓)
– (석탄) 생기령탄광(함북 경성군/생기령점토(주)/141명/113千圓)
– (석탄) 봉산탄광(황해도 봉산군/加藤爲二郎/395명/173千圓)
– (석탄) 강서탄광(평남 강서군/조선무연탄(주)/240명/292千圓)
– (석탄) 대성탄광(평남 강동군/明治광업(주)/152명/16千圓)
– (석탄) 함흥탄광(함남 신흥군/제국탄업(주)/157명/65千圓
– (석탄) 백토동탄광(함북 회령군/秋重德太郎/134명/120千圓)
– (석탄) 봉의탄광(함북 회령군/米田實/25명/10千圓)
– (석탄) 회령탄광(함북 회령군/藤田好三郎/200명/79千圓)
– (석탄) 포십탄광(함북 경성군/浦辻東策/20명/17千圓)
– (석탄) 나남탄광(함북 경성군/飯田繁藏/21명/12千圓)

– (운모) 포자광산(함남 단천군,함북 길주군/關島吉/20명/18千圓)

– (고령토) 생기령광산(함북 경성군/생기령점토석탄(주)/92명/15千圓)

:: 1924년

〈동아일보 1924. 6. 22〉에는 '평안남도 성천군 삼임면 신덕리 삼덕 금광에서 100여 명의 광부가 동맹파업을 단행하다. 이들은 약 1주일 전부터 현재의 1일 임금 35전~75전으로는 생계 부족이므로 인상하여 주기를 요구하였는데 거절당하였기 때문이다. 소미(小米-좁쌀) 1두(斗)에 1원 60전이므로 이들의 요구는 당연한 것이었으나 광주(鑛主)는 끝내 이를 거절하여 파업이 계속케 된 것'이라는 보도가 있다. 1924. 8. 9일 〈한국독립운동사 4, 무장독립운동비사 353〉에는 참의부(參議府)의 독립군이 구성군 조악동 금광사무소와 창성군 덕동 금광사무소를 습격했다는 기록이 있고, 〈동아일보 1924. 8. 11〉과 〈한국독립운동사 4, 무장독립운동비사〉에는 독립군 6명이 일인(日人)이 경영하는 평북 관서면 조악동의 삼성금광을 습격하여 순사 1명을 사살하고 현금 2백 원을 징수한 후 주민들을 모아 만세를 고창케 한 후 퇴각했다는 내용을 비롯해 〈동아일보 1924. 12. 2〉에는 구성군 금광(삼성금광)을 습격하였던 독립단(獨立團) 라정구(羅正龜)가 평북 정주서원(定州署員)에게 피체(被逮-체포)되었다는 보도들이 있다. 1924년에는 특히 광산 파업과 독립군들의 광산 습격에 대한 보도나 기록이 많은데 3·1운동이 일어난 지 얼마 되지 않아 사람들이 살기 어려웠고, 또 독립군들이 그들의 생활과 독립군자금 마련을 위해 그랬던 것으로 1925년에도 유사한 사건들이 계속된다.

:: 1925년

〈동아일보 1925. 5. 16〉에는 대한통의부원 한기청 등 6명이 평북 태천군 강서면 덕평동 구태 금광사무소에서 군자금을 모집하여 갔다 하며, 〈동아일보 1925. 6. 12~13〉에는 무장독립군 3명이 평북 구성군 천마면 신음동 금광사무소를 습격하여 군자금을 모집하여 가고, 위원군 서면 상서동에도 무장단이 출현했다는 보도가 있었다. 또 〈동아일보 1925. 6. 16~18〉에는 무장독립군 8명이 평북 영변군 고성면 남산동의 민가에서 식사하고 퇴진하였으며, 또 다른 무장독립군 4명은 구성군 천마면 신음동의 신음 금광사무소를 습격하여 광주(鑛主)와 사무원의 피신을 대책하고 금광사무소에 방화했다는 보도들이 연이어 나오게 된다. 이러한 독립군의 금광 습격 사건은 1924년부터 계속되고 있었는데, 당시에는 금이 다른 농산물보다는 쉽게 운반할 수 있고 자금을 마련하기도 쉬워 그랬을 것으로 추정된다.

〈동아일보 1925. 7. 24〉에는 '조선총독부 재무국에서 조사한 이달 말의 한국 내 사업계를 보면 금가(金價)가 폭등하여 금광경영이 부활하고 또 흑연, 석탄 등의 가격이 앙등(昂騰-물건값이 뛰어오름)되어 채광이 유리케 되었으며, 기타 광업도 일반이 각종 채굴에 착수한 것이 57건 다수이며, 기타 공업, 전기, 와사(瓦斯) 사업, 농임업 등이 모두 증가하여 … (후략) …'라는 보도가 있었는데, 당시 국제 금 가격은 트로이온스 당 20.67달러로 1833년부터 계속 고정되고 있었다. 거의 90년간 고정되었던 금 가격이 국내에서 먼저 상승하기 시작했는데, 국제 금 가격은 이로부터 8년 뒤인 1935년에 35달러로 69% 급등하게 된다.

〈동아일보 1925. 11. 21~23〉에는 평북 구성군의 삼성금광을 습격하여 일본인 순사를 총살한 사건의 대한통의부원 라정구에 대한 언도공판이 신의주지방법원에서 개정된바 무기징역이 언도되었다. 그런데 지난 13일의 공판에서 검사의 사형구형이 있었다는 기사도 있다.

〈동아일보 1925. 12. 21~24〉에는 평북 구성군에 있는 삼성금광은 광주(鑛主)와 분광업자(分鑛業者) 간의 이해관계로 충돌이 생겨 얼마 동안 채굴을 정지케 되어 광구 안에 거주하는 수만 명의 노동자와 영업자들이 생활의 위협을 당하여 왔는데, 광주와 분광업자와의 채굴계약이 다시 성립되어 이날 개광식이 거행되었다는 기사가 있다. 이는 금값이 상승하여 서로 상생할 수 있는 타협이 이루어졌기 때문일 것이다.

:: 1927년

〈동아일보 1927. 3. 11〉에는 정의부(正義府) 독립군이 일본인이 경영하는 봉천성 흥경현 오봉루 금광을 습격했다는 기사가 있는데, 정의부는 1924년 11월 만주에서 설립된 항일독립운동 단체다.

〈동아일보 1927. 10. 28〉에는 전북 김제군 하리면(下離面), 초처면(草處面), 수류면(水流面) 일대를 광구로 하는 삼릉광업(주)의 금광 토지를 매수하기 위하여 당지 군수와 경찰서장이 지주들을 집합시키고 토지를 매매하도록 강압을 하고, 이에 불응하는 지주들을 주재소로 호출하여 위협했는데, 광구로 편입되는 토지는 총 63만 평으로 조정가격은 실가의 6할에 지나지 않아 많은 지주들이 이에 불응하자 전북도지사는 지방 등이 계속 불응하면 토지수용령을 적용하겠다고 발표했다는 보도가 있다. 삼릉광업(三稜鑛業)이란 일본의 3대 기업 중 하나인 미쓰비시 그룹으로 1870년에 창설되었으며, 1885년부터 광산에 진출해 일제강점기 동안 우리나라 광산 개발을 통해 엄청난 부를 축적한 회사이다. 1922년에 황해도 재령군에서 삼릉제철㈜ 명의의 재령철산을 운영했는데 광산 종업원은 104명이며 생산액은 4만 2천 원이었다. 당시 동아일보 보도 자료에도 있듯이 삼릉광업은 전북 김제에서 사금 광산을 개발하기 위한 토지를 매입하는 과정에서 군수와 경찰서장을 동원해 지주들에게 농지를 강제로 팔도록 강압하였으며, 가격도 실가격의 60% 수준에서 강매한 것으로 나타나고 있다. 그때 강압적으로 뺏은 토지만 63만 평(2.08㎢)으로 서울 여의도 면적(2.9㎢)보다 조금 작은 면적이었다.

〈동아일보 1927. 11. 4〉에는 일본의 삼릉광업㈜은 김제군의 금광경영에 사용될 운암수력전기회사를 설립코자 전북도에 출원했다는 보도도 있다.

:: 1929년

〈동아일보 1929. 2. 6〉에는 삼릉광업㈜은 전북 김제군 소재 금광채굴을 계획하고, 총독부 이하 각 관서의 압력을 이용하여 약 7할에 토지를 매수하였으나 일부 지주가 끝내 불응하자 토지수용령을 이용했다는 보도가 있는데, 지난 1927년 10월에 이미 63만 평이나 되는 토지를 실거래가의 60%를 주고 강매했는데, 이에 응하지 않은 지주들에게 토지수용령을 내려 뺏어 갔다는 만행을 보도한 기록이다.

:: 1930년

잡지 〈삼천리 7호 1930. 7. 1〉에

> '조선 근세사를 아는 분으로 명성황후를 모르는 이가 업고 명성왕후를 아는 분으로 또 내장원경 리용익이란 괴걸을 모르는 이가 업스리다. 리용익씨는 갑산금광에서 송아지만한 금덩이를 태황제와 명성왕후에게 바치엇고 …(중략)… 그는 열칠팔세 되어 엉뚱한 생각을 가지고 함경남도 갑산금광에 와서 금졈판에 몸을 던지엇다. 그때는 평안도 운산과 갑산이 금이 제일 잘 난다든 곳이라 그는 거기서 몃해 잇는 동안에 송아지만한 금덩이를 손에 쥘 수 잇섯다. 다른 사람 갓흐면 그 금괴를 쥐엿스면 밧사고 집 살것을 생각하엿스리라. 그러나 그는 봇짐에 들들 말어서 억개에 걸머지고 서울대궐을 향하여 천리길을 거러왓다. 그 금덩이를 나라에 바치어 국고 금으로 쓰자는 것어엇스니 실로 놀라운 생각을 하엿든 것이다. 님금은 금을 밧으시고 리용익을 불느셧다. 본즉 말에 꾸밈이 업고 …(후략)…'

이라는 내용이 나온다.

잡지 〈삼천리〉는 1929년 6월부터 1941년까지 발간된 취미, 시사 중심의 월간지였다. 잡지에 등장하는 이용익은 1854년 함경북도 명천 출신으로 1897년에 황실의 재정을 총괄하는 내장원경에 발탁되었는데, 그 이전 단천 부사로 있을 때 단천금광에서 캔 금을 왕실에 상납해 왕실의 재정을 키우는 역할을 했던 인물이기도 하다.

:: 1931년

잡지 〈삼천리 12호 1931. 2. 1〉에 다음과 같은 내용이 있다.

'現下 조선에 잇서서 누가 제일 갑부이냐고 하면 제1 민영휘(閔泳徽), 제2 김성수(金性洙), 제3 최창학(崔昌學)의 세 손꾸락을 꼽을 것이다. …(중략)… 그러면 최창학이라는 사람은 대체 엇더한 위인인가? 전하는 바에 의하면 그는 본시 평안북도 구성 출생으로 삼순구식(三旬九食-한 달에 아홉 번 밥을 먹는 것)도 마음대로 못하는 어려운 집의 간구한 살님사리는 벌서 그로하야금 어렷슬 때부터 『나의 일평생의 소원은 그저 부자가 되여지이다』라는 비상한 결심을 갓게하야 마치 영화 『黃金狂時代』에 나타나는 『촤—리—촤푸린』 모양으로 약관이 되자마자 『괴나리보찜』과 『곡갱이』를 질머지고 출가를 하얏다. 이리하야 어데 금덩이는 업나하고 평북일대를 헤매이다가 표랑생활(漂浪生活) 10여 년에 우연히 발견한 것이 문제의 삼성금광이니 『黃金狂時代』의 『촤푸린』과 엇지 그다지도 유사함이 만흐냐? 그의 눈에도 역시 황금광으로 분장한 『촤푸린』과 가치 사람이 닭으로 잘못 보힌 때도 잇섯는지는 모르나 엇제든 전전하든 10여 성상(星霜) 사히에 바든 바 그의 고초는 이루 형언할 수가 업다 한다. 그러나 삼성금광에서 화수분가치 쏘다지는 金덩이는 필경 그로 하야금 200여 만원의 거산을 작만케 하엿고 연전(年前)에 그 금광을 삼정재벌에 인계하고 그대신 삼정으로부터 바든 바 130만원의 대가까지 합한다면 불과 수년에 무려 300여 만원의 황금을 작만하야 일약 조선 3대재벌의 한 사람이 되게 되엿스니 그도 또한 행운아이라고 아니할 수 업다. …(후략)…'

〈황금광시대〉라는 영화는 1925년에 찰리 채플린이 감독, 제작, 각본은 물론 주연까지 맡은 무성 코미디 영화로 1848년부터 있었던 미국 서부의 골드러시 상황을 배경으로 한다. 삼정재벌이란 일본의 미쓰이 그룹을 말하는 것으로 1876년에 설립한 회사이며, 이 역시 미쓰비시 그룹과 함께 일본의 3대 재벌에 속한다. 삼정그룹은 1905년에 우리나라에 진출한 기록이 있으며, 1915년에 평안남도 개천군에서 개천 철광산을 개발한 것으로 나오는데, 당시 종업원은 197명이었고 생산액은 3만 원이었다. 또 1919년에는 강원도 고성군에서 삼정금강 중석 광산을 개발했는데 당시 종업원은 299명, 생산액은 5만 3천 원이었다는 기록이 있다.

:: 1932년

〈동아일보 1932. 1. 14〉에는 전남 광양 금광 광부 890명이 임금감하(賃金減下)에 반대하여 동맹파업했다는 보도와 〈동아일보 1932. 1. 17〉에 이달에 강원도 평창군 대화면 금광에서 백금(白金)광맥이 발견되었다는 기사가 있는데, 우리나라에서 백금을 발견했다는 최초의 기사이다.

〈조선총독부관보 1932. 4. 4〉에는 다음과 같이 기록되어 있다.

'정무총감(政務總監)이 각 도지사에게 금광업 조장(助長)에 관한 건으로 다음과 같이 통첩(通牒)하다.

<금(金)광업의 조장(助長)에 관한 건>

1. 광업과 묘지 관계

조선광업령은 묘지소유지에 광업권설정을 금하지 않고 있다. 오직 묘지의 지표지하 30간(間) 이내의 토지에서 광업을 할 경우에는 묘지관계인의 승락을 받도록 되어 있다. 이때 묘지관계인은 정당한 사유 없이 고의로 승락을 거부할 수 없다.

2. 광업용 도로의 신설개수(新設改修)

광산은 대개 벽추지(僻陬地)에 존재하여 통로가 협애(狹隘)하거나 불비(不備)하다. 따라서 광업의 개발이 부진하니, 도로의 신설개수에 상당한 편의를 제공할 것이다.

3. 광업과 수로의 이용

하천관리청은 사금의 채취 또는 제련시설 등을 위하여 하천과 기타 공유 수로를 이용하는 광업권자에게 편리를 도모해 주도록 할 것이다.

4. 광업용 토지의 사용

타인의 토지를 광업용으로 사용할 때 토지 소유권자가 토지의 사용을 거부하거나 매각을 거절함으로써 광업개발을 곤란하게 하지 않도록 조처를 강구할 것이다.

5. 광업용 화약류의 취체(取締-통제)

화약류에 대해 준엄한 취체를 요함은 말할 필요도 없지만, 광업과 화약류와는 거의 불가분의 관계를 갖고 있다. 따라서 이 점에 유의하여 하부 경찰관의 교양 지도에 힘써 당업자와 오해 없도록 관계법 내지 취체 방침을 주지시키도록 한다.'

위 내용을 보면 정무총감의 명의로 금 광업을 지원하도록 돕겠다는 취지의 공문을 발송하였는데, 조선총독부 시절 정무총감은 총독 아래에서 군사통수권을 제외하고 행정, 사법을 총괄하던 직책이었다. 이 문서명령(통첩-通牒)에는 광업과 묘지 관계, 도로 신설, 수로의 이용, 토지의 사용 및 화약류 통제에 관한 지원 내용이 포함되어 있었다. 묘지로부터 30간(54.5m) 이내의 지표지하에서는 묘지 소유주로부터 승낙받도록 하고 있지만 특별한 사유 없이 거부할 수 없도록 바꾸었으며, 산간벽지에 있는 광산의 개발을 위해 도로 신설 및 보수 편의도 제공하고, 사금 채취와 제련시설에 필요한 하천과 공유 수로를 편리하게 사용할 수 있도록 하며, 또 타인의 토지에서도 광업 활동을 쉽게 할 수 있도록 하였음은 물론 화약류에 대한 통제도 수월하게 할 수 있도록 지원하겠다는 내용이었다. 당시는 만주를 병참기지로 만들고 식민지화하기 위한 목적으로 본국의 승인 없이 일본 관동군이 독단적으로 만주사변을 일으킨 지 얼마 되지 않았던 시기로 전쟁자금 조달을 위한 광산 개발 활성화가 필요했기 때문에 이러한 정책을 추진했을 것으로 판단된다.

〈동아일보 1932. 6. 4일, 13일〉에는 '이달에 대구 김대원이 일신 학원에 5만 원을 기부하여 교사(校舍)신축에 15千圓, 시설에 5千圓, 운영기금에 30千圓을 배정하다. 김대원은 봉화에 있는 금정 금광을 대만의 금석 광산(주)에 55萬圓에 매도하였다'라는 보도가 있다.

〈동아일보 1932. 10. 14〉에는 조선광업회 주최 금광 금융좌담회가 조선호텔에서 개최되어 식산(殖産)은행 두취(頭取-우두머리)와 동양척식회사 총재가 금광 금융의 방법에 있어 금량확정(金量確定) 전후 문제가 논의되었다는 보도도 있다.

:: 1933년

잡지 〈삼천리 1933. 1. 1〉에는 조선광업의 총관(總觀)이라는 내용을 다음과 같이 연재했다.

'…(전략)… 조선은 제종광물이 풍부한 지역이나 1894년 전까지 광업의 기원이 오랜대 비하야 채광술이 극히 환치(幻穉)하고 광산액도 미미하엿섯다. 그러나 조선인의 부를 조선인 자신이 개척하여 오든 것이 일청전쟁(日清戰爭) 즉 1894년 이후 미, 러, 불, 독, 이(伊)등 강대국이 당시 주권붕괴의 도상에 잇는 한국정부를 가진 수단으로 꼬여 광물채굴권의 특허를 경쟁적으로 획득하고 그의 수삼(數三)외국인이 채광에 착수하게 됨에 이르러서부터 조선은 비로소 근대광업의 문호를 열게 되엿다. 그후 조선이 일본에게 병탄(併呑)되자 1915년 총독부는 조선광업령을 제정하고 同16년에 조선총독부 광업령 시행규칙 급(及) 조선광업 등록규칙을 시행하야 외국인의 기득권소유와 경영을 허(許)하나 신규취득을 불허하엿슴으로 이로부터 구미인(歐米人)의 광업은 발전이 조지(阻止-멈추게)되고 조선광업은 일본인 광업자의 패제하(覇制下)에 발달이 되어 나왓다. 1919년 이후 광물의 수요감퇴와 일반 경제계의 변조로 조선의 광업은 폐장(閉臟)된 보고가 되엿스나 근년 일본의 탄전조사가 구체화함에 따라 조선의 석탄광이 개산(開散)됨과 아울러 조선광업의 주종이 되는 금에 대하야는 총독부의 소위 산금정책에 의한 적극적 장려는 미증유의 황금광 시대를 가지게 되엿스며 철아연 등도 일본광업자의 진출로서 활기를 띄워나가는 중이다. …(중략)… 특히 최근(1932년 후반기) 조선 최대의 토지 及 금융재개인 동양척식회사에서 광업부를 신설하야 신 광원의 탐광과 유력광산의 매수로 산금계에 진출하엿스며 종래로 조선광업에 거액의 투자를 가진 삼정재벌이 우수한 삼성, 의주, 양 금광을 점유하고 일보 나아가 북부조선 특히 국경 일대의 처녀광원(處女鑛源)을 독점하고저 대대적 계획으로 실행 중이며 동척(東拓), 삼정(三井)에 대항하야 이권을 균등히 차지하고저 삼릉재벌에서도 전조(全鮮)에 긍(亙)하야 신광(新鑛) 탐사와 조선인 소유의 우수 광구매수 등 계획으로 대 자본을 투하하게 되엿스니 이상과 여히 공업원료의 광물은 말할 것도 업거니와 산금업(産金業)도 이를 외래자본의 독점에 맷겨지지 안흘수 업는 것이다.

A, 鑛區

조선광업령의 규정에 의하면 광업권은 물권으로써 부동산에 관한 규정을 준용하엿스며 광업권에 의한 허가 별 광종은 금, 은, 동, 연, 창연, 석, 안질니(安質尼), 수은, 아연, 철, 유화철, 격로모철(格魯模鐵), 만가철(滿佳鐵), 텅구스텐, 수연, 비(砒), 인, 흑연, 석탄, 석유, 토역청(土瀝靑), 유황, 운모, 석면, 고령토, 납석, 명반석, 중정석, 형석, 규사, 사금, 사석(砂錫), 사철 등 33종이며 광업권의 발광을 득한 토지 이 구역을 광구라 하야 경계는 직선 及 직하로 하되 사금, 사석의 경우에는 하도 연장으로 정하엿다. 광구면적은 석탄 5만평, 기타광물 5천평 이상, 백만평, 연장2리까지이며 육해군 소활(所轄)의 군항 화약제조소, 창고 及 탄약고는 3백 간(間) 이

내 及 요새지대 제1구내 광구취득은 불허하고 채굴치 안흔 광물은 국가 소유이며 발광광역(發鑛鑛滂) 역동일(亦同一)하다는 규령(規令)이 잇다. 그리고 광업자로부터 금, 은, 연, 철, 사금, 사석 이외에는 철산물의 100분지 1의 광산세(鑛産税)와 광구 천평 及 하도연장 매 1정(町)에 년 60전의 광구세를 징수하게 되엿다. 이하, 광구의 출원허가 及 광종에 잇서 관심되든 숫자만을 거(擧)하야 민족별로 비교하여 보자.

a. 광구출원 及 허가

출원 건수는 매년 소장(消長)을 달니하나 구주전(歐洲戰) 후 출원수가 격감하야 1916, 7년의 3천-6천에 비하면 10分 1도 못되엿든 것이 최근 5년간 점차 증가하야 1930년말 현재는 1,392건에 달하엿는 바 이 중 일본인은 약 55%이며 조선인은 45%로 허가비례는 일본인이 30%, 조선인이 22%이다. 이 비례도 매년 비율이 달으나 대개 1-3할 이내에 머무는 것이다. 조선광업의 출원제도는 원서(願書)의 도달주의임으로 동일 광구에 대하여는 출원시간의 경쟁밧게 업스나 출원의 광종별에 잇서 민족별 차이와 경향을 볼 수 잇스니 조선인은 대개로 금은광, 석탄흑연 등이 주로 되고 일본인은 금은광 及 석탄이외 다광종에 긍(亙-뻗쳐)하야 출원을 하니 신종 광원은 대부분이 일본인의 소유가 되고 말며 광업의 산업적 지위도 오직 일본인의 독점하는 바이다. 이 경향으로 1930년도의 광종별 출원 及 허가건에서 보자.

이상 20종의 출원총수 1,392건 중 허가 건수는 341건이며 이 중 조선인의 출원수는 15종 627건에 허가는 8종의 132건으로 약 21%이며 일본인은 출원이 19종 765건이오 허가가 13종 209건으로 28%강이다. 출원종별이 잇서 조선인은 금은광이 최다이다. 일본인과 비교하야 출원허가 비율이 조선인이 18%, 일본인이 21%로 조선인이 적으며 종별 허가수에 잇서는 조선인 8종, 일본인 13종으로 조선인이 전연 착목치 안은 성망(省望)한 신광종(新鑛種)에 일본인은 새로운 이권을 취득하게 된다.'

1933년 1월 1일 신년 특집으로 연재한 위 내용은 당시 우리나라 광업 현황을 상세하게 설명해 주는 자료인데, 1894년 청일전쟁 이후 미국과 러시아, 프랑스, 독일, 이탈리아 등 강대국이 우리나라에 진출한 상황과 조선광업령의 제정과 규칙 시행으로 외국인과 일본인의 광업 활동이 유리해졌다는 내용을 비롯해 1919년 탄전조사와 총독부의 산금장려정책으로 황금광시대의 기회를 맞게 되었다는 내용 등을 설명하고 있다. 이 밖에도 일본의 동양척식회사와 삼정, 삼릉과 같은 재벌회사가 우리나라에서 새로운 광산을 탐사하거나 광구를 매수해 우리나라 광산 개발에 진출했다는 내용을 포함해 당시 시행되던 광업법에 대해서도 구체적으로 설명해 준 것으로 1930년 초 우리나라 광업 상황을 상세히 알 수 있는 기록이기도 하다.

〈동아일보 1933. 8. 16〉에는 평북 의주 금광㈜의 한인 광부 200여 명이 노동시간 단축 및 임금인상을 요구하며 파업을 단행했다는 기사도 있다.

잡지 〈삼천리 1933. 9. 1〉에는 3대 금광왕 출세기(최창학 편)가 연재되었는데 그 내용은 다음과 같다.

'…(전략)… 평북 의주에 잇는 삼성금광에 강도단이 무기를 가지고 돌연히 습격하여 왓다. 그날 광주 최창학은 자기가 아츰부터 제련소에 올나가서 채금하는 것을 감독하고 잇다가 하오 6시 반 경에야 사무소에 내려와서 몸을 쉬이엿다, 그럴 때에 마츰 일본인 경관 두 명이 놀너 왓기에 담배를 피우면서 한참 잡담하고 잇다가 암만하여도 제련하는 것을 인부들에게만 맛겨 두는 것이 안 되어서 순사들은 안저 놀라하고 저는 몸을 이르켜 다시 굴이 잇는 산으로 올나갓다, 약 5분이나 지낫슬까 할 때에 어대서 불시에 총소리 저녁 하늘을 째며 여러 사람들이 부르지즈며 우는 소리가 난다, 깜작 놀라 본능적으로 바위 밋헤 몸을 숨기고 내려다 보니 저리로 손에 총과 독끼 등 무기를 지닌 강도단 여럿이 위하(威嚇-위협)하는 공포를 노으며 사무소로 질풍갓치 몰려온다. 그리더니 경관과 교화(交火)하는 양이더니, 이내 사무소 문을 파괴하고 실내에 드러가 금고를 고깽이로 바스는 소리 나더니 사무소에는 불을 질너 그 화광(火光)이 산곡을 환-하엿 비최엿다, 최씨는 실색하고 더욱 산으로 깁히 기어 올낫다가, 에라 죽으면 한번 죽지 두 번 죽겟나 하는 생각으로 모자를 눌너쓰고 밤중이 되어 누구인지 잘 분간할 수 업는 것을 이용하야 다시 광부들이 2만여 명이나 모여 사는 사무소 아래의 촌락으로 내려가서 남 몰래 여러 광부들 틈에 석기엇다. 그때 강도단들은 반항하는 촌민 3, 4명을 쏘아 죽이고 모다 모여서라 하여 모여 노코는 "우리 목적은 최창학 씨에게 잇다, 너이들이 최씨를 잡아내면 2천원을 줄 터이다, 최창학씨는 너이들 속에 숨어 잇슬 터이니 어서 발견하야 내여라, 만일 찻어내지 안으면 너이들이 모다 이것이다." 하며 또 한번 공포를 놋는다. 대담한 최창학은 그 말을 듯자 등골에서 찬 땀이 흘넛다, 목전에는 시체가 보이고, 무기를 가진 강도단이 잇다, 그는 어름어름하며 몸을 피하여 그 부근 길가에 잇는 다리 아래에 숨엇다. 여러 갱부(坑夫-광부)와 강도단들의 수사는 더욱 맹렬하다, 그는 참다 못하여 다시 몸을 일어 그 뒷 산곡으로 올낫다, 정신이 업시 엇더케 다라올낫는지 한참만에 이마에서 땀이 작고 나리기에 손으로 만지니, 땀이 아니라, 피엿다, 그제야 보니 그 험한 칼날 가튼 바위속을 기어오느 라고 손과 발과 전신이 왼통 피투성이가 되엇다. 멀니 촌락을 내려다보니 촌가에서는 불이 일고 잇섯다. 최창학 씨는 이날 습격에 생명만은 구하엿섯다, 그리고 앗가 사무소에 와 놀든 순사 두 명은 무참히 죽엇고 촌민도 수삼인(數三人)이 죽엇다. 손해라고는 사무소 금고 속에 두엇든 현금 6천원과 금괴 1만원짜리 한 개엇다. 이 사변이 한번 이러나자 삼성 금광부근에 광구를 가지고 잇든 광주들은 생명의 위태를 깨닷고 자기네 광구를 헐갑으로 팔엇다. 최는 그것을 모다 거더삿다, 그것이 나종에 저 유명한 삼성금광의 광구가 된 것이다. 삼성금광은 전년에 중추원 참의 김모의 주선으로 동경의 「삼릉」재벌에 130만원인가 밧고 팔엇다. 최는 구경 행운한 사람이엇다, 그는 화가 전하야 복이 된 사람 중의 한 사람이다. 최의 재산을 세상에서는 약 300만원 된다고도 하며, 또는 100여 만원 밧게 아니 된다고도 한다, 그 진부(眞否)는 알 수 업스나 얼마 전에 엇던 흥신소의 비밀조사에 의하면 신의주 OO은행 지점에 69만원의 저금현재(貯金現在)가 잇슨 것은 사실이라 한다. 그로 미루어 보건대 다른 은행에도 현금예입(現金預入)이 상당액이 잇슬 것이며 또 경성 죽첨정의 양옥과 의주 구성의 굉장한 주택 등, 더구나 그가 가지고 잇는 광산은 아직 의주 삭주, 구성 등지에 허다하다 하니, 2, 300만원의 거부인 것은 알 수 잇겟다. 최창학 씨를 호(呼)하야 조선근대 금광왕 중 제

1인자라고 한다. 그는 올에 마흔 다섯인가 여섯 살인가 한 장년에 불과하다, 그리고 아직도 금광사업에 야심을 만만히 가지고 잇다, 금일 실로 평북의 지하 100척만 파면 도처에 금은이 쏘다저 나온다고 한다, 전선산(全鮮産) 금액 중 3분 1은 평북에서 나고, 그 평북에서도 8, 9할은 운산 삭주, 구성 의주에서 난다고 하는데 최씨의 소유광구가 대부분 삭주, 구성, 의주에 잇는 것을 생각할 때 최창학 씨의 장래는 아직 잇다고 보는 것이 올흐리라, 더구나 총독부에서는 산금장려를 극력으로 하여 금일 1,000만원의 연산액을 10년 후에는 1억만원으로 증액할 계획을 가젓다 하니 정히 금광업자들은 세월을 맛낫다 할 것이다. 최창학 씨는 평북 구성 출생이라, 그는 한미한 소농가에 태어 낫기에 소년시의 최창학은 고난으로 일관하엿다. 장하야 별로 학문 닥글 기회도 업시 몸에 손독끼 한 개를 지니고 이 산에서 저 산으로 금광 찻기로 나서기도 하고 엇던 때는 광산의 광부로 갱내지하 140척 속으로 드러가서 인부로도 잇섯고 또 (덕대)로도 범 10수년을 불우하고, 삼순구식하는 생활을 하다가, 삼성금광의 광구를 발견하여 그를 출원하여 소유함으로부터 일조에 광산의 왕자가 된 것이다. 아모려나 금일 조선의 광업계엔 삼릉계와 구원계의 왕자가 횡행하지만 그 세력에 대할 세력은 오직 최창학 씨 등의 광업자들이라 한다. 최씨는 아직 아모데도 돈 잇단 표를 내민 것이 업다, 그는 향리에 수백간드리 아방궁 가튼 주택을 지엇스되, 퇴락하는 학교집을 중수하라고 단돈 100원 기부하엿다는 말을 아직 못 드럿다, 우(又) 신문사나 고아원이나 기외 일반사회사업에 족적을 냉긴 자최가 아모데도 업다, 이것을 엇던 분은 도매(倒罵)하고 엇던 분은 침묵을 직혀 비평을 피한다, 정매(打罵)하는 분은 인색하여, 개인형락(個人享樂)밧게 모르는 위인이라하고. 침묵 직히는 이는 그가 큰 돈을 더 버으러 아주 큰 일을 죽기 전 한아름 작만하리라고 기대하고 잇기 까닭이다, 최씨는 과연 장차 어느 편에 쓸닐 분인고?'

당시 조선의 3대 금광왕 중 한 사람으로 불렸던 최창학 씨에 대한 일화를 싣고 있다. 최창학 씨는 평북 구성군 출신으로 어렸을 때는 너무 가난해 밥도 제대로 먹지 못하였지만, 십수 년을 광부와 덕대 생활을 거쳐 삼성금광을 발견한 후 출원하여 돈을 벌기 시작했다. 삼성금광 습격 사건이 일어나면서 전화위복으로 주변 광구를 매입해 확장한 후 많은 돈을 벌어 고향에 아방궁 같은 주택을 지었지만, 가난한 사람들을 위해 한 푼도 쓰지 않았으니 이 사람을 어찌하면 좋겠냐고 물음표를 던지면서 마무리하는 내용이다.

잡지 〈삼천리 1933. 10. 1〉에는 13도 황금광맥 분포 상태와 연산 10,000원 이상의 유망 금광을 일일이 열거한 내용들이 기록되어 있으며, 그 내용은 다음과 같다.

| 평안북도(平安北道)

몬저 三千里의 맨 북쪽에서부터 압흐로 나오면서 보자. 첫재 평북구성에 잇는 이다.

◆삼성금광(三成金鑛)

이것이 최창학 씨를 300만 원의 거부를 만든 유명한 금광이다. 삭주구성 선천

등지의 산맥은 토석으로 아니되고 금은으로 되엇다 함이 정평잇지만 그 중에도 구성 땅이 더욱 조타. 아마 만주땅으로 펴지려든 금맥이 압록강 물을 건너지 아니하고 그냥 대량으로 평북에 머물너 수만년을 내려온 듯하다. 이 금광은 전년에 삼릉광산주식회사에 팔렸는데 지금 매년 산금액이 43만원에 달하고 매일의 종업광부가 534명을 수(數)한다고 한다. 그리고 아직 얼마를 파면 다 팔는지 모르는 전도유망한 금광이다.

◆교동광산(橋洞鑛山)

이것은 삭주에 잇다. 이 금광이 또한 조선갑부 한 사람을 내인 역사적 금광이다. 금은이 나는데 매년 648천와(千瓦)이 산(産)하야 그 가격 66만원을 호하며 인부 매일 1,076명을 사용하고 잇다. 등록번호는 4,404번. 이것이 현 조선일보사장 방응모 씨의 소유이엇는데 山本條太郎의 손으로 매도되엇다고 한다. 엇잿든 금이 마구 쏘다지는 광산 중의 하나이다.

◆대유동광산(大楡洞鑛山)

이것도 평북 창성군 대유동에 잇는데 대유동광산주식회사의 경영이다. 매일 인부 1,505명을 사용하며 연액 59만원을 수한다.

◆운산금광(雲山金鑛)

이것도 27만원의 연액이 잇는 긔막히게 조흔 금광이다. 매일 1,643명의 광부를 부치고 착암기 등의 설비가 완비하여 잇다. 단 조선인의 경영이 아니다.

◆의주광산(義州鑛山)

이것은 의주에 잇다. 의주금광주식회사의 소유 경영으로 성적이 양호하여 연액 25만원의 금을 産하고 또 383명의 인부를 사용한다.

◆ 신연금산(新延金山)

이것은 삭주에 잇다. 박용운씨 경영으로 연산액 24만원에 달하는 큰 금광이다. 340명의 인부를 쓰고 잇는데 팔자면 100만원 이상의 호가가 잇스리라 한다. 이러케 일일히 금광마다 적어가자면 언제 끗이 날는지 모르겟기에 이하의 일괄하여 적으리라.

광산명 길양광산 선천광산 송림금은광 용흥금광

소유자 구성조선광업개발회사 선천속구 선천 이영찬 외 1인 동 이영찬 외 3인

연산액 12만원 만원 만원 19,000원

매일사용인부 323인 227 95 55

이 박게도 몃곳이 잇지만 너무 길어지기에 약한다. 조흔 금광맥이 가장 만키는 평북에 웃듬이다.

| 평안남도(平安南道)

평남에는 평북만치 조흔 금광이 업다. 그 대신 평남은 무연탄 등이 잇스나 금은에 이르러는 빈약하다. 큰 금광으로 곱을 것이

◆ 삼덕광산(三德鑛山)

이것은 평남 성천군에 잇다. 久保與二郎씨 소유경영으로 연액 65,000원이요 매일 사용인부 590명이다. 이것이 평남서는 제일 큰 금광이요 그 다음이

◆ 함흥광산(咸興鑛山)

이다. 일본광업주식회사의 소유로 연산액 51,000원이요 인부 83인을 매일 사용한다. 이것도 상당히 크다. 그리고 그 외는

광산명 자성금광 삼천광산 용덕광산 등등이다.

소유자 평원조선광업개발회사 성천 자전영삼(紫田鈴三) 덕양 김병규

연산액 13,000원 10,000원 15,000원

매일사용인부 47인 50 72

| 황해도(黃海道)

옛날부터 황해도는 금이 만이 나기로 유명하다. 그중에도

◆수안금광(遂安金鑛)

은 더욱 유명하다. 이것이 미국인이 한국정부를 꾀여 어더가진 광산이다. 「제, 서울컴파니」 (서울광산주식회사)라는 순서양인 조직의 소유경영이다. 1년 산액이 48만원이요 568명의 인부를 매일 사용한다. 그리고 참신한 기계의 설비 등 볼만하다.

◆홀동금광(笏洞金鑛)

이것은 수안에 잇다. 정세윤 씨의 경영으로 연산 29만원에 달하는 큰 금광이다. 413명의 인부를 쓰고 잇다. 호가 100만원 이상 하는 거대한 금광이다. 이 박게

◆약산광산(樂山鑛山)

장연에 잇다. 일본광업주식회사의 소유경영인데 연산 10,000 인부 170명을 쓰고 잇다.

◆온천광산(溫泉鑛山)

송화군에 잇다. 정완규 씨의 경영이다. 연산 12,000원에 及하며 매일 사용인원 34명에 달한다. 황해도는 대략 여하하다. 유망금광의 수부(數父)는 적은 편이다.

| 경기도(京畿道)

경기도에는 금은광이 여럿이 잇기는 하나 그러케 세상을 놀낼 만한 큰 금광이라고 업다. 그 증거로 경기도 사람 속에 금광으로 거부되엿다는 말을 아직 못 드럿다.

◆ **삼전광산**(三田鑛山)

이것은 양평군에 잇다. 조진원 씨의 소유 경영으로 그리 크잘 것은 업스나 광맥은 파(頗-상당히)히 유망하다고 하는데 연산 12,000원이요 사용인부 매일 40명을 수한다.

◆ **신도광산**(信道鑛山)

이것은 부천군에 잇다. 조병상 씨의 소유 경영으로 연산 55,000원으로 경기도 내에선 산액에 잇서 굴지하는 광산이다. 매일 사용인부 수 176명이다.

◆ **영중광산**(永中鑛山)

이것은 포천군에 잇다. 皆月善六 씨의 소유 경영으로 연산액 75,000원이요 사용인원이 49인이다.

◆ **여수금산**(麗水金山)

여주군에 잇서 미원(梶原) 씨의 소유다. 연산액 47,000원 매일 사용 인부 수가 129명이다.

◆ **운서광산**(雲西鑛山)

이것은 부천군에 잇다. 小畑豊七 씨의 소유 경영으로 연산액 40,000만원이요 인부 사용수 114명이라면 상당한 축에 든다.

| 충청북도(忠淸北道)

모든 문화적 경제력 세력이 전조선에 잇서 충북이 떠러지는 모양으로 충청산천은 황금을 매장하여잇는 분량도 빈약하다. 그리하야 연산10,000대의 광산이라고 겨우 세 곳 박게 업다. 즉

◆ 월전리 금산(月田里 金山)

충북 영동군에 있다. 민인복 씨의 소유 경영으로 연산 10,000원이요 광부를 매일 사용함이 10명 가량이다. 좀더 대규모로 채굴한다면 산액이 증가할 것이다.

◆ 대해리 금산(大海里 金山)

혁영동에 있다. 김경식 씨의 소유 경영으로 산금연액 10,000원에 달하며 인부는 매일 68명을 사용한다.

◆ 대릉광산(大菱鑛山)

충주군에 있다. 山下順平 씨의 소유 경영으로 16,000원의 연산이 있다. 인부는 매일 37人을 쓰고 있다.

| 충청남도(忠淸南道)

충북은 빈약하지만 충남은 그러치 안다. 광산수도 만코 금광업이 퍽 활기를 띄고 있다. 녯날 부여땅이 되어 금이 만헛든지도 모른다.

◆ 중앙광산(中央鑛山)

천안군에 있다. 조선중앙광업주식회사의 소유 광산으로 연산 13만원에 달하는 상당히 큰 금산이다. 그리고 인부도 357명이란 다수를 부치고 있다.

◆ 성거산 금광(聖居山 金鑛)

천안군에 잇는데 배명선 씨의 소유로 연산액 1만1천원을 수한다. 인부는 280명을 사용.

◆ **부여금산**(扶餘金山)

부여군에 있는데 山田隈吉 氏의 소유 경영으로 연산 10,000원 32명의 인부를 매일 사용한다.

◆ **금지광산**(金池鑛山)

부여군에 있다. 藤井寬太郎 氏의 소유 경영으로 연산액 13,000원이요 사용인원 95명이다.

◆ **보령금산**(保寧金山)

보령군에 있다. 中條平五郎 氏의 소유 경영으로 연산액 4만3천원이다. 산액에 있서서는 충남금산 중 제일에 속한다. 매일 사용 인부 수는 32명.

◆ **구봉산 금광**(九峰山 金鑛)

청양군에 있다. 外城市郎 氏의 소유 금산이다. 연산 38,000원이니 상당하다. 사용인부는 43인이다.

◆ **청양금산**(青陽金山)

역시 청양군에 있다. 尾山茂 氏의 경영으로 연산 2만2천원이다. 인부 사용 수는 36인.

◆ **황보금광**(黃寶金鑛)

홍성군에 있다. 當房有次郎의 소유 경영으로 연산 32,000원이며 인부는 약 60명식 쓴다. 이상으로 대략 충청남도에 있서 유망한 금광을 든 셈이다.

| 전라북도(全羅北道)

전라남도에는 유명한 금광이 두 곳이나 있다. 모다 연산액 수십 만원짜리다. 그러나 광구수는 만치 못하다.

◆ 김제 사금광(金堤 砂金鑛)

석광이 아니고 토광(土鑛)으로 즉 사금광으로 김제의 이 사금광은 전조선적으로 유명하다. 경영자가 거자(巨資)를 가진 큰 회사인 까닭에 기계설비 등이 완전한 까닭에 연산액도 만켓지만 엇잿든 작년 1년에 27만원이 낫다. 인부는 57인을 사용하고 있다. 소유 경영자는 삼릉광업주식회사이다.

◆ 광양광산(光陽鑛山)

광양군에 있다. 조선광업개발주식회사의 소유로 이것은 전기 삼릉회사에서 하는 김제사금광보다도 더더 대규모다. 매일 사역하는 인부 수가 433명 그리고 연산액 64만원의 거액에 달한다. 연산고에 잇서서는 전조금광중 10지 속에 들 것이다.

| 경상북도(慶尙北道)

최근 세평은 평북 다음에 경북이라 하리만치 경북에는 광구가 만타. 그러치만 아직 경천동지할 만한 큰 금광은 아직 업다. 그 중에서도 크다는 것이

◆ 상주금광(尙州金鑛)

이다. 상주군에 잇는데 좌하탄광주식회사의 소유 경영으로 연산 6만원에 달하며 사용 인부가 285명이 잇다.

◆ 대야금산(大也金山)

이것은 금천군에 있는데 금천광업합자회사의 소유 경영이다. 1만원의 연산액을 수하며 현재 사용 인부수 73명이다.

◆금정금산(金井金山)

경북 봉화에 있다. 김용계 씨의 소유 경영으로 연산액 10만원에 及한다. 이것이 경북에 있서선 제1굴지하는 대금광이리라. 사용 인부가 89명의 다수에 달한다. 거재를 투하야 기계설비 등을 완전히 한다면 전조에서 주목 밧는 유망금광이 되리라.

◆득익광산(得益鑛山)

선산군에 있다. 河野半平 氏의 소유로 연산 11,000원이요 사용인부 수 29명이다.

| 경상남도(慶尚南道)

경상남도의 광업도 빈약하다. 연산 10,000원 이상은 겨우 세구 밧게 업다.

◆봉광산(鳳鑛山)

경남 합천군에 있다. 김성창 씨의 소유 경영으로 34,000원의 연산액이 있다. 57명의 인부를 매일 사역하고 있다.

◆대야광산(大也鑛山)

거창군에 있다. 김창수 씨의 소유 경영으로 연산액 11,000원이요 사용인부 수가 15名이다.

◆마산광산(馬山鑛山)

창원군에있다. 森田菊藏 씨의 소유경영으로 연산액 16,000원이요 사용인부 13명이다.

| 강원도(江原道)

농산물에 잇서서는 강원도가 어림 업시 떠러지지만은 광산물 그 중에도 금은 광에 이르러는 일약 대부원을 차지하고 잇다. 그래서 광구수도 만코 연산 34만원에 及하는 천포금산(泉浦金山)가튼 것이 다 잇다.

◆안풍금산(安豊金山)

강원도 회양군에 잇다. 石田龜一 씨의 소유로 연산 18,000원에 及하며 사용인부 수가 90명이다.

◆팔미금광(八彌金鑛)

평창군에잇다. 오윤영 씨의 소유 경영으로 연산액 22,000원이며 사용인부 수 55명이다.

◆조둔광산(鳥屯鑛山)

평창군에 잇다. 정영석 씨의 소유광산으로 19,000원의 연산액이잇다. 사용인부 수 19명.

◆천포금산(泉浦金山)

이 금광은 벌서 유명하다. 정선군의 김정숙 씨 소유 경영으로 연산 24만원을 칭한다. 사용인원 수가 75명이다.

◆북동금산(北洞金山)

정선군에 잇다. 稻葉 ウメ의 소유로 연산 8만원이며 인부는 167명을 사용하고 잇다.

◆ 몰운금광(沒雲金鑛)

역시 정선군에 있다. 오재은 씨 소유로 연산 2만5,000원이며 사역인부수가 매일 90명에 달한다.

◆ 원동광산(遠東金山)

김화군에 있다. 정태규 씨의 소유광산으로 연산액 10,000원이요 사역인부수 95명에 달한다.

◆ 삼광광산(三光鑛山)

통천군에 있서 小木彌三郎의 소유광산이다. 연산11,000원이며 인부 246명을 사역한다.

◆ 우익광산(佑益鑛山)

강원도 평원군에 있는데 유명한 삼릉광산주식회사의 소유 경영이다. 연산액 27,000원에 달하며 사용인원 90명이다.

◆ 삼화광산(三和鑛山)

홍천군에 있다. 신현옥 씨 외 1인의 소유 경영인데 연산액 11,000원이며 사용인부수 65명이다.

◆ 정곡광산(井谷鑛山)

횡성군에 있다. 손봉양 외 1인의 소유 경영이다. 연산액 10,000원 사용인원 291명이다.

| 함경남도(咸鏡南道)

내장원경 이용익 씨 금송아지 이래 함경남도의 금맥은 벌서 유명하다. 최근에도 65만원에 광산이 팔리엇다 하며 또 연산액이 작고 느러가는 광산이 여러개 잇다고 한다. 평안북도와 함경남도가 전조선금광 중 제일 유력한가 보다.

◆인흥광산(仁興鑛山)

영흥군에 잇다. 西山吉兵衛 씨의 소유로 연산액 12,000원에 달하며 사용인부 180명이라 칭한다.

◆한동리광산(翰洞里鑛山)

영흥군에 잇다. 등전광업주식회사의 소유인데 연산액 3만원이요 사용인원 40명이다.

◆대령광산(大嶺鑛山)

안변군에 잇다. 김인규 씨의 소유 경영으로 연산액 10,000원이며 사용인부 69명이다.

◆황룡금산(黃龍金山)

역시 안변군에 잇다. 齋藤義行 씨의 소유 경영으로 연산 37,000원에 及한다. 사용인부가 149명이다.

◆황정금광(黃井金鑛)

역시 안변군에 잇다. 홍성관 씨의 소유 경영으로 연산액 15,000원이며 사용인부는 10명 내외이다.

♦ 대동금광(大同金鑛)

단천군에 잇다. 야패 김지조 씨의 소유 경영으로 연산액 52,000원에 달하며 사용인부 611명의 다수가 잇다.

♦ 명태동금산(明太洞金山)

신흥군에 잇다. 임진규 씨의 소유로 연산 20,000원 사용인부 196명이 잇고 그리고 이 밧게 등록번호 8,298호에 해당하는 큰 광산이 동씨 소유로 또 잇는데 연산액 15만이요 사용인원 402인에 及한다.

♦ 장흥금강(長興金剛)

장진군에 잇다. 박운 외 3씨의 소유 경영으로 연산액 11,000원이요 사용인부 56인이 잇다. 이밧게 대산금광 등 상당히 유력한 광산이 함남 처처에 잇스나 너무 길어저서 약한다.

| 함경북도(咸鏡北道)

함북은 철과 석탄으로 유명하다. 철로는 삼릉회사 소유인 무산철산 가튼 것은 만주안산(滿洲鞍山)을 능가하리라 하게 동양일로 유명하다. 벌서 청진항에다가 제철소의 준비 등을 하고 잇다. 불원에 무산철은 세계적으로 일홈이 날 것이며 석탄도 생기령 소화 용전 다 유명하다. 그러나 금은의 부원은 박하야 금산은 1, 2처에 불과하다.

♦ 청암금산(青岩金山)

부령군에 잇다. 삼릉광업주식회사 소유 경영인데 연산액 27만원에 及하는 거대한 광맥을 가젓다. 현재 매일 사용인부가 443명에 及한다.

이상으로써 전조(全鮮)의 유망금광을 대개 일감하엿다. 요컨대 이상은 연산 10,000원 이상의 광산 뿐이고 7, 8천원 내지 1, 2천원하는 광산은 석광(石鑛)이나 토광(土鑛)이 엇더케 만흔지 모른다.

엇잿든 이상의 사실을 바라 볼 때 오인(吾人)은 맹성(猛省)하지 아니치 못하겟다. 연산 2, 3천만원 하는 중에 조선인의 손으로 채금(採金)하는 산금고(産金高)가 얼마나 될가. 우(又)는 전기 광구중에 조선인의 소유 경영이 만치 못하지 안은가. 천연의 부원에 대한 오인의 착목(着目)과 활동은 시각을 다투어야 하겟다.

위 내용처럼 1933년 10월 발간된 삼천리에는 연간 생산액 1萬圓 이상 채굴하는 광산에 대한 분포 기록들이 나오는데 당시 상공부 광산국, 총독부 광산과 혹은 대 광업가(大 鑛業家)의 기록에서 나온 자료를 인용한 것으로 지역별로 보면 평안북도 10개, 평안남도 5개, 황해도 4개, 경기도 5개, 충청북도 3개, 충청남도 8개, 전라도 2개, 경상북도 4개, 경상남도 3개, 강원도 11개, 함경남도 8개, 함경북도 1개 등 총 64개 광산에 달하고, 이 밖에도 1萬圓 이하 광산은 상당히 많았던 것으로 확인되고 있다.

잡지 〈삼천리 1933. 10. 1〉에는 조선의 3대 금광왕 중 최창학 씨에 이어 방응모 씨에 대한 일화를 자세히 싣고 있는데 그 내용은 다음과 같다.

방응모(方應謨)

1. 조선에 금광부자 세 분이 낫다. 이 세 분이 모다 지금부터 10년 이내에 성부한 이들이요 또 모다 수자로 친다면 100만 원 이상씩을 버은 이들이다. 그리고 세 분이 모다 아직 춘추가 부한 40대 50대의 장년기에 속한 이들이다. 그 세 분이라 함은 이미 본지 전호에 소개한 평

북 구성의 최창학씨와 또 이번에 소개하려는 평북 정주의 방응모씨 와 래월호(來月號)에 장자 소개할 대구의 김대원 씨다. …(중략)…

2. 방응모씨는 금년이 꼭 50이다. 고향은 평북 정주인데 대대로 문벌 잇는 선배의 집안에서 태어낫다. 선배의 집안인지라 유시부터 가빈(家貧)으로 소년 고상이 막대하엿다. 장(長)하야도 별로 경사로 급부(笈負)할 처지도 못되고 상로에 투족하엿다. 그래서 1919년 이 땅에 새로운 물결이 치든 때만 해도 정주읍에서 잡화포목상 등을 하고 잇섯고 그 뒤 동아일보의 정주지국을 마터 경영하기도 하엿다. 이리하는 동안에 세태는 변하야 뜻도 커지고 더구나 한달에 1원씩 밧어드리는 신문대금도 잘 드러오지 안음으로 부득이 거액의 부채를 신문사 본사에 질머진 채 신문지국은 팽개치고 말엇다.

그제부터는 평양에 올너와 변호사 모씨의 배하에도 잇섯고 대표자도 하엿스며 또 엇든 지우의 문객 노릇도 하다가 필경 천복을 입을 사람의 착안은 일즉부터 다르든가. 광산업에 이상한 흥미를 늣기고 엇더한 기회로 황화감발에 마치를 쥐고 이 산맥 저 산맥 광산맥 찻기로 나섯다. 그리하야 어든 것이 평북 삭주 교동의 교동광산이라. 이 조흔 광맥을 발견하엿스나 수중에 무자하니 속이 얼마나 탓스랴. 천신만고 끗헤 2,000圓 돈을 만들어 쥐고 발굴을 시작한 것이 그 광상의 폭도 넙을 뿐더러 매장량이 무진장이요 또 산품의 질이 가위 절품임으로 성가(聲價-세상에 드러난 좋은 평판이나 소문) 육륭(隆隆)한 바 잇섯다. 이리하야 조석으로 파내는 황금은 안전에 누적하기를 시작하엿다.불출기년에 대세는 결정되엇다. 교동금광은 관서에 큰 부자 한 사람을 만들고야 말 형세로 이제 이 금광이 얼마나 유리하엿든가 함을 동경서 공간(公刊)된 상공성 광산국의 조사발표에 의하여 보건대 이러하엇다.
조선에 잇서 가장 유수한 금광중 일로 매년 648와(瓦-그릇)의 금 산출이 잇고 그 가격이 66만원을 산(算)」하는데 인부는 매일 1067명은 사용하고 잇스며 등록번호는 4404번이다.

3. 때는 왓다. 그것은 바로 재작년이다. 전선일(全鮮一)이라고 소문나든 이 금광을 지금은 정우회의 장로요 전 만철총재(滿鐵總裁)로 잇든 山本條太郎 씨가 기사를 다리고 일부러 조선 나와서 실제로 답사하엿다. 그는 욕심내엇다. 그래서 동지 고일청 씨 등의 조력으로 결국 145만원이란 대금(大金)으로 매매가 되고마럿다. 145만원! 이것은 상상하기만도 어려운 대금이다. 이 대금이 수형도 아니요 회사무권도 아니요 현금으로 실로 순전한 현금으로 방응모 씨 수중에 쥐워젓든 것이다. 산본씨는 이 금광을 사서 더 증자하여 지금은 교동금광주식회사를 만들고 성히 채굴하는데 그 뒤의 산금 성적도 매우 양호하야 산 사람도 만족하여 하고 판 사람도 만족하여 지내는 터이라 한다. 물론 방씨에는 산본씨에게 매도한 전기 교동금광 이외에도 광산이 아직 수3처나 잇다하니 천이 다시 부익부의 정칙을 그에 시험 할넌지 모를 것이다.

이 대금을 거두어 쥐고 조만식 이광수씨 등의 권함도 잇서 분규차폐문중(紛糾且閉門中)에 잇든 조선일보를 인수경영 함에 이른 것은 최근의 사(事)-라 사회공지의 사(事)임으로 여기서는 약한다.
방씨가 오늘까지 신문사를 위하야 내 노흔 돈이 50만원 내외라 한다. 그것은 조선일보사가 50만원의 주식회사인데 그 중의 대부분이 방씨 직접간접으로 낸 돈이다. 이러케 1인이 주의 대부분을 가지고 잇슴으로 주식불입시나 증자의 경우는 문제가 극히 간편하게 운행될 것이다.
동아일보는 1회 불입시의 주인수(株主數)가 400여인이 되더니 2회 불입시는 반감이 되어 약 200명 박게 아니되엇다 한다. 조선일보의 길과는 달느다.
오늘날 조서의 신문사업은 아직까지 소모사업에 속한다. 소모사업이 아니라 할지라도 영리사업은 못된다. 그 증거로 10년 기초를 닥거 수지가 맛는다는 동아일보에서도 주주배당이라고는 유사이래에 한 푼 업서 왓다. 이와 가치 영리사업이 아닌 기관에 50萬金씩 투하는 분이 잇다면 그는 존경에 식하는 인물이 아니라 할 수 업다. 방씨에는 자녀가 업다. 아니 2, 3세 나는 어린 여식만이 잇다든가. 재산조차 일대에 끈칠 작정을 한다 할진대 방응모씨는 압흐로도 더 빗난 사업에 착수할 수 잇스리라. 아무튼 오늘 공표한 조선은행의 금 매입가는 9원 75전이라 하며 덕력(德力)서는 10원대까지 올나갓다고 한다. 당국의 산금 정책과 경제계의 사정으로 금가는 조석 변할 정도로 작고 앙등하고 잇다. 이러케 외적 조건이 조흠으로 지금 조선은 바야흐로 황금광 시대를 현출하고 잇다. 그리고 13도 방방곡곡에는 그야말로 변산변하(遍山遍河)라 하리만치 채금업자가 덥혀 싸히고 잇다. 이 속에서 언제 제2 최창학씨 제3 방응모씨 등이 나설는지 모른다. 바라건대 금후의 금광왕들은 모다 방응모씨를 본바더 사회와 고락을 가치하여 주기를 바란다.

위 내용은 당시 조선의 3대 금광왕 중 한 사람으로 불렸던 방응모 씨에 대한 일화를 실은 내용이다. 방응모 씨는 평안북도 정주군 출신으로 가난한 선비 집안에서 태어나 어릴 때부터 많은 고생을 하였으며, 정주읍에서 포목상, 동아일보 정주지국 등을 경영하였으나 많은 부채를 안게 되었다. 그 후 평양으로 가 변호사 사무실 등을 전전하다가 광산업에 흥미를 느껴 광맥을 찾아 나서게 되었으며 삭주군의 교동에서 좋은 광맥을 발견했지만, 자금이 부족하여 겨우 2,000원을 가지고 광산을 시작하게 되었는데, 광산을 개발하다 보니 광맥이 좋아 연간 생산액은 66萬圓에 달했으며, 종업원 수도 1,067명에 달했다 한다. 이러한 소식을 전해 들은 일본인 야마모토 죠오타로우(山本條太郎) 씨가 광산기술자와 함께 현장을 보고 난 후 145萬圓이라는 거금을 주고 이 광산을 매입하게 되는데, 이 돈 중 50만 원을 들여 당시 분규 상태에 있던 조선일보를 조만식, 이광수 씨 등의 권유로 매입하게 된다.

또 이 잡지는 당시 자금난으로 어려움을 겪고 있던 조선일보를 영리 사업도 아닌데 거금을 투자했다는 사실을 높게 평가하고 전술한 금광왕 최창학 씨와는 달리 존경하는 인물로 기술하고 있다. 방응모 씨는 현 조선일보의 1대 사주이며 지금은 그의 증손자들이 뒤를 이어받아 경영하고 있다. 또 내용 중에 당시의 금값이 아침저녁으로 올라 조선은행 금 매입가가 9원 75전이었고 시중에는 10원까지 상승하는 등 전국에 황금 열풍이 불고 있다는 내용도 소개하고 있는데, 당시는 1929년부터 시작된 미국 대공황의 여파로 금을 선호하는 경향이 높은 때였다.

1931년 영국에 이어 미국도 1933년에 금본위제를 폐지해 금값이 하락하는 단계에 접어들어야 했지만, 그해 1월 30일에 독일에서는 아돌프 히틀러가 독일 총리에 임명되었으며, 다음 해인 1934년 8월에 독일 대통령의 죽음으로 대통령까지 겸하는 총통이 되어 앞으로의 금값 향방이 어찌 될지 모르는 시대였다.

:: 1934년

〈동아일보 1934. 1. 13〉에는 '일본의 삼정재벌이 삼성금광 의주 광업에 이어 평북 최대의 신연 금광을 박용운으로부터 120萬圓에 매수하다. 삼정재벌은 평북의 산금사업비 1,000萬圓을 투입하여 독점하려 했다'라는 기사가 있는데, 방응모 씨 사례처럼 당시의 일본인과 일본회사에서는 우리나라의 금광을 매입하기 위해 혈안이 되었었다는 사실을 알 수 있다.

〈동아일보 1934. 6. 3〉에는 '이달 중에 총독부 광산과에 금광 출원 건수가 총 840건이며, 1월부터의 결과는 3,465건'이라는 보도와 〈동아일보 1934. 7. 25〉에는 '금년 현재 금광 외의 광업권 출원상황을 보면 마그네사이트 18, 유화철 14, 흑연 37, 운모 7, 명반석 4, 석면(石綿) 7, 형석 6건이다'라는 보도, 〈동아일보 1934. 9. 17〉에는 '금년 현재 평북지방의 금광구 상황을 보면 한인경영이 205광구 122,994,964평이며, 일인(日人)경영은 344광구 210,143,763평이고, 사금광은 한인이 8구(區) 13리(理) 10정(町)이며 일인은 2구 3리 11정 20간이다'는 보도를 비롯해 〈동아일보 1934. 10. 27〉에는 '1월부터 이달 말까지 광업권 출원 건수를 보면 6,645건으로 작년 동기에 비하여 1,435건이 증가되었고, 총출원 건수에서 600여 건이 군수 광물인데 금광업이 대부분을 차지한다'는 기사 등 광업권 출원과 관련된 소식들을 많이 보도하였다. 특히, 기사는 금을 군수 광물로 분류하여 보도하고 있는데 금을 팔아 군수물자를 구입할 수 있었기 때문일 것이다.

:: 1935년

〈동아일보 1935. 3. 6〉에는 충북 괴산군 청안면 장암리에 굶주린 농민 20여 명이 금광을 습격했다는 기사와 〈동아일보 1935. 3. 29〉에는 '함남 영흥군 덕흥면 용암리 소재 동양척식회사 소유의 금광에 종업하는 500여 명의 광부들이 다음과 같은 요구조건을 제출했다.

- 물가가 폭등된 이때 임금인상을 단행할 것
- 종업원 전부에 일률로 5분의 임은(賃銀)을 인상할 것
- 매일 최저 임은(賃銀)은 1圓으로 할 것

잡지 〈삼천리, 1935. 9. 1〉 금광편(金鑛篇)에는 전술한 두 명의 3대 금광왕 외에 김대원, 박용운, 방의석의 사례를 다음과 같이 기술하고 있다.

금점판 만치 조선사람의 구미(口味)를 건드린 사업이 근래에 업다. 양복 입은 이 상투쟁이 아이놈 어룬 할 것 업시 저마다 백만장자 될 꿈을 안고 갈팡질팡한다. 서울 장곡*정 측량지도 파는 곳에는 매일 지도 사러드는 사람으로 줄을 서다십히 하고, 총독부 광무과(鑛務課) 문전은 한다하는 대구 시장가치 사람이 안고 돈다. 어듸서 나왓는지 백원 짜리 이백원 짜리 수입인지를 입에 물고 또 서로 말하는 말치를 드러도 일이만원이란 말이 업고 얼필칭 십만원 백만원한다. 이 바람에 녹는 이가 만타. 금광 구미에 조선사람 초가집 몃백개가 비거석양풍하고, 조선전래의 땅미지기 몃천 석 거리가 몃만 석 거리가, 고맙단 말 한마듸 듯지 못하고 녹아버렷는지 모른다. 그러나 일장공성백만골(一將功成百萬骨)이라 함은 예서도 정측 인양으로 여러 천명 여러 만명이 망해빠지는 반면에 몃 사람은 날 보아라 하드시 민가부(閔家富)를 부럽다 아니할 큰 부자가 되엇다. 우리들은 그 분들을 들추기로 하자. …(중략)…

| 대구의 김대원(金台原)

한동안 중앙일보(中央日報)가 쓰려지려 한 적에 안씨란 령남 신사 한 분이 서울로 나타나서 수만의 대금을 써가며 한동안 와자자하게 소문을 날렷다. 그분의 배후에 금광왕 김대원씨가 숨어잇섯다. 김대원씨도

덕대로 도라다니기도하고, 천신만고 끗헤 나종에 경북 어느 고을 잇는 금광 한 개를 잘 맛나서 륙칠십만원에 팔아 버린 뒤 계속하여 삼남각처의 금광에 손을 내어 굉장한 실 세력을 모아 쥐고 잇는 분이다. 올에 50을 상하 하는 아직 중노이다.

| 130萬圓의 박용운(朴龍雲)

신의주에서 신연제철소(新延製鐵所)를 하는 박용운씨 이분도 평북서 나타난 큰 금광주로 이미 세상에 널니 알니워 젓다. 역시 일백삼십만원 인가 밧고 삼능 계통에 판 뒤 일약 큰 부자가 된 이다.

| 방의석(方義錫) 기외 제씨(諸氏)

함남 북청(北靑)에 잇는 방의석 씨도 여러 곳에 착수하여 수십만원의 리익을 본이요, 한동안 라진 경긔(羅津景氣)로 부자 된 김긔덕(金基德) 씨도 금광에 진출하고 잇고, 윤○○ 씨의 계통으로도 성히 금광에 착수하는 이 잇는 등 일이십만원의 리익을 본 사람은 수두룩하다 하리만치 만키에 대략 여기에서 끗치기로 한다. 엇잿든, 매년 삼천만원 어치의 금이 조선의 산 속에서 나온다. …(후략)…

1930년대 초반부터 황금에 대한 사회적인 분위기는 위에서 언급된 것처럼 양복 입은 사람은 물론 상투를 튼 어른과 심지어는 아이들까지도 관심을 가졌으며, 또 지도를 파는 상점과 광무과를 비롯해 광업등록사무에 광구를 등록하려는 사람들로 문전성시를 이루었다는 것을 알 수 있는데, 그때의 황금 열기는 과히 광풍에 가까운 수준이었던 것으로 보인다.

:: 1938년

〈조선총독부관보 1938. 4. 20〉에는 도지사 회의에서 행한 정무총감의 훈시요지는 다음과 같다는 내용을 게시했다.

[훈시요지] …(중략)…
– 지하자원 증산계획에 대하여

반도에 있어서의 광업은 최근 갑자기 활황을 보이기에 지(至)하였는데, 차등 제1차 자원을 확보하는 것은 현하의 국정에 있어서 지극히 끽긴(喫緊)한 사(事)에 속하므로, 정부는 다액의 경비를 염출하여 차의 조장장려의 책을 강구하기에 지(至)한 차책이다.
특히, 조선의 금광업은 정부의 증산정책에 호응하여, 본연으로써 제1 초년으로 하는 산금 5개년계획의 수립을 보아 1942년에 있어서의 산금 75만톤을 목표로 하고 있다. 또 철에 대하여서는 당면의 시국의 영향을 받아 급속히 전시체제를 정비할 필요에 절박하여 국(國)을 거(擧)하여 차(此) 자원의 확보에 노력하고 있는 차제(次第-두 번째)로서, 조선에 대한 기대는 금과 마찬가지로 특히 요청됨으로써, 무산 철광의 개발에 주력함과 공히 미개발 철 광구의 개발 조장에 노력하고 있는 상황이다. 석탄은 만근 반도공업의 발흥에 인유하여 당금 부족을 호소하고 있으므로, 금후 일층 탄유(炭由)의 개발에 치력하게 된 것이다. 기타 소위 중요광물에 있어서도 증산 내지 개발을 광업자의 자유의사에만 맡기지 않고 국제적 대국에서 적극적으로 증산 또는 개발을 강제하게 되었다. 차는 모름지기 국가 국수의 자원을 지하 깊이 잠재우는 것은 금일의 시세에 있어서 허용되지 않으므로 여사히 강력한 국가권력 하에 개발을 최촉(催促-재촉)하게 된 것이다. 각위는 심사치차하여 지하자원개발에 수반되는 제반 행정에 일반의 공부연구를 가함과 동시에 광업자의 발분흥기를 촉구하여서 국책수행에 기여하기 바란다.

위 내용은 1938년에 이른바 산금 5개년 계획을 정무총감 훈시를 통해 발표한 것으로 금은 1942년에 75만 톤 생산을 목표로 하고, 무산 철광의 철 개발에 주력함은 물론 일본 공업회사들의 수요를 충당해 주기 위한 석탄의 개발을 광업권자에게만 맡기지 않고 일본 정부가 나서 강제적으로 개발하겠다고 선언한 것이었다. 이때는 1937년 중일 전쟁이 일어난 직후라 전쟁에 필요한 자금을 조달하기 위해 금을 많이 생산하려 했던 것으로 보인다. 이러한 일본 정부의 우리나라에 대한 산금정책 때문에 1938년의 금 생산량이 39.3톤에 달해 1936년 23.2톤, 1937년 30.1톤보다 대폭 증가하는 결과를 낳게 했으며, 마침내는 1939년에 우리나라 역사를 통틀어 가장 많은 41.46톤이라는 황금을 생산하게 된 것이다. 이러한 산금정책은 1942년까지 유지되었다.

잡지 〈삼천리 1938. 5. 1〉에는 "10대 금광을 차저서"라는 제목으로 우리나라 10대 금광 이야기를 연재했는데 내용은 다음과 같다.

이백만원설의 삼화금광(三和金鑛)

-광주(鑛主) 김준상씨의 인물-

…(중략)… 이때에 있어 조선인 측 광산과 그 경영자의 존재와 경륜은 세

인주시이 표가 되여 있다. 이제 본사는 전 조선 수백 처의 광산 중에 가장 우수하고 가치가 있는 것 10개소를 선(選-가려)하야 그 전모를 보기로 하는 바이다.

제1차 이종만씨의 장진광산 (본지 작년 5월호 참조)

제2차 김준상씨의 삼화금광

…(중략)…

1. 교통(交通)

이 삼화광산은 평남 안주군과 순천군 양 군의 경계에 처하여 잇는데 그 사무소의 소재지는 안주군 운곡면 룡림리로서 만포선 중평역에서 약 5천 즉 50리가 채 못되고 안주읍을 거하기 약 50리 순천에서 약 40리 광산에 현재와 가치 설비가 되기 전에는 양장의 곡로로 겨우 인마의 통행을 보앗섯는데 현금은 8,000여 척의 자동차 로를 단독 개척하야 「트럭」이 무상 출입하고 잇다. 이곳은 옛날에는 그 일홈조차 금곡방이엿고 압 산은 전산으로 재화의 보고를 연상게 하는 곳이다. 고노의 말을 직접 들은 바에 의하면 거금 약 40년 전에는 이 광산 부근에 토금이 대작하엿다는 말도 잇다. 나는 근래에 건강 문제에 주의를 하는 관계인지 몰으겟으나 그 광산을 중심으로 위요한 청아한 산악과 압헤 흘으는 벽계수가 그야말로 산명수려하야 요양지로 적당한 곳이 아닐까 하는 늣김을 가지게 하는 것이엇다. 그뿐 아니라 이제는 전기가 가설되야 가가호호에 전등이 휘황하고 전신 전화의 왕래가 광산을 중심으로 빈번하게 되야 광산이라 하면 험준 유벽을 연상게 하는 점은 하나도 업는 곳이다.

2. 지질(地質)과 광상(鑛床)

삼화금산 일대는 태고시대에 변질 편마암으로 구성되고 광상은 그중에 배태되여 열병(裂缾) 충진(充塡) 함금(含金) 석영 광맥으로 되엿는데 주향은 대개 북 210도 동 경사 북서 45도 내지 80도이다. 그런데 광맥은 2조로 되어 동일 주향 동일 경사로 병주하고 그 연장은 광구를 종관하야 타 광구로 입하고 금 마암지대의 광상의 특질을 표시하야 완연히 북동에 연하야 총연장은 실로 6천 즉 15리에 급하고 심부의 광상은 유망하야 무진장인 이 금산의 장래가 더욱 기대된다고 한다. 이 금산의 함유 광물은 대개가 유백석영 중에 방연광(方鉛鑛), 섬아연광(閃亞鉛鑛), 황철광(黃鐵鑛), 비소광(硫砒鑛) 등을 함유한 것으로써 금 평균 품위 90와(瓦)의 호(好) 성적으로 맥 폭은 3척 내지 9척으로 양과 질이 모다 우수하며 부광대 일부에는 각금 자연금이 잇서 때로는 노다지가 쏘다지고 잇다.

현재 개발된 부광대의 금의 상황을 보면 상부 제5구의 노두로부터 남측 경사에 잇서서 연장 160미(米) 심도 100미(米)에 달하야 현 제4구 수평시추 갱도 하저에서 현하 채광 작용을 하고 잇는데 굉장한 부광대가 출현되고 잇다 한다.

광상의 산화 작용은 심도 30미에 달하야 산화대로부터 유화대에 이행하는 부분에 2차 산화 작용이 되여서 때로는 순백색 석영 중에 다량의 자연금이 함유한 점으로 보면 부광대 생성은 1차적 부광대 작용이 원인한다고 볼 수 잇다고 한다. 상반 급 하반을 구성하는 모암은 물론 편마암이고 광상 생성 시에 열작용으로 인하야 변질하야 열븐 녹색을 정(呈)한다고 한다.

3. 연혁(沿革)

이 광산은 거금 20년 전 대정 6, 7년경 세계대전이 방감하든 당시 김윤환, 김인오 외 3인의 출원으로 작업을 개시하야 대정 8-9년에는 덕대식으로 채광한 것을 진남포 구원 제련소에 매광하야 상당한 이익을 보앗섯다 한다. 당시는 부근 일대에 인근으로부터 운집하는 인구가 수일 증가하야 일시 300여 호의 집단 부락으로 은진을 극하엿섯다 한다. 현재와 가치 기계 설비도 불충분하든 당시에 그와 갓흔 융성을 본 것은 광산 자체의 호성적을 여실히 말하는 것이엿는데 경영 당사자들의 방침이 결여하엿든 탓인지 또는 낭비로 인한 것이엿는지는 몰으나 그 후 자금 고갈로 대정 11년에 폐광되엿다 한다. 그 중에도 사업욕이 왕성할 뿐 아니라 풍부한 산금량을 보고 그대로 폐광된 것을 통석히 역인 김윤환씨가 그 해 5월 재출원하야 허가를 어더가지고 작업하다가 자금의 과소로 부득이 중지하게 되엿는데 지금부터 7년 전 양진환 씨가 위임 경영을 하여 보앗으나 역시 불여의하게 되엿음으로 현 광주 김준상씨가 양수하야 광업권을 이전하는 동시에 작업을 개시하엿다. 그것이 소화 7년 1월 27일로서 당시에는 김준상씨도 적수공권으로 오직 수완과 활동으로 온갓 난관을 배제하고 혹은 기한과 싸호며 혹은 전력의 협위를 익이며 혹은 부당한 피소에 대응하야 백절불굴하여 온 결과 금일의 성과를 이루게 되엿다고 하는 바 소화 10년 하에는 12마력 350봉도저 15본의 제련계 설비까지 하자 사방에서 덕대가 운집하야 현재에는 평남 제일의 광산이 되엿잇다 한다.

4. 실적(實績)

초기에 잇서서 자금이 풍부하지 못하고 경험을 구유치 못한만치 다만 견인지구의 불발심과 용왕 매진하는 결단력으로 권리를 보장하면서 덕대들의 노력에 의하야 개착한 것이 함금량과 광맥의 우수를 말미아마 실로 경이의 호성적을 내엿다는 바 이제 그 실적을 조사한 바에 의하면 소화 11년도에는 충분한 설비도 업섯는데 연산액 17만圓이엿고 소화 12년 즉 금년에는 1월부터 10개월 동안에 약 500,000圓의 산금액을 내고 잇다 한다. 그런데 이 광산은 면적이 200,000평에 불과하나 전 산이 금으로 되엿음인지 그 함금량은 20관 입 1로대에 7, 8분이 보통이며 때로는 25관 입 1상에 25, 6냥의 금이 낫다는 것은 거즛말 갓흔 사실이라 한다. 이 광산 중에도 특히 제4갱구가 유망한 것인데 이 갱구의 굴진은 1,300척 댑(굴하)이 100척 천판(절상)이 200척 맥 연장 400척 맥 폭 5, 6척 내지 6척인데 이 갱구에서 나는 금의 함유량은 80와(瓦)다. 만일 김준상씨가 당초부터 자금이 풍부하여서 완전한 설비를 하여 노핫드면 현재의 성적은 가경할만 하엿으리라는 것은 동 광업소 소재지 일대의 공인하는 바로서 무엇보다도 덕대들 중에 이 광산에서만 거만의 재를 모흔 사람이 불소한 것을 보면 알 수 잇으니 예(例)하면 그 중에 최대일 갓흔 분은 100,000圓 이상의 이익을 어덧고 김봉기외 5인은 60,000여圓, 김응제 10,000圓, 양진환 20,000圓, 이진규45,000圓, 박형진 10,000圓 등이다.

5. 현재의 설비(設備)

이 광산의 설비는 날마다 확충되여 감으로 금일에는 작일의 면모가 변하여 가는 형편이라 현상만 가지고 전모를 말하기는 조계(早計)라고 생각한다. 내가 현장에 갓슬 때의 상황만을 본다면 지난 8월에 10,000여 圓을 드려 서선합동전기주식회사로부터 전기를 끄려드렷고 방금도 전기 공사가 진행 중에 잇섯으며

○ 자동차 로(路) 신설 (5,000여 圓을 드려 연장 8,000척을 개척)

○ 화물 자동차 1대

○ 도광(搗鑛) 제련장 (10,000圓을 드려 개수(改修) 중)

○ 화약고 (360관 입 신축 중)

○ 콤푸렛샤- (착암기) 1대 (50마력용으로 10,000여 圓을 드려 경성 일흥사의 설계로 공사 준비)

○ 배급부 시설 6,000圓

○ 사무소 1동 (100평)

○ 사무원 사택 4동 (57평)

○ 견장소(見張所) 1동

○ 갱부 합숙소 10동

○ 전화 1대

○ 기타 부락 건설비 등으로 6,500圓

다음에 특기할 것은 이 산중에서는 처음으로 보는 운동장 시설이니 직원과 착부들의 심신 단련과 오락의 합리화를 목적으로 하야 1,700평을 제공한 것이라는데 어듸에 내노튼지 손색이 업슬만한 정돈된 운동장이엿다. 이리하야 이미 드린 경비만 약 20만圓에 달한다 하며 압흐로 수일 배가하게 되리라는 것은 동 광산 사무소의 말이다.

이와 가치하야 이 광산의 성적이 나기 전에는 그 소재지 용림리가 3, 40호에 불과하든 것이 지금은 신축된 가옥만 8,90호로 여기에 잇는 인구 약 600여 명과 타지에서 드러온 광부 약 400명을 합하야 1,000여 명인데 그 대부분이 이 광산을 믿고 평화롭게 생활을 영위하고 잇다 한다.

6. 광주(鑛主)의 방침

누구나 무슨 기업을 하든지 각각 특이한 방침 하에 사업을 운영하여 갈 것은 사실인데 물론 사업 자체의 추이에 따라 방침도 구구할 것이나 특히 자수 성공하는 입지전 중의 인물들이 활동하는 곳에는 각기 특유의 개성이 발로되는 것이다. 김준상 씨는 일직이 사회를 위하야 여러 가지로 헌신한 분으로서 더욱이 간난신고를 맛볼대로 맛보앗는지라 남의 곤경을 이해할 줄 알며 모든 조직은 형식적 기계적이 아니라 실질적 동지적으로 하야 평화리에 온정에 무르녹으면서 모든 것이 무위 중에 운행되는 것을 볼 수 잇섯다.

첫재 광부의 임금이니 부근 제 광산보다 평균 1할 이상의 솔로써 대우함으로 성문(聲聞)이 놉하저서 각지로부터 우수한 광부가 운집한다는 것은 광산 자체의 성가와 아울러 경영의 묘체인 것도 사실일 것이다.

둘재 인사 관계이니 자본과 기술이 결합하야 조직을 통해서만 본격적으로 광산을 경영할 수 잇다는 것은 벌서 한 상식으로 되여 잇거니와 무엇보다도 인간 문제가 중요한 것으로서 아무리 자본과 기술이 풍부하다고 할지라도 그를 운영하는 주체인 인간이 결정적 요소인 것이다. 이 광산에서 일보는 사람은 사무원이나 심부름하는 사람이나 광부나 한 사람도 남의 일을 한다 하는 관념을 가진 사람은 업다고 한다. 내 일과 가치 내 일로 알고 아츰에는 일출로부터 저녁에는 색캄할 때까지 조곰도 권태를 늣기지 안코 긴장리에 활동하고 잇는 것을 볼 수 잇섯다.

셋재, 시설에는 비용을 앗기지 안는다는 바 광산 채굴을 위한 설비는 물론, 부락의 건설, 문화시설의 확충 등에 거액을 투하하는 것이 그것이니 여유가 잇으면 한다는 것이 아니라 필요만 잇으면 여하한 방법으로라도 하고야 마는 기백이 잇기 때문에 목적을 위하야는 최대한도의 선의의 수단을 다하고 잇다 한다. 동 광산사무소 직원의 말에 의하면 비록 금전에 곤란을 밧고 자신의 생활이 군핍할지라도 시설을 뒤로 미룬다거나 조방하게 하는 일은 절대로 기피한다고 한다.

현재 동 광산을 운영하는 현장 사무소를 보면 광주(鑛主) 김준상, 총무 김형전, 외교 노찬근, 재무 박덕기, 서무 김정직, 화약주임 백경욱, 기사 주상렬, 배급부 최성삼, 전기계 민영덕씨 등으로 모다 한 가족이 모힌 것 가치 분업적으로 사무를 분담은 하여 잇으면서도 촌가만 잇으면 창의적으로 각각 새로운 일에 권태업시 매진

한다고 한다.

다음에 참고로 동 광산의 덕대와의 분철솔을 보면 아래와 갓다.

금석 1상(25관 입) 소출화금 2분 이하는 무분철(無分鐵), 2분 1리 이상 5분 이하는 8분철, 5분 1리 이상 1전 5분 이하는 6분철, 1전 5분 1리 이상 3전 이하는 5분철, 3전 1리 이상 5전 이하는 4분철, 5전 1리 이상 1량 이하는 3분철, 1량 이상은 2분철.

1938년 5월 잡지 〈삼천리〉에는 삼화금광 내용을 연재하고 있다. 연재 내용에는 광업권자 김준상 씨 신상 내용을 비롯하여 교통, 지질과 광상, 연혁, 생산실적, 광산시설을 비롯해 광업권자의 방침까지 아주 상세하게 기록하고 있는데, 광산에 자동차가 다닐 수 있는 도로가 개설되어 있었음은 물론 전기와 전화 시설까지 겸비했고, 광산촌 마을의 인구 변화까지도 상세하게 기록하고 있어 당시의 시대 상황 파악에 좋은 자료가 될 수 있다. 또 내용 중에는 광산의 광맥분포 현황과 품위를 비롯해 개발 현황과 생산실적, 광산운영 조직과 시설 및 심지어는 덕대의 분철 내용까지도 상세히 알 수 있어 1930년대 후반 광산 자료로서의 가치도 높다고 평가할 수 있다.

〈동아일보 1938. 5. 14〉에는 총독부에서 광업의 통제와 진흥을 위해 각지의 업자대표 30명과 각 도 관계자 13명을 소집하여 광업협의회를 개최 협의한 결과, 전국 금광 3,265개소를 통합 구분하여 지방광업협의회를 조직하고, 석탄, 흑연, 철광, 중석 등 네 분과광업 협의회를 조직하여, 이상 분과협의 대표자와 각 도 대표자 17명으로 조선 중앙광업 협의회를 조직한 후 총독부 내에 설치되어 있는 철광통제 위원회와 연락을 취하며, 1. 광업용 물자의 조정, 2. 광업용 물자의 공동 또는 대리구매, 3. 관청의 자문에 대한 답신, 4. 관청공시사항의 주지선전(周知宣傳), 5. 광업의 진흥조성, 6. 이상 각 호에 부대되는 사항 등 사업을 수행하기로 하고 각 광산에서 생산에 필요한 물자 소비에 대한 배급에 원활을 기하기로 했다는 기사가 있는데, 광산협의회를 중앙과 지방에서 상당히 구체적으로 조직하고 총독부 내의 철광통제 위원회와도 교류하겠다는 내용으로 사업항목까지도 구체적으로 제시하고 있다. 이 광업협의회는 1918년에 처음 만들어졌다.

:: 1939년

〈동아일보 1939. 8. 1〉에는 연산액 600만 원의 평북 운산금광이 동양합동광업(주)에서 일본광업(주)으로 넘어갔다는 보도가 있었는데, 운산광산은 조선 고종 때의 자료로는 고려시대부터 개발되었다고 하며, 조선시대 세종 편에서도 광산목록에 나오는 광산이다. 운산금광은 평안북도 운산군 북진로동자구에 있다.

〈조선총독부관보 1939. 12. 2〉에는 산금량(産金量)을 파악하기 위해 조선 산금량 굴출규칙(부령 제204호)이 제정 시행된바, 금광 업자는 매년 소정기간의 산금량을 기준 산금량에 비해 증감하는 수량을 조선총독에게 보고하게 하였다는 내용이 있는데, 1939년 9월에 제2차 세계대전이 일어났기 때문에 전쟁자금을 조달하기 위한 수단으로 철저하게 관리했을 것으로 보인다.

:: 1940년

〈동아일보 4. 23〉과 〈조선총독부관보 1940. 4. 24〉에는 1940년도 도지사 회의가 총독부 제1 회의실에서 개최된바 大野 정무총감은 금년의 시정 방향을 다음과 같이 피력했다는 내용이 기록되어 있는데 금에 관한 내용은 다음과 같다.

…(중략)…

10. 금(金)급 중요 광물의 증산에 대하여

조선산금5개년계획은 본년 기 제3년을 맞이하였는바, 본부에서는 본 계획수립 당초부터 기 완수를 기하여 각종 조장장려(助長奬勵)의 방법을 강구하여온 것은 이미 주지하는 바와 여(如)하다. 그리고 작춘(昨春) 본 계획의 원활한 진행을 촉구할 조성기관으로 산금협의회를 설치하고 사계(斯界)의 중지를 취하여 금 증산에 관한 구체적 방책을 고구(考究)하고, 또 증산 금 매상가격할증제도(買上價格割增制度)를 창설하는 등 착착 기 실현을 도모하고 있는 것인 바, 작년은 시국의 영향에 의하여 계획수립 당초에 예상하지 않았던 기다(幾多)의 장애에 봉착하여 예정의 성적에 달(達)치 못하였던 것은 유감이라 하는 바이다. 바꾸어 시국의 진전, 국정의 추이를 감하여 볼 때 산금의 중요성은 증가되고 있는 것으로, 차에 수반하여 아 조선은 본방강역 중 가장 중요한 산금지대로 기 중책은 더욱 가하여져 왔다. 따라서 본부에 있어서도 본연(本年)은 다시 조장장려의 시설을 일반 강화 확충하여 소기의 목적달성에 만진하고 있는 바, 본 계획수행에 가로놓인 제 장애는 관계관민(關係官民)이 일치 협력하여 기 배제에 노력하지 않으면 안 된다. 그리고 또 본 연도에 있어서는 고금의 정부집중의 전제로서 금의 국세조사(國勢調査)를 시행하고 전반적으로 고금의 현상을 상세히 함과 공히 정부집중에 대하여 권장에 노력하여 목적달성에 일단의 박차를 가할 작정이다. 각위는 금광업의 개발촉진을 위하여 제반 행정상 일단의 연구를 가하여 금의 증산 급(及) 집중에 관한 국책수행에 기여하기 바란다. 기타 중요 광물 증산의 필요에 대하여는 기회 있을 때마다 강조하여왔던 바로서, 시국의 추이에 수반하여 구수를 위시 생산력 확충 부문에 있어서의 수급이 저증한 반면 종래 주로 외국산 광물에 의존하여 왔던 것에 있어서는 차(此)의 수입이 감소하기에 이르러 국내에서 차등 중요 광물의 증산공급을 도모할 필요가 절실하게 되었다. 특히, 차등의 중요 광물자원 중에는 조선에 부존한 것이 많고 더우기 일본에 있어서는 기산출이 적어서 조선의 광업에 기대하는 바 극히 큰 관계상 조선은 매년 예정수량의 생산을 확보할 중대한 책무를 부하(負荷)한 실정이다. 여사(如斯)한 중요성에 감하여 종래 광업자에 대하여 예의(銳意) 증산 독려에 노력하여 국책수행에 기여하여 왔던 바, 4국의 정세변화에 수반하여 광업 경영상에도 생산비의 앙등, 기술자, 노동자의 획득난, 소요 자재의 입수난 등 증산 계획 수행 상 장애가 될 제종의 악조건이 파생하기에 지(至)하여, 종래의 여한 조장책만으로써 한다면 예기의 성적을 기하기 난한 사정에 조알하기에 지하였다. 따라서 본년부터는 신규 조장시설의 일 방법으로 중요 광물자원의 개발증산을 도모하기 위하여 강력한 조성기관으로 국책적 특수회사를 설립할 예정으로, 국책적 특수회사 설립시는 광산의 경영, 선광장의 경영, 자금의 융통 또는 투자, 광상의 조사 등 조성상 필요한 제반의 사업을 경영케 할 예정이다. 차역(此亦) 산금의 경우와 같이 본 사업수행상 특단의 진력을 불(拂)하기 바란다.

위 내용을 살펴보면 1939년 9월 일어난 제2차 세계대전이 일어난지 얼마 되지 않았을 때라 금 증산을 통해 중일전쟁에 필요한 자금 조달은 물론 일본에서 생산되지 않는 전쟁용 광물을 가져가기 위한 시도가 있었다는 것을 알 수 있고, 심지어는 이러한 광물들을 증산하기 위한 국책 특수회사 설립까지도 검토했다는 사실을 확인할 수 있다.

:: 1940년 이후

1938년부터 1942년 사이, 즉 일제강점기 산금 5개년계획 기간이던 5년간 남한의 주요 금 광산은 김제 봉남면의 김제광산과 광양광산, 구봉광산, 삼광광산 등 10개 광산이었다. 이들 주요 10개 광산의 총생산량은 13,368kg에 달하는데 연평균 생산량은 2,673.5kg이다. 광산별로는 전북 김제시에 있는 김제광산이 가장 많이 금을 생산한 것으로 기록되어 있으며, 그다음은 충남 청양군 남양면과 운곡면에 있는 구봉광산과 삼광광산, 전남 광양의 광양광산과 나주 공산면에 있는 덕음광산 등으로 이들 5개 광산에서 1톤 이상의 금을 생산한 것으로 확인되고 있다. 기타 중앙광산, 상주광산, 문명광산, 서교광산, 황보광산 등은 1톤 이하를 생산했다.

광산명	소재지	광업권자	생산량(Kg)					
			1938	1939	1940	1941	1942	5년 누계
김제	김제 봉남면	삼릉(三稜)광업						3,741
광양	광양 광양읍	일질(日窒)광업	697	437.3	308.9	226.7	229.6	1,899.5
구봉	청양 남양	중외(中外)광업	257.9	264.6	387.8	521.4	445.1	1,876.7
삼광	청양 운곡	삼릉(三稜)광업	273.0	273.9	248.2	284.6	234.4	1,314.1
덕음	나주 공산	일본(日本)광업	10.3	307.9	309.6	324.1	177.7	1,130
중앙	천안 입장	조선중앙(朝鮮中央)						979
상주	상주 낙동	중앙(中央)광업						749
문명	영덕 영덕	일질(日窒)광업						620
서교	안성 서운	동방(東邦)광업	148.7	134.0	124.1	74.7	67.7	549.2
황보	홍성 광천	동방(東邦)						510
10 광산								13,368

10개 광산 중 일제강점기 동안의 연도별 생산실적이 확인되는 광산은 구봉광산이 유일한데, 1925년부터 1942년까지 금 2.2톤과 은 0.2톤을 생산한 것으로 확인된다. 이 광산은 1917년에 생산을 시작했으

며, 해방 후로도 계속 생산해 1971년까지 개발했다. 해방 이후 상황과 광산에 대한 세부 내용은 뒷부분에 상술할 예정이다. 일제강점기 때 개발된 또 다른 광산은 금정광산으로 경북 봉화군 춘양면 우구치리에 있는 광산인데 1923년부터 1943년까지 약 7톤의 금을 생산하였다. 이 광산도 후술할 예정이다.

◎ 1925~1945년 구봉광산 생산실적

연도	생산량(g)		연도	생산량(g)		연도	생산량(g)	
	금(Au)	은(Ag)		금(Au)	은(Ag)		금(Au)	은(Ag)
1925	28,463	–	1933	–	–	1941	521,412	–
1926	–	22,639	1934	–	–	1942	434,000	–
1927	–	31,174	1935	69,259	37,893	1943	–	–
1928	–	–	1936	166,256	64,950	1944	–	–
1929	–	29,625	1937	–	–	1945	–	–
1930	57,655	–	1938	257,941	–	합계	2,210,258	228,212
1931	–	35,100	1939	264,563	–			
1932	22,869	6,831	1940	387,840	–			

〈자료 : 한국의 광상 제10호, 한국광업백년사〉

일제강점기 동안 개발된 북한의 주요 광산은 1923년 평북 선천군의 선천금산과 1925년부터 개발되기 시작한 의주, 길상, 자성, 고원 성흥 광산 등이 있다. 1926년에는 삼성금산, 교동광산, 오북광산 등이 개발되기 시작했는데, 교동광산과 오북광산은 전술한 현 조선일보 사주의 증조할아버지인 방응모 씨가 개발한 광산이다. 1930년에는 옹진광산과 신흥광산이 개발되기 시작하였다.

개시연도	광산이름	광산소재지	광업권자
1923	선천금산	평안북도 선천군	주우(住友)광업
1925	의주금산	평안북도 의주군 옥상	의주금광
	길상금산	평안북도 산천군	일질(日窒)광업
	자성금산	평안남도 성천군	일질(日窒)광업
	고원금산	평안남도 양덕군	일본(日本)광업
	성흥금산	평안남도 성천군 숭인	일본(日本)광업
1926	삼성금산	평안북도 구성군 관서	삼정(三井)광업
	교동금산	평안북도 삭주군 외남	방응모
	오북금산	평안북도 벽동군	방응모
1930	옹진	황해도 옹진군	일본광업
	신흥	함경남도 함흥	일질(日窒)광업

〈자료 : 한국광업개사, 1989년〉

1943년 말 기준 남북한 등록광구 수는 10,500개이며 이 중 4,821개 광구가 개발되었는데, 남한은 5,402개 광구가 등록되어 2,353광구가 개발되었고, 그중 금광은 4,131개 광구가 등록되어 1,701개 광구가 개발되었다.

1911년부터 1930년까지 20년간 금 생산량은 총 127,413kg(127.4톤)으로 연평균 6,370.65kg(6.37톤)을 생산하였으며, 1931년부터 1945년까지 15년간 금 생산량은 총 339,468kg(339.5톤)으로 연평균 생산량은 22,631.2kg(22.6톤)이다.

구분	금 생산량(kg)		합계
	석금(石金)	사금(砂金)	
1911	4,325		4,325
1912	4,599		4,599
1913	5,613		5,613
1914	5,746		5,746
1915	6,929		6,929
1916	9,767		9,767
1917	8,555		8,555
1918	6,685		6,685
1919	5,506		5,506
1920	5,030		5,030
1921	6,079		6,079
1922	4,839		4,839
1923	5,990		5,990
1924	6,469		6,469
1925	5,663		5,663
1926	8,339		8,339
1927	6,990		6,990
1928	6,869		6,869
1929	7,240		7,240
1930	6,180		6,180
1931	9,031	2,980	12,011
1932	9,701	3,201	12,902
1933	11,508	3,798	15,306
1934	12,428	4,101	16,529
1935	14,710	4,854	19,564
1936	17,498	5,771	23,269
1937	22,548	7,540	30,088
1938	29,561	9,755	39,316
1939	31,173	10,287	41,460
1940	26,462	8,733	35,195
1941	24,183	7,965	32,148
1942	24,127	7,962	32,089
1943	15,241	5,030	20,271
1944	6,432	2,093	8,525
1945	598	197	795
일제강점기 합계			466,881

1931년부터 1943년까지 금 생산량이 1911년부터 1930년까지 20년간 연평균 생산량보다 3배 이상 많은데, 이때는 일본이 중국을 상대로 만주사변을 일으킨 시기로 전쟁에 필요한 자금을 조달하기 위해 우리나라에 묻혀 있던 금을 미국에 팔려고 했기 때문이다. 또 이 시기는 1929년부터 시작된 미국의 대공황 시기로 1933년까지 트로이온스당 20.67달러를 유지해 오던 국제금 가격이 1934년 34.84달러로 폭등해 금 생산이 늘어날 수 있는 조건을 제공하기도 했던 시기이기도 하다. 이러한 복합적인 이유로 인해 일본이 우리나라로부터 많은 금을 가져갈 요인이 생겼으며, 산금(産金) 장려정책(奬勵政策)을 추진하는 이유가 되기도 했다.

산금장려정책을 통해 금광의 기계화를 위한 설비비 융자는 물론 진입도로와 송배전 설비를 지원해 주었고, 산금(産金) 1g당 3원 85

전 외에 5원씩을 가산하여 지급하였다. 이러한 지원정책의 결과 1937년부터 1942년 사이 연간 금 생산량은 30톤을 넘었으며, 1939년에는 41.5톤이라는 엄청난 양의 금을 생산하기도 했다. 이러한 산금생산장려정책은 금광뿐만 아니라 다른 여러 광물의 수요 증가와 가격의 동반 상승을 가져와 재개발 광산이 많이 늘어나는 결과를 낳기도 했다.

그렇지만 1939년 제2차 세계대전이 발발하자 금 생산에 대한 지원이 줄어들게 되며, 1941년 12월 일본의 진주만 공습으로 그동안 미국에 팔아왔던 금을 더는 팔 수 없게 되어 금 수요가 급격히 떨어지게 된다. 이에 즉시 금광을 정비하는 '금산정비령(金山整備令)'을 1942년에 단행하게 되었는데, 금산의 규모는 남한에서만 379개 광산으로 금산(金山) 정비에 들어간 금액만도 총 62,596천 원(千圓)에 달했다. 금산정비령과 함께 그동안 금 생산에 투입되었던 장비와 인력을 전쟁물자인 동, 철, 중석, 수연, 니켈의 증산에 투입했으며, 특히, 니켈, 중석, 수연, 흑연, 형석, 망간, 아연 등의 광물 생산량을 집중적으로 늘렸다. 이에 금 생산량은 급격히 줄어들어 1943년에는 20톤, 1944년에는 8.5톤, 1945년에는 795kg까지 대폭 떨어지게 되었다.

일제강점기 36년간 우리나라 금의 총생산량은 466.9톤으로 한국은행이 보관하고 있는 104.45톤보다 4.47배나 많은 양인데, 이를 2024년 10월 말 금 가격인 g당 12만 7천 원을 적용해 돈으로 환산할 경우 59조 3천억 정도의 금액이다. 59조 3천억 원이면 우리나라 최대 높이(555m)의 빌딩을 서울 지역에 약 15개 정도를 건설할 수 있는 돈이다.

해방 이후(현대)

일제강점기인 1930년대는 일본이 만주 침략에 필요한 전쟁자금을 모으기 위해 산금(産金)장려정책(獎勵政策)을 추진했던 시기로 1939년에는 금 생산량이 최대 41.46톤에 달하기도 했다. 하지만 1939년에 일어난 제2차 세계대전으로 일본의 대미 금 수출이 제한되고 미국에 대한 금 판매가 중단되면서 그동안 실시해 왔던 산금장려정책과는 반대인 금산정비령(金山整備令)이 내려졌다. 이 때문에 1946년 금 생산량은 1911년 이후 가장 적은 38kg밖에 되지 않는다.

1946년 11월에는 일제강점기 동안 일본이 가지고 있던 광업권과 광산재산 모두를 미 군정청이 관리하게 되었다. 광산 감독관으로 비너스라는 미군 소령이 임명되었는데, 일제강점기 때 광산에서 일했던 한국인 종업원들이 자체 조직해 만든 자치관리위원회의 위원장들을 각 광산의 지배인으로 임명해 개별광산을 관리토록 했다. 1952년에는 1936년부터 '조선제련주식회사'라는 이름으로 운영되다 중단된 장항제련소를 재가동했는데 이때부터 금 생산량이 다시 늘어나기 시작했다.

1953년부터는 우리나라 최대 금광인 구봉광산과 무극광산을 비롯해 금정, 광양, 임천, 덕음, 태창, 삼황학, 중앙, 결성, 군북, 적재, 여수광산 등이 다시 재개발되면서 금 생산량이 증가하기 시작했다.

구분	금 생산량(kg)
1946	38
1947	228
1948	108
1949	170
1950	462
1951	237
1952	291
1953	457
1954	1,484
1955	1,368
1956	1,470
1957	2,058
1958	2,214
1959	2,004
1960	2,047
1961	2,616
1962	3,313
1963	2,802
1964	2,357
1965	1,954
1966	1,891
1967	1,970
1968	1,941
1969	1,578
1970	1,597
1971	896
1972	531
1973	507
1974	734
1975	415
1976	583
1977	665
1978	852
1979	749

해방 이후 최대 금 생산량은 1962년에 3.3톤이었는데 구봉광산과 무극광산의 생산량이 거의 2톤에 달해 우리나라 금 생산량의 대부분을 담당했었다. 전쟁 후인 1954년부터 1970년까지 17년간은 연간 1~3톤의 금을 생산했지만 1971년부터는 이 두 광산이 운영을 중단하면서 1톤 미만으로 급감하게 되었다. 구봉광산과 무극광산은 대명광업 대표인 정명선 씨가 운영하고 있었는데 1967년 8월 22일 구봉광산 광부였던 양창선 씨가 광산 갱도에 매몰되는 사고가 발생하였다.

양창선 씨를 구출하는 동안 금을 생산하지 못했음은 물론 구출과정에서도 많은 돈이 들어갔고, 또 광산경영권 이관과정에서 중간관리자들이 부정을 저지르고 광산 근로자들의 임금까지 체불하면서 1971년부터는 금광 개발을 못 하게 되었다. 이에 국내 금 생산량이 급격히 감소하여 1971년부터는 연간 1톤 이하만 생산하였고 1975년에는 415kg까지 떨어지게 되었다. 반면 국제 금값은 온스당 1971년 40.6달러에서 1975년 160.8달러, 1978년 193.4달러 1979년 306.0달러, 1980년 615달러로 15배 급등하였다. 만약 이 두 광산이 1980년대 금 가격이 급등할 때까지 계속 생산했더라면 얼마나 좋았을까 하는 아쉬움이 남는다.

해방 이후부터 1999년까지 금을 생산했던 주요 광산은 무극광산, 구봉광산, 광양, 삼광, 덕음, 임천, 금정, 상동, 태창광산 등으로 무극광산은 15.8톤을, 구봉광산은 11.3톤을 각각 생산하였다. 무극광산과 구봉광산의 금 생산량은 일제강점기 생산량까지 더하면 30.1톤으로 우리나라 전체 생산량의 약 67%에 달하며, 해방 이후부터 1999년까지는 전체 생산량의 88%나 된다.

해방 이후 무극광산은 1955년부터 1997년까지 33년간 금을 생산했고, 구봉광산은 1953년부터 1971년까지 19년간 금을 생산했다. 무극광산 금광지대에는 무극광산을 비롯해 주변에 몇 개의 금광이 더 있는데 무극광산과 인접한 금왕광산의 생산량 약 1톤을 더하면 충북 음성군 금왕읍 주변 금광의 총생산량은 17톤에 달한다. 일제강점기 때 생산량까지 합하면 18톤 넘게 생산한 지역으로 우리나라 최대의 황금 부존지라 할 수 있다.

2000년 이후 금 생산은 전남 해남군 황산면 지역에 있는 은산과 모이산 광산에서 주로 이루어졌는데, 은산광산은 2002년부터 2015년까지 14년간, 모이산광산은 2006년부터 2021년까지 16년간 각각 금과 은을 생산하였다. 2015년부터는 전남 진도군 조도면 가사도 섬 지역에서 가사도광산을 새로 만들어 현재까지도 생산하고 있는데, 이들 세 지역의 총생산량은 3.6톤에 달한다. 특히 이 지역의 광산은 금과 함께 은이 많이 생산되는데 누계 은 생산량이 거의 100톤에 달해 우리나라 최대의 은 산출지라고 말할 수 있다.

해방 후 주요 광산의 생산량은 무극광산 15,827kg, 구봉 11,373kg, 은산+모이산+가사도 광산 3,559kg, 덕음 919kg, 광양 806kg, 임천 659kg, 금정 617kg, 태창 500kg, 삼광 297kg 등의 순이다. 일제강점기까지 포함하면 무극광산이 17.6톤으로 가장 많이 금을 생산했고, 다음은 구봉광산으로 13.5톤, 금정광산 7.6톤, 은산+모이산+가사도 광산 3.6톤, 광양광산 2.7톤, 덕음광산 2톤, 삼광광산 1.6톤 등이다. 광산별 자세한 내용은 뒷부분에 상술할 예정이고 연도별 생산실적은 표와 같다.

이 밖에도 우리나라 전역에는 생산실적이 있는 중소 규모 금광들이 무려 121개나 되는데, 지역별로는 강원도 23 광산, 경기도(인천 포함) 15 광산, 충북 17 광산, 충남15 광산, 전북 12 광산, 전남 7 광산, 경북 21 광산, 경남 11 광산 등이다. 생산실적이 있는 121개 광산 중 100kg 이상을 생산한 광산은 강원도 지역의 상동, 동원, 백암광산과 경기도 지역의 삼보광산, 충남지역의 천보(중앙), 양지리광산, 세종시의 전의광산, 전남의 억만광산과 경남의 통영, 군북광산 등 10개이며, 전체 121개 광산의 지역별·연도별 세부 현황은 표와 같다.

◎ 해방 후~2022년 주요 금 광산 생산실적

[단위 : kg, 정광 및 광석은 제외]

연도	무극	구봉	광양	삼광	덕음	임천	금정	태창	은산 등
~ 해방 전	1,761.4	2,210.3	1,899.5	1,313.1	1,130	48.8	7,041.2	193.8	
1946~52									
1953		104.6	5				35	1.9	
1954		381.3							
1955	155.7	193.6	90.2		37.8	77.2	90.3	34.5	
1956	299.4	312.5	23.5	34.9	3.8	65.8	48.6	23.0	
1957	360.7	669.0	37.4		5.4	35.0	10.1	46.7	
1958	318.3	826.0	96.1		1.0	12.9	20.9	13.0	
1959	304.7	887.8	97.1		3.2	2.8	11.1	11.3	
1960	218.0	746.1	81.8				0.2	10.7	
1961	335.3	1,006.7	238.9		6.9			7.8	
1962	401	1,387.0	136		27.6			22.5	
1963	517	1,019.6	정광 6.9		15.1			12.5	
1964	326	833.2	정광 6.9		15.6	광석 355t		10.5	
1965	315	774.0	정광 9.1		24.1	1.5		4.1	
1966	363	643.4	정광 2.6		9.7	2.1		24.5	
1967	454.8	482.7			60.6	33.5		36.2	
1968	371.7	412.7	정광 3.8		177.5	41.2		46	
1969	369.5	335.3	정광 0.6		72.4	47.1			
1970	333.5	294.6	정광 416.9		70.2				
1971	178.5	63.0			67.7	6.9		4.4	
1972					26.0	97.1	12.4	15.0	
1973			0.6		32.9	75.1		3.9	
1974					16.3	48.7		4.4	
1975					26.9	36.0		7.7	
1976			정광 0.1		41.6	57.6	9.2	7.6	
1977					31.7	17.0	3	6.4	
1978					25.5	2.2		19.8	
1979					21.1			29.2	
1980					8.1		9	26.1	
1981	4.3				21.7		17.7	17.3	
1982	0.7				24.7		32	10.0	
1983	1.2				7.9		64	8.4	
1984	0.5				7.6		67		
1985					10.5		58	7.7	
1986	42.1				12.4		50	8.3	
1987	669				4.7		48	7.9	
1988	736				0.6		31	10.1	
1989	872				1.1			0.9	
1990	930								
1991	980								
1992	1,061								
1993	1,128			112					
1994	1,151			93					
1995	1,109			51					
1996	930			7					
1997~2023	590								3,559
해방 후 합계	15,826.9	11,373.1	806.6	297.9	919.9	659.7	617.5	500.3	3,559
총 누계 생산량	17,588.3	13,583.3	2,706.1	1,611.0	2,049.9	708.5	7,658.7	694.1	3,559

◎ 지역별 생산광산 현황

금광 소재지		광산 이름	생산연도 (위는 금, 아래는 은)	생산실적 (누계)
강원도	강릉시 옥계면 산계리 (석병산16)	옥계	(일제강점기) 1936년 1940, 1941, 1942년 1955, 1956, 1957, 1963년 1966, 1967년 1975, 1976, 1977년 1977년 1987, 1988, 1989, 1990 기간 1988, 1989 기간 영미갱, 반암갱, 1갱, 2갱, 3갱, 북1갱, 남1갱, 신수갱 등이 있음	(금 18.7kg) (금 62.2kg) 금 0.7kg 금정광 0.1kg 금 1.2kg 은 1.1kg 금정광 99kg 은 937kg
강원도	고성군 현내면 마달리 명파리 (고성78)	고명	(일제강점기 때부터 개발) 1987년 본갱(해발 −128mL까지 갱도 개설) 남갱, 중앙갱, 3갱, 5갱 등이 있음	금 0.05kg
	고성군 현내면 명파리 (고성68)	대룡 미룡 동보	(일제강점기) 1939~1942년 1982~1983년 1986~1989년 1982~1989년 동보갱맥, 중앙갱맥 등 개발	(금 4.5kg) 금정광 0.3kg 금정광 16.5kg 은정광 13.7톤
강원도	삼척시 하장면 갈전리 (임계57)	중봉	1971년 1972, 1976년 1972~1978년 1979~1980년 1981~1983년 1984년	은정광 0.1kg 금정광 0.4kg 은 1.53톤 은정광 196kg 금 435kg 금정광 1.05톤
	삼척시 하장면 둔전리 (호명72)	둔전	(일제강점기) 1941, 1942년 1985~1988년 남개갱, 남개1갱, 북개갱 가, 나, 다갱 등에서 단일갱도로 개발	(금 6.8kg) 금 12.8kg
	삼척시 하장면 추동리 (호명52)	추동	(일제강점기) 1933~1934년 1933, 1934년 1941년 1965~1975년 본갱 등 2개 갱도 개발	(금 239kg) (은 103kg) (금 10.5kg) 금 11.9kg

금광 소재지		광산 이름	생산연도 (위는 금, 아래는 은)	생산실적 (누계)
강원도 삼척시	삼척시 하장면 토산리 갈전리 정선군 임계면 문래리 (임계76, 77)	은치 덕암	(일제강점기 때부터 개발) 1969년 1969, 1971년 1970, 1972년 1973~1978년 1979~1980년 1981년 1982년 1983, 1984년 1985년 1987년 1988년 1988년 은고개(해발 300mL까지 개발), 절골지역(상3편~하3편 개발) 소두리(갈전리), 대곡지역 등에서 개발 문래리 골지리 광맥과 연결	- 금 2.5kg 은 3.6kg 금정광 0.3kg 은 2,679kg 은정광 820kg 은 410kg 은정광 67kg 은 1,247kg 은정광 235kg 은정광 444kg 금정광 0.7kg 은정광 122kg
강원도 영월군	영월군 무릉도원면 법흥리 (영월141, 142)	삼기	1989, 1994, 1995, 1998, 2001년 2007년 본갱, 하1갱	금 17kg 은 7kg
	영월군 주천면 주천리 (영월113)	주천	1977,1978,1979,1980,1981,1982 대절갱광체(지표하 380m까지 개발) 2호광체, 서1, 2호광맥 등 개발	은 7,126kg
강원도 원주시	원주시 귀래면 용암리 (문막100)	부귀	(일제강점기) 1938~1942년 서0번갱, 서1번갱, 동0번갱, 동1번갱, 동6번갱, 양0번갱, 양5번갱 등 개발	(금 1.1kg)
	원주시 신림면 성남리 (신림96)	신림 (석광)	1972년 1975~1982년 1977~1982년 1991,1995 1987,1989,1990,1991,1992,1995 1호맥(하4갱), 4호맥(하2갱) 개발 2~3호맥 및 5~6호맥 등 있음	은정광 0.1kg 금정광 16kg 은정광 1.3톤 금 6kg 은 1,545kg
	원주시 신림면 황둔리 (신림66, 76)	황둔	2000년 2000, 2003년 수갱, 1갱 등으로 개발	금 1kg 은 208kg

금광 소재지		광산 이름	생산연도 (위는 금, 아래는 은)	생산실적 (누계)
강원도 홍천군	홍천군 두촌면 괘석리 (자은97, 98, 88)	동양홍천 (대남)	(일제강점기) 1941~1942 기간 1965~1968년 1966 1982년 대부분 중앙갱에서 개발, 북갱 및 남갱 소규모 개발	(금 92kg) 금 62kg 은 6.6kg 금 0.5kg
	홍천군 두촌면 자은리 (자은148)	소림홍천	(일제강점기) 1935년 1936년 1941년 1966, 1971년 성관통맥(주맥으로 하8편까지 개발) 실성통맥(일제강점기 개발)	(금 241kg) (은 148kg) (금 23kg) 금정광 1.1kg
	홍천군 남면 화전리 (용두리4, 14)	화전리	1955, 1956, 1957년 1959~1963년 1966년 1967년 1969~1972년 1974, 1976년	금 8.6kg 금 35.8kg 금 2.4kg - 금 4.1kg 금 3.3kg
강원도 화천군	화천군 상서면 다목리 (화천131)	황우	1956,1957,1958,1959 1956,1957,1958,1959 남갱, 북갱 등에서 개발	금42.5kg 은50.25kg
강원도 횡성군	횡성군 우천면 산전리 (안흥81, 91)	산전	(일제강점기) 1934~1936년 1938~1942년 1968년 1970~1974년 1982~1983년 1993,1994,1998,2005 1993,1994,1998 하7편까지 개발	(금광석 2천톤) (금 4.5kg) 은 100kg 은 276kg 은정광 47kg 금 4kg 은 2,049kg
경기도 가평군	가평군 조종면 대보리 (청평52, 53, 62, 63)	대금산 (소림 대금 포함)	(일제강점기) 대금산 1942년 소림대금 1938~1942년 1955, 1956, 1958년 1958년 1960~1962년 1960~1962년 1965, 1968년 대금갱, 가평갱 개발	(금 56.5kg) (금 110.8kg) 금 69.5kg 은 100kg 금 7.9kg 은 163kg 금 1.5kg
	가평군 청평면 대성리 (청평67, 77)	명보 (부영)	(일제강점기) 1940~1942년 1961~1966년 상갱, 하갱 개발	(금 3.2kg) 금 53.7kg

금광 소재지		광산 이름	생산연도 (위는 금, 아래는 은)	생산실적 (누계)
강원도 정선군	정선군 임계면 문래리 (임계76, 86)	골지리 (개금)	(일제강점기) 1941년 1965년 1965년 1966년 1966년 1967년 1968~1970년 1971~1972년 1973~1978년 1979년 1980년 1983,1984년 1986년 1호맥, 2호맥, 양지맥, 은점맥 등 하장면 토산리 은치광산 금맥과 연결	(금 0.01kg) 금정광 0.08kg 은정광 0.04kg 금 21kg 은 43kg 은 74kg 은 200kg 은정광 422kg 은 1.27톤 은정광 19kg 은 10kg 은정광 40kg 금정광 0.2kg
	정선군 화암면 북동리 (임계128)	북동	(일제강점기) 1926~1934년 1926~1934년 1940~1941년 1963년 1958, 1963년 통동갱, 대절갱, 3호갱 등 개발	(금 520kg) (은 147kg) (금 3.9kg) 금 1kg 은 20kg
	정선군 화암면 화암리 (임계109, 110, 120)	화창 화표	(일제강점기) 1938~1942년 1963년 1964년 1959~1963년 1959, 1963년 1966~1970년 1966, 1967, 1969년 궁포갱, 대보갱 개발 칠보갱, 팔보갱, 성지갱, 광곡갱 개발	(금 18.6kg) 금 0.5kg 금광석 1톤 금 49.3kg 은 88.5kg 금 9.7kg 은 44.1kg
강원도 태백시	태백시 혈동 (서벽53, 63)	거도	1964년 1965, 1966년 1965, 1966년 1981,1982,1983 칠팔, 유곡, 남부 광화대 등 개발	은광석 57톤 금정광 2.5kg 은정광 0.8kg 금 38kg
강원도 평창군	평창군 대화면 개수리 (창동89, 90)	개수 (백은)	1963~1966년 1963~9166년 1976, 1980년 2003, 2004, 2005 2003, 2004, 2005 구갱, 본갱 등 개발	금 2.7kg 은 475kg 금정광 0.2kg 금 6kg 은 208kg
강원도 홍천군	홍천군 내촌면 도관리 (풍암91, 92)	백우	(일제강점기) 1938~1942년 1960~1962년 1960, 1961년 1994년 대곡갱, 지곡갱, 양지갱 등 개설	(금 143kg) 금 6.3kg 은 29kg 금 4kg

금광 소재지		광산 이름	생산연도 (위는 금, 아래는 은)	생산실적 (누계)
경기도 안성시	안성시 금광면 석하리 (진천113)	은옥	1955년 1970년 1972, 1973년 판매량 1972, 1973년 판매량 1, 2, 3호맥에서 개발	금 18.1kg 은 20kg 금 1.1kg 은 263kg
	안성시 서운면 산평리 천안서북 입장면 도림리 (진천146)	서교	(일제강점기) 1938~1942 기간 1954~1959년 1969년 산평갱, 불당갱, 호갱, 호미갱, 두미갱 등에서 -330m 심도까지 개발	(금 549.5kg) 금 92kg 금 0.7kg
	안성시 보개면 기좌리 (안성138, 139)	적재	(일제강점기) 1938~1942 기간 1955~1958년 1956, 1957년 1984, 1985년 장재맥(수갱개발)과 비봉맥 개발	(금 105.3kg) 금 74.1kg 은 4.3kg 금 0.9kg
경기도 양평군	양평군 양동면 고송리 (용두리30, 20)	삼성	(일제강점기) 1938~1942 기간 1955~1957년 1956, 1957년 1961~1965년 1963~1965년 중앙갱, 대절갱, 대동갱, 갈전갱 개발	(금 23.5kg) 금 11.6kg 은 13.4kg 금 33.4kg 은 67.7kg
	양평군 양동면 매월리 (이포24)	장재	1993,1998 1993,1998 본맥과 1맥에서 소규모 개발	금 6kg 은 31kg
	양평군 용문면 삼성리 (이포92)	삼흥	1997년 1998년 본갱을 통해 소규모 개발	금 15kg 은 9kg
	양평군 지평면 일신리 (이포56)	금동	(일제강점기) 1938~1942년 고래산 동쪽 계곡 1, 2, 3호갱 개발	(금 26.9kg)
경기도 여주시	여주시 금사면 소유리 (양평5)	팔보	(일제강점기) 1941~1942 기간 1984년 1984년 본수갱과 1갱에서 하5편까지 개발	(금 61.8kg) 금 0.7kg 은 0.6kg
	여주시 산북면 용담리 (양평16)	대남 (여수)	(일제강점기) 1929~1932년 1941~1942년 1956~1960년 1956~1958년 1, 3, 4호갱, 금용갱 개발	(금 254.7kg) (금 134.4kg 금 60.5kg 은 14.1kg

금광 소재지		광산 이름	생산연도 (위는 금, 아래는 은)	생산실적 (누계)
경기도 용인시	용인시 원삼면 사암리 (이천130)	삼창 (풍산)	1965, 1966년 1971~1976년 남단맥 등 개발	금 16.8kg 금 9.9kg
경기도 파주시	파주시 광탄면 분수리 (고양75)	일산	1993, 1994년 1993, 1994년 석산개발과정에 소규모로 개발	금 2kg 은 68kg
경기도 포천시	포천시 영중면 금주리 (기산132, 121, 131)	영중 (일동)	(일제강점기) 1933년 이전 1934, 1935, 1936, 1942년 1955~1957년 1959~1966년 1969년 1976, 1979, 1980, 1981, 1982, 1983년 1980, 1982년 운영갱, 영흥갱, 본산갱, 운해갱, 만세갱 등 수직심도 250m 구간 개발	(금 245kg) (금 172.2kg) 금 6.9kg 금 38.4kg 은 0.2kg 금 3.6kg 은정광 204kg
인천광역시 중구	인천광역시 중구 운서동 (김포150, 온수리10)	영종 (운서)	(일제강점기) 1931~33, 38~42 기간 사금광으로 개발	(금 169.5kg)
충북 괴산군	괴산군 사리면 이곡리 (증평22, 23, 24)	창금 +철수	(일제강점기) 1938~42, 41~42(철수) 창금(증평23, 24) 1, 2, 3갱에서 개발 철수(증평22호) 1, 2갱 소규모 개발	(금 27.7kg)
	괴산군 증평읍 용평리 (증평74, 75)	영창	(일제강점기) 1938~9142년 대사갱은 하9편, 남사갱 하5편 개발	(금 94.8kg)
충북 제천시	제천시 수산면 율지리 (황강리43)	대한광산 개발 (금풍)	1981,1983,1998,2004~2007 1983~89, 1998, 04~07 본갱맥(하5편), 1,2,3호맥 등 개발	금 19kg 은 3.4톤
충북 영동군	영동군 상촌면 고자리 (설천95, 105)	삼동	(일제강점기) 1938~9142년 1958년 1982~1985년 1호갱, 구본갱, 대절갱 등 개발	(금 140kg) 금정광 0.5kg 금 1.4kg
	영동군 상촌면 궁촌리 (설천34)	삼황학	(일제강점기) 1940~9142년 1907년 개광 이래 지표하 150m 개발 1955~1961년 1956~1958년 1966~1968년 1972~1976년	(금 321kg) 금 73.2kg 은 13.7kg 금 5.1kg 금 1.4kg
	영동군 상촌면 유곡리 (설천43, 33)	대일	(일제강점기) 1938~9142년 1965, 1966, 1976, 1985년 본맥(상2,1, 하1갱), 제2맥 등 개발	(금 27.5kg) 금 5.2kg

금광 소재지		광산 이름	생산연도 (위는 금, 아래는 은)	생산실적 (누계)
충북 영동군	영동군 영동읍 가리 (영동80, 90)	영보 가리	1975, 1979~1981년 1984~1988년 1984~1988년 본갱, 상1갱 및 하1갱 개설	금 4.8kg 금정광 4.4kg 은정광 496kg
	영동군 영동읍 화신리 (설천92)	금포	(일제강점기) 1938~9142년 1969, 1970 금광석 40톤(39g/t) 1971, 1972년 1976, 1984년 대절갱, 좌갱, 금포갱 등 개발	(금 1.8kg) 금 1.5kg 금 2.1kg 금정광 0.2kg
	영동군 용화면 용화리 (설천148)	창곡	(일제강점기) 1938~9142년 1963, 1964년 본갱 및 제2갱 개발	(금 8.7kg) 금 12.5kg
	영동군 학산면 서산리 (무주26)	학산	(일제강점기) 1938~9142년 1959, 1961~1963년 1974~1982년 대산본갱, 학산본갱 등에서 개발	(금 333kg) 금 4.5kg 금 50.3kg
충북 옥천군	옥천군 안내면 오덕리 (보은27)	금적산	(일제강점기) 생산했으나 자료 없음 1961년 1963~1965, 1968년 본갱은 해발 30mL 수준까지 개발 밀개봉맥은 해발 80mL 수준 개발	- 금 8.3kg 금 2kg
	옥천군 청성면 삼남리 (영동143)	남성	1957년 1962~1965년 1963~1964년 1986, 1987년 1986, 1987년 본갱, 구갱, 북갱, 사갱, 수갱 등에서 하5편까지 수갱 굴착 하2갱(해발 165mL) 개발	금 3.9kg 금 21.8kg 은 156kg 금정광 8.6kg 은정광 137kg
	옥천군 청성면 장수리 (옥천2)	만명 (장수)	1986년 본갱, 개발갱, 은골갱 등에서 개발	금 1kg
충북 청주	청주시 남이면 부용외천리 (청주38)	대경	(일제강점기) 1938~1942년 화문갱 등에서 개발	(금 281.4kg)
	청주시 현도면 죽암리 (청주39)	충청	(일제강점기) 1938~1942년 충청본갱 등에서 개발	(금 82.2kg)
충북 충주시	충주시 노은면 연하리 (목계147)	보련	1984년 1985, 1986, 1988, 1989년 보련사갱 개발	금정광 1.9kg 금 5.8kg
	충주시 소태면 복탄리 (목계104, 103)	오복	(일제강점기) 1938~1941년 1, 2, 3갱 등에서 개발	(금 47.3kg)

금광 소재지		광산 이름	생산연도 (위는 금, 아래는 은)	생산실적 (누계)
충남 공주시	공주시 계룡면 내흥리 (공주46)	금성 (금태)	(일제강점기) 1941~1942년 1956, 1963년 1, 2, 3갱을 통해 개발	(금 20.5kg) 금 1.4kg
	공주시 우성면 보흥리 (공주124, 114, 113)	보흥	(일제강점기) 1940~1942년 1959~1971년(13년) 1976년 북갱, 남갱 개발	(금 1.7kg) 금 50.1kg 금 1.2kg
	공주시 탄천면 남산리 (논산132)	공주 (공주 대흥)	1984년 1984년 본갱맥, 남경맥, 남1, 2, 3갱맥 개발	금정광 2.9kg 은정광 15.5kg
충남 금산군	금산군 진산면 석막리 (금산83, 84, 74)	주우 진산	(일제강점기) 1941~1942년 1962년 1963~1970년 1973년 1987, 1989년 1993, 1997, 1999, 2000, 2001년 천덕맥, 금맥, 진맥, 옥맥 등에서 수평갱도, 사수갱도로 개발	(금 10.2kg) 금광석 22t 금 18.2kg 금 5.7kg 금 0.5kg 금 26kg
충남 부여군	부여군 석성면 현내리 (부여16, 17)	석성	(일제강점기) 1938~1942년 8호갱, 7호갱, 당재갱 등 개발 은성갱 개발	(금 15kg)
충남 서산시	서산시 해미면 산수리 (해미118)	대해미	1961~1964년 1964년 본수갱 등에서 개발	금 20.3kg 은 56.1kg
충남 아산시	아산시 송악면 외암리 장존동 (천안136)	설화	(일제강점기) 개발했으나 자료 없음 1982, 1984년 7, 8호갱(외암리), 대절갱(장존동) 굴진	- 금정광 4.1kg
충남 예산군	예산군 광시면 서초정리 (대흥106)	대영	(일제강점기) 1934~1936년 1934~1936년 1938~1942년 일제강점기 수갱 개발	(금 156.4kg) (은 38.3kg) (금 181kg)
충남 천안시	천안시 성거읍 천흥리 (평택18, 17)	성거	(일제강점기) 1938~1942년 1964년 성거갱, 시장맥 개발	(금 200kg) 금 1.5kg
	천안시 성거읍 천흥리 입장면 호당리 (평택19)	대흥	(일제강점기) 1930년 1938~1942년 1958, 1962, 1963년 1984, 1985년 본갱, 1갱, 2갱 개발	(금 13kg), (금 117kg) 금 6.6kg 금 13.6kg

금광 소재지		광산 이름	생산연도 (위는 금, 아래는 은)	생산실적 (누계)
충남 천안시	천안시 유량동 (평택41, 42)	충남	(일제강점기) 1936년 1936년 1938~1942년 본맥, 남산맥 개발	(금 44.2g) (은 8.9kg) (금 25.9kg)
	천안시 입장면 양대리 (진천146)	일보	1984년 1989, 1990년 사수갱으로 하6편(해발 50mL) 개발	금정광 1kg 금정광 1kg
충남 홍성군	홍성군 광천읍 담산리 (대천62)	황보	(일제강점기) 1931~1936년 1938~1942년 1977~1978년 사갱으로 -80mL 정도까지 개발	(금 129.5g) (은 20.7g) (금 589kg) 금 24.0kg
	홍성군 서부면 신리 판교리 (홍성149, 148)	결성	(일제강점기) 1941~1942년 1955~1958년, 1960~1962년 1956~1961년 1963, 1965~1968년 1964년 사갱, 철마산맥 개발	(금 8.6kg) 금 55.9kg 은 9.2kg 금정광 11kg 금광석 1.6t
	홍성군 홍북읍 봉신리 (홍성43)	금답	(일제강점기) 1936년 1938~1942년 1962, 1965~1968년 채굴적은 매몰됨(논농사)	(금 122.1kg) (금 276.2kg) 금정광 0.5kg
전남 담양군	담양군 가사문학면 무동리 (동복122)	무동	(일제강점기) 1939~1942년 1965~1968년 1, 4, 6, 7갱 등 개발	(금 20.7kg) 금 17.5kg
전남 무안군	무안군 해제면 유월리 (망운104)	삼중 (대해 제)	(일제강점기) 1938~1942년 1965, 1967~1971년 본갱 등에서 개발	(금 5.7kg) 금 1.2kg
전남 보성군	보성군 문덕면 귀산리 (복내16)	문덕	1957~1961, 1965, 1967년 1957, 1965년 본갱, 상부갱 개발	금 14.6kg 은 2.6kg
	보성군 복내면 동교리 (복내47)	청월	1955~1959, 1967년 1976~1984년 1977~1983년 본갱 및 북갱 개발	금 16.8kg 금 51.5kg 은 49.3kg
전남 순천시	순천시 서면 운평리 (괴목18)	순천	(일제강점기) 1938, 1942~1943년 1955, 1957, 1958, 1981년 1976, 1979, 1980년 1956, 1957, 1981년 본수갱에서 개발	(금 473.8kg) 금 39.5kg 금정광 10kg 은 32.9kg

금광 소재지		광산 이름	생산연도 (위는 금, 아래는 은)	생산실적 (누계)
전남 여수시	여수시 돌산읍 신복리	돌산	을자맥, 임자맥, 갑자맥, 병자맥, 경자맥 등을 대상으로 탐사	–
	여수시 소라면 덕양리 화장동 (여수74, 64)	여천	(일제강점기) 1938~1939, 1942년 1968~1969년 1968, 1969년 옥천갱, 흑산갱 개발	(금 1kg) 금 10.7kg 은 6.3kg
경북 고령군	고령군 덕곡면 옥계리 (구정44, 45)	행성	1976, 1979~1980년 1979~1980년 본갱, 남갱, 동갱 개발, 오곡갱 탐사	금 7.2kg 은 148.5kg
	고령군 운수면 대평리 (현풍122)	세원 (운수)	(일제강점기) 1941~1942년 1956~1958년 1985~1986년 풍진갱, 세원갱, 쌍금갱, 만금갱, 사부곡지, 개울노두맥 탐사	(금 10.6kg) 금 4kg 은 212.6kg
	고령군 운수면 화암리 월산리 (현풍134, 135, 124, 125)	고령	(일제강점기) 1926~1929년 1938~1942년 1955~67, 1970~73, 1979~80년 1965, 1969, 1981년 1985~1986년 1956~57, 1966~67, 1971~74, 1979~80년 1968, 1970, 1981년 1~2호맥은 하3편, 4~5호맥은 하1편까지 사수갱 개발	(금광석 920t) (금 55.3kg) 금 31.2kg 금정광 2.7kg 금 1.2kg 은 2,524.6kg 은정광 129kg
경북 구미시	구미시 옥성면 옥관리 (옥산동1)	우복 (우태)	(일제강점기) 1939~1942년 1955년 1983~1984년 1호갱, 2호갱, 7호갱 개발	(금 4.6kg) 금 0.1kg 금 0.4kg
경북 김천시	김천시 부항면 대야리 (설천69, 70)	대량	(일제강점기) 1939~1942년 1955, 1956, 1961~1965년 개량생,2갱,3갱 개발	(금 12.4kg) 금 6.4kg
경북 봉화군	봉화군 법전면 풍정리 명호면 양곡리 (춘양96, 97)	다덕	1955~62, 1967~68, 1970~75, 1982~84년 1963~66, 1969, 1976, 1979, 1983~84년 1956~62, 1964, 1967~75년 1966, 1979~80, 1984년 본맥(본수갱, 음봉갱, 양곡갱), 보성맥(보성갱) 풍경맥(중앙갱)을 개발	금 22.7kg 금정광 2kg 은 2,295.1kg 은정광 113kg
	봉화군 소천면 임기리 (현동146)	삼귀 (삼신)	(일제강점기) 1938~1942년 1955년 본갱, 상부갱, 남갱 등 개발	(금 6.3kg) 금 0.3kg –
	봉화군 춘양면 서벽리 (서벽108)	금당	1964, 1965년 1964~65년 상부갱 개발	금은광석 139t 금은정광 0.2kg

금광 소재지		광산 이름	생산연도 (위는 금, 아래는 은)	생산실적 (누계)
경북 봉화군	봉화군 춘양면 우구치리 (서벽139)	옥석	1957년 1984, 1985, 1986년 1984~1986년 1갱, 2갱 개발	은 128.4kg 금정광 3.3kg 은정광 201kg
경북 상주시	상주시 병성동 낙동면 성동리 (상주15, 16)	상주	(일제강점기) 1938~1942년 1955~57, 1960, 1970, 1978~79년 1981~86년 1981~86년 병성1갱맥(병성갱, 병성1갱, 병성하갱) 병성2갱맥(병성2~3갱, 성동1~6갱) 등 개발	(금 749kg) 금 5.1kg 금 3.8kg 은 16.4kg
경북 성주군	성주군 선남면 관하리 오도리 (왜관86, 85)	성주 (성원)	1981~1985년 1982~1985년 수갱, 0번갱~하3번갱 개발	금정광 11kg 은정광 10.5t
경북 성주군	성주군 선남면 장학리 (왜관127, 128)	은포 (운수)	(일제강점기) 1941~1942년 풍진갱맥, 은포갱맥, 대풍갱맥, 은풍갱맥, 성진갱맥 등 개발	(금 10.6kg)
	성주군 수륜면 계정리 고령군 덕곡면 반성리 (구정3, 4)	수륜 (금덕) (금곡)	(일제강점기) 1938~1942년 1956, 1961, 1962년 1984년 1962년 1984년 본갱, 상1~3갱 등 5개 갱도 개발 덕곡면 반성리 원전지(저수지) 방향	(금 11.1kg) 금 5.7kg 금 1.4kg 은 1.8kg 은정광 11.4kg
	성주군 수륜면 봉양리 (지례49, 50)	봉명	(일제강점기) 1932, 1942년 1932, 1942년 1943~44년 1955~56, 1958년 1956년 대절갱, 15호갱, 신본갱, 부인갱, 대원갱 등에서 개발	(금 50kg) (은 46.7kg) (금광석 140t) 금 3.1kg 은 87.9kg
	성주군 수륜면 송계리 (지례28)	다락	1963, 1964년 금정광, 금광석 소량 다락구, 금성구, 송계구 등에서 개발	-
경북 영덕군	영덕군 지품면 오천리 (영덕115, 105)	문명	(일제강점기) 1936년 1938~1942년 용두갱, 1수갱 등 개발	(금광석1,675t) (금 620.4kg)
경북 영천시	영천시 고경면 삼포리 경주시 안강읍 강교리 (기계80, 90)	삼성 (영천)	(일제강점기) 1941~1942년 1970년 양1~2호갱, 음1~2호갱 개발	(금 2.2kg) 금 0.1kg

금광 소재지		광산 이름	생산연도 (위는 금, 아래는 은)	생산실적 (누계)
경북 영천시	영천시 금호읍 봉죽리 (영천44, 54)	광신 유봉	(일제강점기) 1940~1942년 1955, 1974, 1976년 1976년 본갱, 수갱, 상1, 2갱 등 개발	(금 7.1g) 금 5.6kg 은 7.6kg
경북 예천군	예천군 풍양면 고산리 (낙동122)	황금산	1976, 1998, 2007년 1976, 2007년	금 2.2kg 은 5.1kg
경북 칠곡군	칠곡군 가산면 금화리 가산리 (대율108, 118)	금화	1968, 1969년 1~5갱(350mL)까지 개발	–
	칠곡군 석적읍 포남리 반계리 (구미49)	청계 (우신)	1975~1979년 1982~85년 1973, 75~76, 79~80, 82, 84~85년 1975~1979년 A, B맥 등을 본갱에서 개발	금 4.8kg 금정광 1.2kg 은정광1,084kg 은 7.4kg
경남 거창군	거창군 고제면 봉산리 (무풍88, 89)	쌍봉	(일제강점기) 1938~1942년 1975~6, 86~91, 93~96, 99, 2001, 07년 1976년 1986, 1987년 대절갱, 신1갱, 신2갱 개발	(금 64.6kg) 금정광 64.4kg 은 2.2kg 은정광 24.7kg
	거창군 남하면 대야리 (안의12)	거창 (풍원)	(일제강점기) 1936년 1938~1942년 1964~5, 1968~9년 1966, 1970년 1964~66, 1968~70년 북갱, 북상갱, 남갱, 1, 2, 3갱 개발	(금광석 1,222t) (금 83.9kg) 금 8kg 금정광 0.1kg 은 119kg
경남 고성군	고성군 삼산면 미룡리 (충무134, 124)	삼산 (삼봉) (삼산 제일)	1970년 1980~1983년 1976, 1980~1983년 1970~1983년 동(구리) 25천 톤 생산 대절갱, 남대성갱, 용호통동갱 개발	금정광 249kg 금정광 27kg 은정광 3.88t
경남 진주시	진주시 지수면 청원리 (의령127)	대장	1984년 1, 2, 3갱 및 동1, 2, 3갱 개발	금 0.2kg
경남 창원시	창원시 내서읍 용담리 함안군 산인면 신산리 (의령5)	용장	(일제강점기) 1926~1927년 1938~1942년 1981년 용장맥 개발, 삼정광산 금맥 연장	(금광석 0.2kg) (금 73.7kg) 금 0.1kg
	창원시 진해구 태백동 (진해41)	경진	1976년 본갱 1, 2호맥 개발	금 712kg

금광 소재지		광산 이름	생산연도 (위는 금, 아래는 은)	생산실적 (누계)
경남 통영시	통영시 동호동 (충무50, 40)	통영	(일제강점기) 1916~1927년 금광석 1942~1945년 1969~1971, 1986~1989년 1986~1989년 하13편(해발-177mL) 개발	(광석 5,080t) (금 186kg) 금정광 249천 톤 은정광 169만 톤
경남 함안군	함안군 칠원면 장암리 (의령14)	삼정	1965~1968, 1975, 1977~79년 1969,~71, 1976, 1981년 신갱 개발, 용장광산 금맥 연장부	금 75.2kg 금정광 0.8kg
경남 합천군	합천군 봉산면 술곡리 (안의6)	봉산 (술곡)	(일제강점기) 1926~1931년 금아말감 1943~1945년 1961~1963년 하4편까지 구본갱, 신갱 등 개발	41천 톤 (금 45.5kg) 금 40kg
	합천군 용주면 가호리 (합천108)	용주	1983~1984년 1967~1968, 1976년 수갱 개발	금 0.1kg 은 30kg
	합천군 율곡면 노양리 (합천42)	대민 (만대산)	1964년 1965, 1966, 1982년 1964, 1965, 1983년 1, 2, 3갱 등 탐사	금광석 15t 금정광 0.1kg 은정광 6.4kg

자료 : 한국의 금광산(2010)

제2부

황금 분포지
(우리나라 주요 금광)

일제강점기부터 2023년 말 현재까지 금 생산실적이 있는 우리나라 남한의 금광은 광산 이름이 중복되거나, 보고되지 않고 생산한 광산을 제외하면 대략 전술한 중소규모 121개 광산과 주요 25개를 포함해 모두 146개가 있다. 이 중 금을 가장 많이 생산한 광산을 중심으로 광맥의 분포, 개발 및 생산실적 등을 설명하면 다음과 같다.

무극, 금왕, 서미트광산

무극광산은 충북 음성군 금왕읍 용계리에 위치하는 광산으로 1891년 중국인이 사금을 발견하면서 알려진 광산이다. 광업권은 1907년 2월에 최초로 등록되었으며 일제강점기 이전부터 소규모로 개발되다가 1913년 일본인이 채굴권을 취득하면서 본격적으로 개발되기 시작했다. 1972년 4월 8일 자 〈대한민국사연표〉에 따르면 "한국 최대의 금 생산실적을 올려 온 충북 음성 소재 무극광산이 개광 60년 만에 운영난으로 폐광"했다는 기록이 있는 것으로 보아 최초 개발은 1913년인 것으로 추정된다.

1938년 8월 3일 자 동아일보 기사에 따르면 연간 10여萬圓의 대규모 무극광산 분광업자가 100여 명에 달했다는 보도가 있는데 이때가 금 생산을 가장 많이 했던 시기로 생각된다. 또 1939년 4월 1일에 발간된 잡지 〈삼천리〉 11권 4호에는 무극광산은 1938년 이전 연 10萬圓 상당을 생산하였으나 이후 연산 40萬圓의 생산실적을 올려 이전보다 금을 많이 생산했다는 내용도 있다. 당시 무극광산이 본격적으로 개발되면서 금광 주변 마을인 용계리에는 전국 각지에서 사람들이 몰려들어 거주했으며, 이 때문에 금왕읍 내 무극시장도 상당히 활성화되었다고 한다.

1934~1936년 사이 3년간 금 171.9kg과 은 390.6kg을 생산하였고, 1938년부터 1942년 사이 5년간은 1,589.5kg의 금을 생산하였다. 일제강점기 총생산량은 금 1,761.4kg이고 은은 390.6kg이다. 1955~1971년까지 17년 동안은 5,622.1kg의 금을 생산하였고, 1981~1997년까지 16년 동안에도 10,204.8kg의 금을 생산하였다. 41년간 개발되었고 누계 생산량은 금 17.59톤과 은 12.4톤으로 금은 혼합형 광산으로 분류할 수 있다.

◎ 해방 전과 후의 생산실적(1934~1997)

연도	생산량(kg)		연도	생산량(kg)		연도	생산량(kg)	
	금(Au)	은(Ag)		금(Au)	은(Ag)		금(Au)	은(Ag)
1934~1936	171.9	390.6	1961	335.3		1985	–	–
			1962	401	–	1986	42.1	174.6
1938	265.1		1963	517	212.5	1987	669	–
1939	211.2		1964	326	1,101.9	1988	736	–
1940	358.6		1965	315	916.8	1989	872	–
1941	363.4		1966	363	311.2	1990	930	–
1942	391.2		1967	454.8	421.9	1991	980	–
소계 (일제강점기)	1,761.4	390.6	1968	371.7	425.1	1992	1,061	–
			1969	369.5	380.3	1993	1,128	–
1943~54			1970	333.5	341.6	1994	1,151	–
1955	155.7		1971	178.5	239.2	1995	1,109	–
1956	299.4	10.9	1972~80	–	–	1996	930	–
1957	360.7		1981	4.3	1.6	1997	590	7,235
1958	318.3	225.7	1982	0.7	1.2	소계 (1955~1997)	15,826.9	12,001.6
1959	304.7		1983	1.2	1.5			
1960	218.0		1984	0.5	0.6	합계	17,588.3	12,392.2

자료 : 광산물수급현황, 한국의 금광산(2010)

무극광산의 광맥은 3호맥(3형제맥), 2호맥, 7호맥, 8호맥, 박산맥, 금용맥, 동서맥 및 기타 9, 10, 11호맥 등 10여 개다. 이 중 금을 가장 많이 생산했던 맥은 3호맥(3형제맥)과 2호맥, 7호맥 등 3개의 맥이다. 3호맥은 3형제맥으로도 불렸는데 과거 이 지역의 여러 금맥 중에 3형제가 이 맥을 캤다고 해서 붙여진 이름이다.

3호맥은 금왕읍 용계리 영풍아파트 동쪽 약 200여m 떨어진 1수갱 지역부터 북북서 방향(N10W)으로 2km 떨어진 병막산까지 연장되는 맥이다. 갱내에서는 남남동 방향(S10E)으로 약 200여m 더 연장되며 총길이는 2.2km에 달한다. 광맥의 두께는 평균 1.3m 정도이며 북동 방향으로 80~85도 경사져 있다. 이 맥을 개발하기 위해 지하로는 해발 −618.5mL(지표부터 −758mL)까지 갱도를 뚫었으며, 수평 방향으로는 금왕읍 행정복지센터 부근까지 연장되어 있다. 1997년 폐광 직전까지 금을 생산했던 심도는 해발 −500~−540mL이며 −540mL 이하는 탐사 및 운반용 갱도만 뚫고 개발하지는 않았다.

2호맥은 3호맥 서쪽 250m 정도 떨어져 있는 맥이다. 지표에서는 영풍아파트 북서쪽 야산에서 300여m 정도만 확인되는데 지하 갱도에서는 3호맥과 나란한 방향(N10W)으로 1.5km 정도 개발한 맥으로 82번 도로(대금로) 하부까지 연장되어 있다. 광맥의 두께는 0.6~1.0m 정도이며 북동 방향으로 80~85도 경사진다. 이 맥도 3호맥과 마찬가지로 해발 −540mL까지는 개발되었고 −618mL까지는 탐사용 갱도만 뚫었다.

7호맥은 2호맥에서 서쪽으로 200m 떨어져 있는 맥으로 82번 도로

(대금로) 부근부터 평택-제천 간 고속도로까지 약 2km 정도 단속적으로 연장되는데 남쪽에 있는 유일광산에서는 2호맥으로 부르는 맥이다. 이 맥 역시 북북서-남남동 방향(N10W-S10E)으로 연장되며, 북동쪽으로 80도로 경사져 있어 전술한 3형제맥 및 2호맥과 같은 방향으로 발달되고 있다. 광맥의 두께는 0.5~0.6m 정도이며 하6편까지만 소규모로 개발된 맥이다.

8호맥은 7호맥부터 서쪽으로 120m 떨어진 곳에서 7호맥과 나란한 방향(N10W- S10E)으로 발달하는 맥이다. 80번 도로(대금로) 남쪽부터 금왕읍 봉곡리 문안이골 부근까지 약 2.5km 정도 연장된다. 문안이골 부근에서는 유일광산 1호맥으로 불린다. 광맥의 두께는 0.4~0.6m 정도이며 다른 맥들과 마찬가지로 북동쪽으로 80도 경사져 있다. 하3번 심도 수준에서 갱도를 뚫어 확인한 다음 연장 방향으로 1,000m 정도 굴진했지만, 본격적으로 개발하지는 않았다.

박산맥은 3호맥 동쪽 350여m 떨어진 박산(해발 200mL) 부근에서 확인되는 맥으로 박산을 중심으로 N10W-S10E 방향으로 약 500m 정도 연장되는 맥이다. 광맥의 두께는 0.6~1.0m 정도이며 하3번 갱도 깊이까지 소규모로 개발되었다.

금용맥은 3호맥과 박산맥 사이 또는 박산맥 동쪽에 있는 맥으로 박산맥과 나란한 방향으로 발달되며 연장은 400~500m 정도이다. 동서맥은 2호맥과 사교하면서 발달하는 맥으로 북서서-동동남 방향으로 분포되는데 2호맥을 중심으로 좌우 500m 정도 연장된다. 광맥의 두께는 1~1.7m이며 북동쪽으로 75~80도 경사져 있다. 하3번 갱도와 하5번 갱도 사이에서 확인되는 맥으로 이 맥도 본격적으로 개발하지는 않았다.

기타 8호맥 서쪽에 9, 10, 11호맥 등이 있는데 부분적으로 시추탐사를 했을 뿐 본격적으로 갱도를 뚫거나 개발하지는 않았다. 이들 맥은 남쪽으로 가면서 금왕광산과 서미트제일 광산의 광맥들과 연결되는 형태를 보여준다.

무극광산의 금광맥

금왕광산은 충북 음성군 금왕읍 봉곡리에 있는 광산으로 1909년 9월에 최초로 광업권이 설정된 광산이다. 〈총독부관보〉에 따르면 1933년 9월에 광업 착수계가 제출된 것으로 보아 일제강점기부터 개발한 광산으로 추정된다. 이 광산은 전술한 무극광산으로부터 205도 방향으로 약 2.2km 떨어진 지역에 주 갱도가 위치한다. 과거 일제강점기부터 개발한 광산이지만 당시의 생산기록은 확인되지 않는다. 1981년부터 1994년까지 13년간(1990년 제외) 대부분의 개발이 이루어졌는데, 이때의 생산량은 금(金) 999kg, 은(銀) 15.8톤이다. 금과 은의 산출비는 1:15.8로 타 광산보다 은 생산량이 많은데, 이유는 휘은석(輝銀石, Argentite)이나 농홍은석(濃紅銀石, Pyrargyrite) 같은 저온성 은(銀) 광물이 많이 포함되기 때문이다.

◎ 해방 후 생산실적(1981~1994)

<table>
<tr><th rowspan="2">연도</th><th colspan="2">생산량(kg)</th><th rowspan="2">연도</th><th colspan="2">생산량(kg)</th><th rowspan="2">연도</th><th colspan="2">생산량(kg)</th></tr>
<tr><th>금(Au)</th><th>은(Ag)</th><th>금(Au)</th><th>은(Ag)</th><th>금(Au)</th><th>은(Ag)</th></tr>
<tr><td rowspan="9">1946
~
1980</td><td rowspan="9">–</td><td rowspan="9">–</td><td>1981</td><td>7</td><td></td><td>1990</td><td></td><td></td></tr>
<tr><td>1982</td><td>4</td><td></td><td>1991</td><td>10</td><td>199</td></tr>
<tr><td>1983</td><td>47</td><td>1,215</td><td>1992</td><td>135</td><td>1,781</td></tr>
<tr><td>1984</td><td>78</td><td>1,610</td><td>1993</td><td>122</td><td>1,680</td></tr>
<tr><td>1985</td><td>105</td><td>1,795</td><td>1994</td><td>49</td><td>1,393</td></tr>
<tr><td>1986</td><td>114</td><td>1,432</td><td>1995</td><td>–</td><td>–</td></tr>
<tr><td>1987</td><td>124</td><td>2,299</td><td rowspan="2">1996
~2022</td><td rowspan="2">–</td><td rowspan="2">–</td></tr>
<tr><td>1988</td><td>149</td><td>1,863</td></tr>
<tr><td>1989</td><td>55</td><td>526</td><td>소계</td><td>999</td><td>15,793</td></tr>
</table>

자료 : 광산물수급현황, 한국의 금광산(2010)

금왕광산 지역의 광맥은 1호맥, 2호맥, 동2호맥 등의 주요 광맥과 기타 소규모 광맥이 있는데, 광맥이 지표에 노출되는 노두맥과 이를 개발하기 위해 만들었던 수직갱도 부근에 건설회사가 자리하고 있어 지표에서는 맥을 확인할 수 없다.

1호맥은 현재 건설회사가 자리 잡은 부지의 남쪽 끝 부근에서 북북동 방향인 N5W 방향으로 약 600m 연장되는 맥이다. 이 맥은 무극광산 서쪽의 11호맥과 동일한 방향으로 연장되고 있다. 금왕광산 쪽에서는 남북연장 약 600m, 하11편 심도인 해발 −251mL 수준까지 400m 정도 개발되었고, 북쪽 연장 끝부분에서 무극광산까지는 개발되지 않았다. 괭맥의 두께는 0.1~0.6m 정도이며 85도 서쪽으로 경사지거나 거의 수직으로 서 있다.

2호맥은 1호맥 동쪽 120m 거리에 있는 광맥으로 1호맥과 함께 이 광산의 주된 광맥이다. 방향은 남북 방향이며 갱내에서 560m 정도 연장이 확인되는데, 이 맥 역시 하11편 심도인 해발 −251mL 수준까지 약 400m 구간만 개발되었다. 광맥의 두께는 0.1~0.5m 정도이며 북쪽의 무극광산까지 연장되는지는 추가 확인이 필요하다. 동2호맥은 2호맥 동쪽 130m 거리에서 확인되는 맥으로 갱내에서 360m 정도 연장이 확인된다. 맥의 발달 방향은 N5W−S5E 방향인 북북서−남남동 방향이며 서쪽으로 약 80도 경사져 있고 두께는 0.2~0.5m 정도이다. 이 밖에도 갱내에서 중앙맥, 동3호맥 및 지맥들이 분포되기는 하지만 주요 맥으로 개발되지는 않았다.

금왕광산 남서쪽 400m 거리에는 서미트제일광산(구 금봉광산)이 위치하는데, 금왕광산 주요 맥과 비슷한 방향으로 발달하는 맥을 개발한 광산이다. 이 광산의 주요 광맥은 1호맥, 2호맥, 3호맥, 4호맥 및 동서맥 등 5개 맥이다. 광맥을 개발하기 위해 본갱을 해발 169mL에 설치하였으며, 하1편(해발 134mL), 하2편(해발 99mL), 하3편(해발 59mL), 하4편(해발 20mL)에 각각의 갱도를 만들어 금맥을 개발했고, 하5편(해발 -20mL)은 탐광용 갱도만 뚫었다. 맥 내에는 황동석, 방연석, 섬아연석, 황철석, 엘렉트럼 등과 소량의 휘은석, 농홍은석 및 금이 석영맥 안이나 사이에 들어 있다.

1호맥은 본갱 갱구 동쪽 60m 떨어진 곳에 지표 노두가 확인되는 맥으로 하3편 갱도와 지표 노두에서 600m 정도 연장된다. 맥의 발달 방향은 북서-남동 방향인 N25W-S25E 방향이며 남서쪽으로 70~80도 경사지고 맥의 두께는 0.1~1.9m로 변화가 심하다.

2호맥은 1호맥 서쪽 50m 떨어진 지점에서 확인되는 맥으로 1호맥과 같은 북서-남동 방향인 N25W-S25E 방향이며, 남서쪽으로 60~70도 경사진다. 갱도 내에서는 100m 정도 연장이 확인되며 두께는 0.1~0.8m인데 전반적으로 금의 함량이 낮다.

3호맥은 이 광산에서 가장 중요한 맥으로 2호맥 서쪽 45m 지점에서 확인되며, 갱도 및 지표에서 800m 정도 단속적으로 확인된다. 광맥의 발달 방향은 북서-남동 방향인 N15W-S15E이며 남서쪽 또는 북동쪽으로 70도 경사지는데 전체적으로 보면 거의 수직에 가깝다. 광맥의 두께는 0.1~2.7m 정도로 상대적으로 다른 맥보다 금 함량이 높은 편이다.

서미트제일광산 금광맥

4호맥은 3호맥 서쪽 90m 지점에서 확인되는 맥으로 3호맥과 평행맥으로 산출되며, 북동 또는 남서 방향으로 경사지는데, 3호맥과 마찬가지로 거의 수직이다. 맥의 두께는 0.1~1.1m 정도이며 연장은 지표에서 약 200m 정도 확인된다.

동서맥은 본 광산의 수직갱도 남쪽 90m 지점, 즉 1호맥과 3호맥의 남쪽 끝에서 확인되는 맥으로 N70W-S70E 방향인 북서서-남동동 방향으로 연장되며, 경사는 북쪽 또는 남쪽이지만 전반적으로는 거의 수직이다. 연장은 200m 정도이며 맥의 두께는 0.1~1.3m 내외이다.

이 밖에 3호맥 서쪽 약 400m 거리에 있는 음성맹동인곡산업단지 예정부지 북동쪽 경계 부분에 서부1호맥이 확인되며, 산업단지 예정부지 내에도 일부 광맥이 확인된다.

구봉광산

충남 청양군 남양면 구룡리에 있는 구봉광산은 1908년 마을 주민들에 의해 처음 금이 발견된 후 1911년 김태규 씨가 허가를 취득하면서부터 개발되기 시작했다. 1917년 일본인에게 광업권이 이전된 뒤 월 160kg 정도를 생산했는데 당시 기준으로 국내 최대의 금광이었다. 1925년부터 1942년까지 금과 은 생산 자료는 한국의 광상 제10호에서 확인되며, 1943년부터 1952년까지 약 10년간은 전쟁 등으로 자료가 없거나 확인되지 않는다. 1953년부터 갱내 개발을 추진해 1971년까지 생산하였으며 1972년 7월에 휴광했다.

1925년부터 1942년까지 해방 전 18년간은 금(金) 2.2톤, 은(銀) 0.2톤을 생산했으며, 1952년부터 1971년까지 해방 후 19년 동안에는 금(Au) 11.3톤, 은(Ag) 3.3톤을 생산해 누계 생산량은 금 13.5톤, 은 3.5톤이다. 구봉광산의 금과 은 산출비는 2.75:1로 이를 고려해 자료가 없는 연도의 생산량까지 추론해 계산해 보면 총생산 규모는 금(金) 15톤, 은(銀) 5톤 정도였을 것으로 추정된다. 이 광산은 금 단일형 광산으로 분류할 수 있다.

◎ 일제강점기(1925~1945) 생산실적

연도	생산량(g)		연도	생산량(g)		연도	생산량(g)	
	금(Au)	은(Ag)		금(Au)	은(Ag)		금(Au)	은(Ag)
1925	28,463	–	1933	–	–	1941	521,412	–
1926	–	22,639	1934	–	–	1942	434,000	–
1927	–	31,174	1935	69,259	37,893	1943	–	–
1928	–	–	1936	166,256	64,950	1944	–	–
1929	–	29,625	1937	–	–	1945	–	–
1930	57,655	–	1938	257,941	–	합계	2,210,258	228,212
1931	–	35,100	1939	264,563	–			
1932	22,869	6,831	1940	387,840	–			

자료 : 한국의 광상 제10호, 한국광업백년사(2012)

구봉광산의 광맥은 청양군 남양면 구룡리 일대를 중심으로 북동쪽 방향으로 약 2km 떨어진 봉암리와 4km 정도 떨어진 군량리 등 3곳에서 확인된다. 이 맥은 구룡광산 남서쪽 방향으로 1.5km 떨어진 용마2리 마을 부근의 지하 800여m 깊이까지 연장되는 것으로 시추에서 확인된 바 있다. 또 다른 광맥은 구룡광산 동남쪽 약 2.5km 떨어진 대봉리에서 확인된다. 대봉리 일대의 금광맥은 남북으로 뻗어 있으며, 서쪽으로 약 50도 정도 경사지면서 발달한다.

◎ 해방 후(1946~1971) 생산실적

연도	생산량(g)		연도	생산량(g)		연도	생산량(g)	
	금(Au)	은(Ag)		금(Au)	은(Ag)		금(Au)	은(Ag)
1946	–	–	1955	193,621	–	1964	833,229	305,188
1947	–	–	1956	312,496	45,000	1965	774,019	318,938
1948	–	–	1957	669,000	116,000	1966	643,392	263,638
1949	–	–	1958	825,969	143,500	1967	482,729	173,777
1950	–	–	1959	887,813	130,000	1968	412,721	159,708
1951	–	–	1960	746,125	244,000	1969	335,291	140,757
1952	–	–	1961	1,006,742	345,000	1970	294,554	87,665
1953	104,626	–	1962	1,387,003	428,000	1971	63,000	
1954	381,319	–	1963	1,019,644	400,032	합계	11,373,293	3,301,203

자료 : 한국의 광상 제10호

구봉광산 금(金) 광맥은 금과 은이 포함된 백색의 함금은 석영맥인데 석영맥 발달이 약한 부분에는 파쇄대만 확인되고 금이 확인되지 않는 부분도 있다. 백색의 광맥 내에는 황철석(Pyrite), 방연석(Galena), 섬아연석(Sphalerite), 황동석(Chalcopyrite), 유비철석(Arsenopyrite)과 같은 여러 종류의 광물이 들어있는데 금(Au)은 황동석과 섬아연석, 방연석, 황철석 등이 많은 부분에서 높게 나타난다. 광맥의 두께는 1.5~3m 정도이며 맥의 연장 방향은 북동–남서 방향(N30E) 또는 동서 방향(EW)이고 동남쪽 또는 남쪽으로 30도 경사진다. 전반적인 분포는 군량리에서 용마리까지 북북동–남남서 방향으로 뻗어 있다.

구룡리 지역은 지표에서 남쪽으로 30도 경사를 따라 1,700m 정도 사갱으로 개발했는데 지표부터 해발 –500mL 수준까지는 개발이 완료되었고, 좌우측 방향은 사수갱을 중심으로 400~500m 정도 채굴이 이루어졌다. 1990년에 이 광맥이 용마2리 쪽으로 계속되는지 확인하기 위해 용마1리와 용마2리 사이에서 시추했으며, 시추 결과 해발 –700mL까지도 계속 연장되고 있음이 밝혀졌다. 따라서 –700mL 심도보다 더 깊은 구간까지도 광맥이 계속되는지 확인할 필요가 있는데 1,000m 정도의 장공 시추를 하면 확인할 수 있을 것이다.

이 맥을 새로 재개발하기 위해서는 기존 갱도를 통한 개발보다는 새로운 수갱을 뚫어 개발하는 것이 합리적일 것으로 생각된다. 갱내에 지하수가 가득 차 있을 가능성이 있고 또 기존 사수갱의 많은 부분이 무너져 있어 갱구 신설보다 보수비용이 더 많을 것이기 때문이다. 신규로 개발 가능한 수준은 –600mL부터 –1,000mL까지로 수직 심도 깊이는 약 400m 구간이며 경사 방향으로는 약 800m 이상 될 것으로 판단된다.

구봉광산 구 갱도분포

대봉리 일대의 금광맥은 구봉광산으로부터 동남쪽으로 2.5~3km 정도 떨어진 대봉리의 명지고개 부근과 이 맥으로부터 남서쪽 약 1km 정도 떨어진 연고지고개 부근 및 동쪽 약 500m 떨어진 숙고개 일대 등에서 확인된다. 광맥의 이름은 각각 단봉갱맥, 연고지맥, 숙고개맥 등으로 불리고 있는데, 연고지맥은 다시 3~4개의 세맥들이 남북 방향으로 연장되며 40~50도 정도 서쪽으로 경사지면서 발달하고 있다. 가장 많이 개발을 시도한 맥은 연고지맥으로 해발 150mL에서 수평갱도와 사갱을 뚫어 개발했다. 사갱은 하4번갱(해발 0mL 수준)까지 굴진했으며 다시 동쪽으로 수평 굴진하여 연고지 세맥군을 확인한 것으로 파악되는데, 본격적으로 개발되지는 않고 일부 구간만 개발된 것으로 추정된다. 광맥의 폭은 0.3~1.8m 정도로 길이는 약 900m 정도이다.

대봉광산 금 광맥

삼광광산

삼광광산은 충남 청양군 운곡면 신대리에 주 갱도가 위치하는 광산으로 청양 군청에서 직선거리로 북동쪽 10km 지점, 운곡면사무소로부터 직선거리로 동동남 방향 3.5km 거리의 신대저수지 위쪽 배미실골 골짜기에 광산시설이 있다.

일제강점기인 1928년에 광업권을 등록하였으며 1933년 삼릉광업이 개발을 시작했다. 금 생산실적은 1938년 산금 증산 시기부터 1943년 금산정비령 시점까지인 5년간 1,314kg을 생산했고, 해방 이후인 1952년부터 1959년까지는 34.9kg을 생산했다. 그 이후 1985년부터 1996년까지 12년간은 일신산업㈜에서 1,064kg을 생산하는 등 총 누계 25년간 2.4톤의 금을 생산한 것으로 확인된다.

◎ 일제강점기(1938~1942) 생산실적

광산명	소재지	광업권자	생산량(Kg)					비고
			1938	1939	1940	1941	1942	(연평균)
삼광	청양 운곡	삼릉(三稜)광업	1,314.1					262.8
			273.0	273.9	248.2	284.6	234.4	

자료 : 한국의 광상 제10호

◎ **해방 후**(1946~2023) **생산실적**

연도	생산량(kg)		연도	생산량(kg)		연도	생산량(kg)	
	금(Au)	은(Ag)		금(Au)	은(Ag)		금(Au)	은(Ag)
1946 ~1951	–	–	1960 ~1984	–	–	1993	112	
1952 ~1959	34.9		1985 ~1992	–	–	1994	93	
						1995	51	
						1996	7	
						1997 ~2022	–	–
						합계	2,413	

자료 : 광산물수급현황

삼광광산의 광맥은 크게 두 개가 있는데, 하나는 청양군 운곡면 주 갱도에서 북동쪽 1.1km 떨어진 국사봉 부근까지 발달하는 북동–남서 방향(N70E)의 통동맥이고, 다른 하나는 국사봉 동쪽에서 N30W 방향으로 발달하는 북서–남동맥인 국성맥이다.

북동–남서 방향의 통동맥은 주 갱도인 통동갱 부근부터 국사봉까지 약 1.2km 구간에서 확인되는 맥으로 동남쪽으로 40~65도 경사지면서 발달하고 있다. 이 통동맥은 지표 노두부터 삼광갱(263mL)과 통동갱(193mL)을 뚫어 개발했는데 해발 –23mL 수준인 하8편까지 수직갱도가 만들어져 있다. 이 맥은 갱도 서쪽부터 서1호, 통동1~8호, 50호통 등으로 이름이 붙여져 부광대를 중심으로 경사 갱도와 수직갱도를 뚫어 하6편 수준까지 개발했다.

시추자료에 따르면 해발 –200mL까지 광맥이 계속되고 있으며 그 하부도 연장될 가능성이 있는 맥이다. 광맥의 두께는 0.3~0.6m 정도인데 부분적으로는 줄어들거나 늘어나는 현상이 있으며, 광맥 내에는 방연석, 섬아연석, 황동석, 황철석, 유비철석 등의 광물들이 함께 산출되는 부분이 있는데, 이런 광물이 많이 나오는 곳에서 금 품위가 높게 나타난다.

국성맥은 국사봉 동측에서 북서-남동 방향으로 약 100여m 연장되는 맥으로 남서쪽으로 60~70도 경사지면서 발달하고 있다. 이 맥을 개발하기 위해 해발 311mL 높이에서 상갱을 만들었는데 주 갱도인 해발 193mL 깊이의 통동갱까지는 개발이 이미 끝났고 하부는 아직 개발되지 않았다. 광맥의 두께는 0.3~0.5m 정도이며 맥 내에는 방연석, 섬아연석, 황철석 등의 광물이 포함된다.

이 밖에도 아직 개발되지 않았거나 탐사가 더 필요한 맥은 통동맥과 국성맥 외곽부에 분포하고 있는데, 중앙맥, 대성맥, 신리맥, 조평리맥, 대흥맥 등이 있다.

중앙맥은 통동맥 북서 300m 능선과 계곡부에서 확인되는 맥으로 통동맥과 비슷한 방향인 북동-남서 방향으로 발달하고 있는데, 해발 310mL에서 맥을 따라 소규모 갱도를 뚫었으며, 해발 193mL 높이에서 갱도를 뚫어 맥의 존재를 확인했지만, 본격적으로 개발하지는 않았다.

대성맥은 국성맥 동쪽 100여m 지점에서 확인되는 맥으로 북서-남동 방향의 국성맥과 유사한 방향으로 발달하지만, 경사는 반대쪽인 북동 방향으로 경사지고 있고 맥의 두께는 0.2~0.3m 정도다.

신리맥은 대성맥 동쪽 300여m 떨어져 있는 맥으로 대성맥과 유사한 북서-남동 방향으로 발달하고 북동쪽으로 70도 정도로 경사지며 두께는 0.2~0.5m 정도다. 조평리맥은 신리맥 남동쪽 400여m 거리에서 확인되는 맥으로 500m 정도 연장되며 두께는 0.1~0.3m 정도다.

대흥맥은 국사봉에서 북동쪽으로 약 900m 떨어진 곳에서 확인되는 맥으로 북동-남서 방향으로 발달되며 남동쪽으로 약 60도 경사져 있다. 지표에서 50~70m 정도 연장되며 두께는 약 1m 폭으로 맥의 내부에는 소량의 황화광물이 확인된다. 이 맥을 개발하기 위해 공주시 신풍면 조평리 산막골 부근 220mL에서 국사봉 방향으로 국사봉 남쪽 통동맥까지 약 1km 정도 갱도를 뚫었지만, 개발되지는 않았으며 추가 탐사가 필요한 맥이다.

이처럼 이 삼광광산 지역에는 국사봉을 중심으로 대략 7개 정도의 금광맥이 존재하는데 국사봉 남쪽의 통동맥과 국성맥 및 국사봉 서쪽의 통동맥 부광대를 중심으로 해발 0mL 수준까지 개발되었다. 따라서 통동맥과 국성맥을 대상으로 해발 0mL 이하 심도에서도 광맥이 계속 연장되는지 확인할 필요성이 있으며, 또 이 맥 바깥쪽에 확인되는 광맥에 대해서도 추가로 탐사하여 금이 부존되는지 조사할 필요가 있다. 이 광산은 다른 광산들과는 달리 개발 심도가 해발 0m 수준으로 깊지 않은데 600m 정도는 추가로 더 개발할 수 있을 것으로 보인다.

삼광광산 주변 도로(좌), 갱도
(우), 구 선광장 폐 볼밀(하)

덕음광산

덕음광산은 전남 나주시 공산면 신곡리에 주 갱도가 있는 광산으로 1931년 6월에 최초 광업권이 설정된 광산이다. 〈조선총독부관보〉에 따르면 1937년 8월에 광업 착수계가 제출된 것으로 보아 일제강점기부터 개발한 광산이며, 생산량은 산금장려정책 기간인 1938부터 1942년까지 5년간 1.1톤으로 확인된다. 그 이후는 1953년부터 1989년까지 37년간 개발되었으며, 생산량은 금(金) 919.9kg으로 연평균 25kg 정도인데 이때의 금 생산량이 일제강점기 5년 동안보다도 적다. 1977년부터 1989년 사이 은 생산량은 21.1톤이며, 금과 은의 산출비는 1:23으로 은 생산량이 많다.

◎ 일제강점기 생산실적(1938~1942)

광산명	소재지	광업권자	생산량(Kg)					비고 (연평균)
			1938	1939	1940	1941	1942	
덕음	전남 나주	일본(日本) 광업	1,130					226
			10.3	307.9	309.6	324.1	177.7	

자료 : 한국광업개사(1989)

◎ **해방 후 생산실적**(1946~2022)

연도	생산량(kg)		연도	생산량(kg)		연도	생산량(kg)	
	금(Au)	은(Ag)		금(Au)	은(Ag)		금(Au)	은(Ag)
1946 ~1954	–	–	1966	9.7	101.1	1979	21.1	360.0
			1967	60.6	576.1	1980	8.1	957.4
1955	37.8	–	1968	177.5	1,314.9	1981	21.7	940.5
1956	3.8	4.6	1969	72.4	1,363.1	1982	24.7	1,106.7
1957	5.4	257.6	1970	70.2	1,488.9	1983	7.9	2,012.5
1958	1.0	253.0	1971	67.7	769.6	1984	7.6	1,325.4
1959	3.2	128.7	1972	26.0	513.4	1985	10.5	558.7
1960	–	–	1973	32.9	865.6	1986	12.4	468.5
1961	6.9	677.4	1974	16.3	384.4	1987	4.7	604.0
1962	27.6	395.6	1975	26.9	469.3	1988	0.6	509.3
1963	15.1	134.4	1976	41.6	577.0	1989	1.1	–
1964	15.6	300.0	1977	31.7	671.7	~2022	–	–
1965	24.1	729.7	1978	25.5	273.0	소계	919.9	21,092.1

자료 : 광산물수급현황, 한국의 금광산(2010년)

덕음광산에는 천맥, 홍맥, 지맥 등 주요 3개 광맥이 있으며, 기타 우맥, 주맥, 신맥 등이 있다.

천맥은 나주시 공산면 신곡리에 있는 사암제 저수지 남서쪽 약 300m 거리에 있는 금광토굴 식품회사 부근부터 수학산 정상 쪽으로 뻗어 있는 맥이다. 방향은 N40W–S40E이며 약 300m 정도 연장된다. 지맥은 천맥 남서쪽 100m쯤 떨어진 곳에서 확인되는 맥으로 천맥과 동일한 방향으로 500m 정도 연장되며, 홍맥은 천맥 북동쪽 약 80m 떨어진 지점에서 400m 정도 연장된다. 대부분 50~70도 내외로 남서쪽으로 경사지고 두께는 0.3~1.5m 정도이다. 이들 광맥을 개발하기 위해 금광토굴 부근에 수직갱도(해발 38mL)를 설치하였으며, 본갱(2.2mL)과 대절갱(–9.5mL) 및 하1편(–26.9mL)에서 하6편(–185.9mL)까지 갱도를 뚫었는데, 하5편까지는 모두 개발이 완료된 상태다.

이 밖에도 갱내에는 이들 맥에서 분기되거나 가로지르는 우맥과 주맥이 확인된다. 사암제 저수지와 나주영상테마파크 사이에 신맥이 400여m 정도 확인된다. 천맥이나 지맥 및 홍맥 등과 유사한 방향으로 발달하지만, 경사는 반대 방향인 북동쪽이며 70도 정도로 아직 개발되지는 않았다.

덕음광산 금광맥

태창광산

태창광산은 충북 충주시 노은면 연하리 보련산 아래 가마골 근처에 주 갱도가 있는 광산으로 1915년 9월에 최초 광업권이 설정된 광산이다. 이 지역은 일제강점기 이전에는 주로 농사를 지었으나 일제강점기 때부터 개발되기 시작하면서 광산마을로 발전하게 되었는데 당시 광산 근로자가 180여 명 정도였다고 한다.

1936년 7월 18일에는 태창광업소 노동자 200여 명이 임금인상과 근로조건 개선을 요구하는 시위를 했다는 기록도 있다. 1932년 1월에 광업 착수계가 제출되었다고 기록되어 있는 것으로 보아 1930년대 초부터 광산 개발이 시작된 것으로 보이지만 생산기록은 1936년과 1940~1942년에 금 193.8kg, 은 24.7kg만 보고되고 있다. 이후는 1953~1968년(1954년 제외)까지와 1971~1989년(1984년 제외)까지 33년간 개발되었는데, 생산량은 금 500.3kg과 은 10.7kg이다. 태창광산의 누계 생산량은 금 694.1kg, 은 35.4kg으로 다른 광산들과는 달리 금과 은의 산출 비율이 19.1:1로 금의 함량이 훨씬 높은 광산이다. 이 광산은 금 단일형 광산으로 분류할 수 있다.

◎ 해방 전 생산실적(1925~1945)

연도	생산량(kg)		연도	생산량(kg)		연도	생산량(kg)	
	금(Au)	은(Ag)		금(Au)	은(Ag)		금(Au)	은(Ag)
1927	–	–	1934	–	–	1941	52.4	10.0
1928	–	–	1935	–	–	1942	48.3	7.5
1929	–	–	1936	46.1	7.2	1943	–	–
1930	–	–	1937	–	–	1944	–	–
1931	–	–	1938	–	–	1945	–	–
1932	–	–	1939	–	–	소계	193.8	24.7
1933	–	–	1940	47.0	–			

자료 : 태창광산 매장량조사보고서(1971), 한국의 금광산(2010년)

◎ 해방 후 생산실적(1946~1989)

연도	생산량(kg)		연도	생산량(kg)		연도	생산량(kg)	
	금(Au)	은(Ag)		금(Au)	은(Ag)		금(Au)	은(Ag)
1946 ~1952	–	–	1965	4.1	–	1980	26.1	–
			1966	24.5	–	1981	17.3	–
1953	1.9	–	1967	36.2	–	1982	10.0	–
1954	–	–	1968	46	–	1983	8.4	–
1955	34.5	–	1969 ~1970	–	–	1984	–	–
1956	23.0	3.8	1971	4.4	–	1985	7.7	–
1957	46.7	0.7	1972	15.0	–	1986	8.3	–
1958	13.0	6.2	1973	3.9	–	1987	7.9	
1959	11.3	–	1974	4.4	–	1988	10.1	–
1960	10.7	–	1975	7.7	–	1989	0.9	–
1961	7.8	–	1976	7.6	–	1990 ~2022	–	–
1962	22.5	–	1977	6.4	–			
1963	12.5	–	1978	19.8	–	소계	500.3	10.7
1964	10.5	–	1979	29.2	–			

자료 : 광산물수급현황, 한국의 금광산(2010년)

태창광산의 주요 광맥은 본맥 1개로 이 맥에서 분지되거나 또는 평행맥으로 발달하는 맥이다. 이 밖에 본맥 70~80m 하부에 하반맥이 분포되고 있지만, 본격적으로 탐사되거나 개발되지는 않았다.

이 광산의 주 개발대상인 본맥은 보련산 정상에서 280도 방향으로 630m 떨어진 가마골 부근에서 확인되는 맥이다. 광맥의 분포 방향은 가마골 부근에서는 남북 방향으로 연장되지만, 가마골 북쪽에서는 북서-남동 방향, 가마골 남쪽에서는 북동-남서 방향으로 각각 발달하는데, 경사는 동쪽 또는 북동-남동쪽으로 20도 내외이다. 광맥의 두께는 0.2~0.4m 정도이며 갱내에서 약 1km가량 연장된다. 이 맥을 개발하기 위해 해발 416mL 수준에 보련갱을, 412mL 수준에 하남갱(412mL)을, 그리고 420mL 수준에 하남남갱(일명 390mL갱) 등 3개의 갱도를 12도 내지 24도 경사로 굴진하여 금을 생산했다.

태창광산 자연금(밝은 노란색)

보련갱은 가장 북쪽에 있는 경사 갱도로 제1사갱은 12도 경사로 320m 뚫었으며, 제2사갱은 24도 경사로 270m 굴진했는데 이 사이에 9개 편의 수평갱도를 만들어 금을 채굴하였다.

하남갱은 보련갱 남동쪽 170도 방향으로 120m 떨어진 지점에 있다. 갱도는 동쪽 90도 방향으로 20~25도 경사지게 340m 정도 뚫었는데 금 광석과 사람들이 이동할 수 있는 운반용 갱도로 사용했다. 이 갱도의 360mL, 340mL, 310mL, 270mL 및 250mL 심도에서 각각의 수평갱도를 남쪽으로 600m씩 뚫었는데, 이는 맥을 따라 금을 직접 채굴하기 위한 채굴용 갱도다.

하남남갱(일명 하남390mL)은 남동쪽 150~170도 방향으로 600여m 굴진한 경사 갱도로 상기한 보련갱과 하남갱과는 달리 갱도 중간에 금맥을 채굴하기 위한 수평갱도는 만들지 않았다.

따라서 이 광산의 금맥은 보련갱, 하남갱 및 하남남갱 등 3개 갱도의 굴진상황 등을 고려해 볼 때 해발 420mL과 250mL 사이 수직 심도 170m 구간 정도만 채굴되고 나머지 구간은 아직 개발되지 않은 것으로 판단된다. 향후 해발 250mL 하부구간에 추가로 탐사를 해보면 금의 부존 여부를 확인할 수 있을 것이다.

태창광산 금광맥 시료

광양광산

광양광산은 전남 광양시 광양읍 초남리 봉화산 부근에 주 갱도가 있는 광산으로 1915년 12월에 최초로 광업권이 설정된 광산이다. 1917년에는 광산 개발을 위해 광부 2,000여 명이 모여들었다고 한다. 광업 사무소는 〈조선총독부 관보〉에 1923년에 설치되었다는 기록이 있지만 1929년경부터 본격 개발되기 시작하였다.

◎ 해방 전 생산실적(1925~1945)

연도	생산량(kg)		연도	생산량(kg)		연도	생산량(kg)	
	금(Au)	은(Ag)		금(Au)	은(Ag)		금(Au)	은(Ag)
1925	–	–	1933	980천원	–	1941	226.7	
1926	–	–	1934	967천원	–	1942	229.6	–
1927	–	–	1935	–	–	1943	–	–
1928	–	–	1936	1,233천원	–	1944	–	–
1929	–	–	1937	–	–	1945	–	–
1930	641천원	–	1938	697.0	–	합계	4,640천원 (광석 39.5t) 1,899.5	–
1931	–	–	1939	437.3	–			
1932	819천원	–	1940	308.9	–			

자료 : 광양광산매장량조사보고서(1971)

◎ 해방 후 생산실적(1946~1976)

연도	생산량(kg)		연도	생산량(kg)		연도	생산량(kg)	
	금(Au)	은(Ag)		금(Au)	은(Ag)		금(Au)	은(Ag)
1946 ~1952	–	–	1963	정광 6.9	–	1975	–	–
			1964	정광 6.9	–	1976	정광 0.1	–
1953	5	–	1965	정광 9.1	정광 9.1	1977	–	–
1954	–	–	1966	정광 2.6	정광 2.4	1978	–	–
1955	90.2	–	1967	–	–	1979	–	–
1956	23.5	0.5	1968	정광 3.8	정광 0.1	1980	–	–
1957	37.4	0.5	1969	정광 0.6	–	1981	–	–
1958	96.1	23.5	1970	정광 416.9	–	1982 ~2022	–	–
1959	97.1	289.4	1971	–				
1960	81.8	204.3	1972	–	–	소계	순금 806.6 정광 446.9	순은 1,558.3 정광 13.6
1961	238.9	629.5	1973	0.6	정광 2.0			
1962	136	410.6	1974	–	–			

자료 : 한국광업백년사(2012), 광산물수급현황, 한국의 금광산(2010)

1936년과 1938년에 광산 파업과 관련한 동아일보 기사가 있으며, 1936년 3월 30일 자 〈조선중앙일보〉에는 "동맹파업한 광부 700여 명을 해고하여 춘궁기를 앞두고 생계가 막연"하다는 기사 내용도 있다. 광산 가액(생산액)을 집계했던 1930년부터 1936년 사이와 산금장려 정책 기간이던 1938년부터 1942년 기간에 금 1,899.5kg과 금은광석 39.5톤을 생산했다는 기록이 있다.

그 후 1953~1970년과 1973년, 1976년에도 순금 806.6kg과 금정광(Au 30~50g) 446.9kg을 생산했으며, 은은 1,558.3kg과 은정광 13.6kg을 각각 생산한 것으로 보고되어 있다. 일제강점기를 포함한 누계 생산량은 금 2.7톤과 금광석 40톤 및 은 1.6톤 등인 것으로 확인된다.

광양광산의 주요 광맥은 크게 초남지역의 초남1~3호맥과, 본정지역의 본정맥과 본정서맥, 점동 지역의 점동서맥과 점동동맥, 봉화산 기슮의 10호비맥을 비롯해 마로산 남쪽과 동쪽 지역에 각각 분포된다.

초남지역은 일제강점기 때부터 개발한 광맥이다. 초남리 아스콘 회사 부근에 있는 초남갱(해발 30mL)과 그의 동쪽에 2갱(해발 65mL)을 만들어 채굴했던 곳으로 초남1, 2, 3호맥과 금동맥 등이 분포한다. 초남1호맥은 초남리 아스콘공장 북동쪽에서 사곡 저수지 방향(40도 방향)으로 1.5km 정도 연장되는 맥이다. 북서쪽으로 80도 경사지며 두께는 0.3m 내외이다.

초남 2호맥은 초남 1호맥 동쪽 약 200m 떨어진 곳에 위치하는 맥으로 초남 마을회관 북동쪽 400m 골짜기부터 40도 방향으로 약 1.5km 연장된다. 이 맥은 남쪽 부분에서는 초남1호맥과 비슷한 40도 방향으로 발달되지만, 북쪽 끝으로 갈수록 20도 정도 휘어지며 해발 −400mL 수준까지만 개발되었다. 초남3호맥은 초남 1호맥 북서쪽에서 30~40도 방향으로 발달하는 맥으로 3~4개의 세맥들이 모여 만들어졌는데 연장은 300~400m 정도다.

본정지역은 본정마을 남쪽 사면 부근에 있는 본정갱과 본정수갱을 통해 금을 채굴한 장소로 본정맥이 분포하는 곳이다. 본정맥은 본정 마을회관 동쪽 150여m 떨어진 곳부터 사곡 저수지 북측 150여m 지점까지 700~800여m 연장되며 남북 방향(NS) 또는 N5W도 방향으로 분포되어 있다. 서쪽으로 70도 경사지는 맥으로 두께는 0.1~0.4m 정도이다. 이 맥은 과거 1950~60년대 개발되던 맥으로 하12편 해발

−600mL까지 수갱을 설치했다. 사곡 저수지 부근의 사곡갱 내에서도 연장이 확인되는데, 초남 지역에서 사곡 저수지 방향으로 뻗어 있는 초남1,2맥과 연장될 가능성이 있는 맥이다. 본정서맥은 본정 마을회관 서쪽 마지골 부근부터 북쪽 360도 방향으로 500여m 연장된다.

점동지역에는 사곡 저수지 서쪽에 점동서맥이 있는데, 이 맥은 초남 3호맥의 연장으로 추정되는 맥이다. 점동갱 갱도와 시추공에서 맥을 확인했지만 본격적으로 개발되지는 않았다. 점동동맥은 사곡 저수지 남동쪽에서 남산갱을 뚫어 확인한 맥으로 이 맥 역시 갱도와 시추에서 확인되었다. 남산갱 입구부터 동쪽으로 300여m 들어가 착맥한 점동동맥의 연장인 남북 방향을 따라 300여m 정도 굴진했다. 이 맥도 본격적으로 개발되지는 않았다.

10호 비맥은 남산갱 입구부터 남쪽으로 약 900m 떨어진 봉화산 기슭 10호비갱을 따라 확인되는 맥으로 봉화산 쪽 215도 방향으로 200여m 굴진했으며, 북동쪽 35도 방향으로 점동동맥 근처까지 700여m 연장되는 맥이다. 두께는 0.1~0.4m로 본격적으로 개발되지는 않았다.

마로산지역에는 마로산 남쪽 철로변 근처에 있는 마로갱부터 북쪽으로 500m 정도 연장되는 마로산 능선이 있으며, 이의 동쪽 250여m 떨어진 곳에 남북 방향의 마로산동맥이 있는데, 마로갱에서 동쪽으로 갱도를 뚫어 확인한 맥이다. 이 맥은 본정서맥 북측 연장부와 동일 연장상에서 발달하는 것으로 남쪽의 본정서맥과 동일 맥일 가능성이 있는 맥이다.

임천광산

임천광산은 충남 부여군 장암면 지토리 최북단 상룡소담지 부근과 장암면 북고리 남서쪽 끝단 등지에 주 갱도가 있는 광산으로 1917년에 최초 등록되었다. 1935년 9월에 〈조선총독부 관보〉에 광업 착수계가 접수되었다고 하며, 1936년 5월 〈조선중앙일보〉 기사에 임천광산에서 금광석이 도난당했었다는 보도도 있다.

1938년 생산기록이 1.39kg인 것으로 보아 1937년 무렵부터 광산을 개발하기 시작한 것으로 생각된다. 1938년부터 1942년까지 생산량은 48.7kg으로 전술한 여타 광산들보다는 적다. 해방 후에는 1954~1959년 사이 5~6년 동안 193kg을 생산했으며, 1964~1978년(1970년 제외) 기간에 466kg의 금을 생산한 것으로 나와 있다. 일제강점기를 포함한 임천광산의 누계 금 생산량은 660kg 정도이며, 은 생산량은 금보다 극히 적어 23kg 정도만 생산했다. 이 광산은 금 단일형 광산으로 분류할 수 있다.

◎ 해방 전 생산실적(1925~1945)

연도	생산량(kg)		연도	생산량(kg)		연도	생산량(kg)	
	금(Au)	은(Ag)		금(Au)	은(Ag)		금(Au)	은(Ag)
1925	–	–	1933	–	–	1941	3.183	
1926	–	–	1934	–	–	1942	1.019	–
1927	–	–	1935	–	–	1943	–	–
1928	–	–	1936	–	–	1944	–	–
1929	–	–	1937	–	–	1945	–	–
1930	–	–	1938	1.39	–	합계	48.764	–
1931	–	–	1939	1.825	–			
1932	–	–	1940	41.347	–			

자료 : 한국의 광상 제10호(1987), 한국의 금광산(2010)

◎ 해방 후 생산실적(1946~1978)

연도	생산량(kg)		연도	생산량(kg)		연도	생산량(kg)	
	금(Au)	은(Ag)		금(Au)	은(Ag)		금(Au)	은(Ag)
1946 ~1953	–	–	1964	금광석355t	–	1976	57.6	–
			1965	1.5	1.0	1977	17.0	20.0
1954	–	–	1966	2.1	0.8	1978	2.2	2.9
1955	77.2	–	1967	33.5	–	1979	–	–
1956	65.8	–	1968	41.2	–	1980	–	–
1957	35.0	–	1969	47.1	–	1981	–	–
1958	12.9	–	1970	–	–	1982	–	–
1959	2.8	0.1	1971	6.9	–	1983 ~2022	–	–
1960	–	–	1972	97.1	–			
1961	–	–	1973	75.1	–	소계	659.7	23.0
1962	–	–	1974	48.7	–			
1963	–	–	1975	36.0	–			

자료 : 한국의 금광산(2010)

임천광산에는 매갱맥. 서갱맥, 북갱맥, 동갱맥, 노동갱맥, 세원갱맥 등 모두 6개의 광맥이 부존되어 있다.

매갱맥은 상룡소담지 남서쪽 200여m 근처에서 북서쪽 315도 방향으로 뻗어 있는 광맥으로 1, 2, 3호맥과 갑오맥, 금강산맥 등 5~6개조 세맥으로 구성되어 있다. 과거 일제강점기부터 개발된 맥으로 남쪽 200여m 떨어진 곳의 해발 91mL에 매갱을 설치, 사갱으로 굴진하여 각각의 맥들을 착맥하였고, 착맥된 맥을 따라 채굴했다. 하 20편까지 굴진되어 있지만 하16편 정도까지만 채굴한 것으로 보인다. 매갱에서 확인되는 세맥들은 N45W-S45E 방향으로 연장되며 북동 방향으로 50~60도 경사지고 두께는 0.3~0.4m 정도이다. 세맥들은 매갱 내에서 분지되거나 합쳐진다.

서갱맥은 상룡소담지와 백치소담지 중간쯤 해발 73mL에 있는 서갱에서 맥을 따라 서쪽으로 약 60m 굴진한 후, 북쪽으로 사수갱을 따라 하3편까지 105m 굴진했으며, 각 편에서는 맥을 따라 300m 정도씩 채굴했다. 맥의 연장 방향은 사수갱 주변에서는 거의 E-W 방향이며, 북서쪽으로 갈수록 N40W-S40E 방향으로 바뀐다. 경사는 북쪽 또는 북동쪽으로 가면서 50도 정도이며 맥의 두께는 0.4m 정도지만 변화가 심한 편이다.

북갱맥은 서갱에서 북쪽으로 약 200m 떨어진 북갱(해발 72mL) 주변에서 확인되는 맥으로 N50W-S50E 방향으로 150여m 연장된다. 지표에 있던 북갱이 무너져 서갱 하3편에서 북갱맥 쪽으로 새로운 갱도를 180m 정도 뚫어 착맥한 후 소규모로 개발한 맥이다. 두께는 0.4m 정도이며 동쪽으로 50도로 경사진다.

동갱맥은 지토보건소 북쪽 100여m 떨어진 북갱(해발 57mL) 부근에서 N55W- S55E 방향으로 350여m 연장되는 맥이다. 동갱맥은 일제강점기 시절부터 개발되던 맥으로 동갱 입구부터 맥을 따라 430여m 사수갱으로 하17편까지 개발했다. 맥의 두께는 0.2~0.3m 정도이며 40~50도 내외로 북동쪽으로 경사진다.

임천광산 금광석

노동갱맥은 동갱맥에서 북동쪽으로 약 1.2km 떨어진 장암면 북고리 최남단의 해발 83mL 야산에 있는 노동갱 근처에서 확인되는 맥으로 북서-남동 방향인 N65W-S65E로 약 250m 연장된다. 이 노동갱맥을 개발하기 위해 노동갱 남동쪽에 노동 수직갱과 북서쪽에 하노동갱을 만들었다. 맥의 두께는 0.6m 정도이며 북동쪽으로 50~60도 경사진다. 본격적으로 개발되지는 않았다.

세원갱맥은 동갱 입구에서 북동쪽으로 500여m 떨어진 곳 야산의 해발 53mL과 61mL에 갱도가 있는 맥으로 N60W-S60E 방향으로 150여m 확인된다. 두께는 0.2m로 북동쪽으로 50도 경사지며 개발되지 않았다.

아래 사진은 임천광산의 금광석을 현미경으로 본 것으로 황토색을 띠는 황철석과 연녹색 내지 흑색과 회색을 띠는 섬아연석 등과 함께 밝은 노란색으로 금이 산출되는 것을 볼 수 있다.

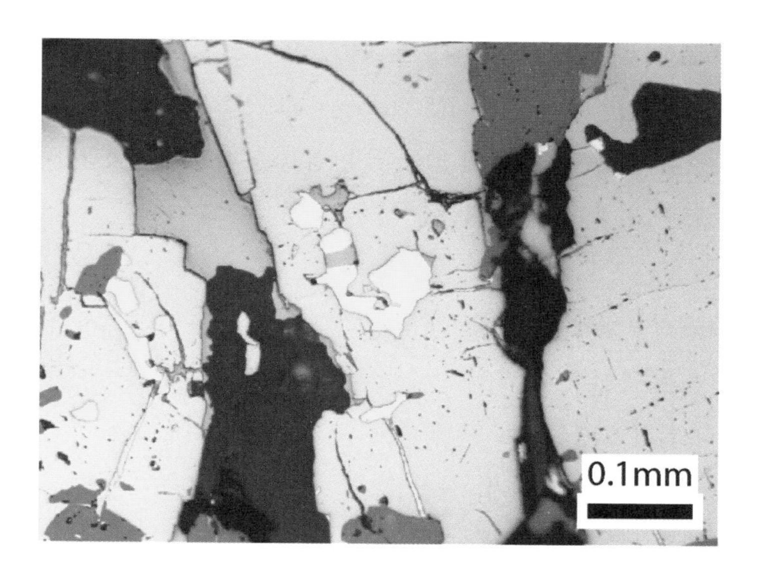

금정광산

금정광산은 경북 봉화군 춘양면 우구치리 북동쪽 끝단과 강원도 영월군 상동읍 덕구리 동남쪽 끝단 계곡 일대 및 금정골 북서쪽 사면에 주 갱도가 위치하는 광산으로 1923년에 최초로 등록되었다. 1932년 5월 25일 자 〈부산일보〉에 따르면 5월 26일부터 본격적으로 금정광산 개발에 착수한다는 기사가 있으며, 6월 4~13일 자 〈동아일보〉 보도에는 대구의 김대원이 봉화에 있는 금정 금광을 대만의 금석광산주식회사에 55만 원에 매도하였다는 기사가 있다.

1933년 1월에 〈조선총독부 관보〉에 광업 착수계가 등록되었다. 1933년 잡지 〈삼천리〉 10월호에는 연간 10,000圓 이상을 생산하는 경북 제1 굴지의 광산으로 89명의 인부가 근무하였다는 기록이 있으며, 1938년 8월 1일 자 잡지 〈삼천리〉에는 연산 320萬圓 상당의 금을 생산한 광산으로 기록되고 있어 1933년부터 본격적으로 생산한 것으로 보인다. 1935년 5월 23일 자 〈조선중앙일보〉에는 "봉화군 밀림지대에 무진장(無盡藏)의 부광(富鑛) [은, 아연, 금광맥 등이 편재] 삼릉 조사반 타진"이라는 기사가 있다. 1923~1937년에 2,786.6kg의 금을 생산했으며, 1938년~1942년에도 4,254.6kg을 생산했다는 기록이 있다. 일제강점기 금의 총생산량은 7톤에 달한다. 이후 1951년 6월에 국무원 고시로 상동광산 등 42개 광산과 함께 국영기업체로 지정되었다.

奉化郡密林地帶에
無盡藏의 富鑛
【銀、亞鉛、金鑛脈等이 遍在】
三菱調査班打診

峴底洞에 小火

戶稅에 所得稅 附加稅를 加味
負擔의 均衡을 企圖

조선중앙일보 기사(1935.5.23)

해방 후에는 1953~1988년 사이 36년간 간헐적으로 개발했는데 절반 정도인 17년 동안 개발해 617.5kg의 금을 생산했다. 일제강점기를 포함한 누계 생산량은 7.7톤에 달하며, 금 단일형 광산으로 분류할 수 있다.

◎ **해방 전 생산실적**(1923~1945)

연도	생산량(kg)		연도	생산량(kg)		연도	생산량(kg)	
	금(Au)	은(Ag)		금(Au)	은(Ag)		금(Au)	은(Ag)
~ 1923	–	–	1939	918.1	–	1944	–	–
			1940	692.7	–	1945	–	–
1923 ~1937	2,786.6	–	1941	670.5	–	소계	7,041.2	
		–	1942	661.8	–			
1938	1,030.2	–	1943	281.3	–			

자료 : 한국의 금광산(2010)

◎ **해방 후 생산실적**(1946~1988)

연도	생산량(kg)		연도	생산량(kg)		연도	생산량(kg)	
	금(Au)	은(Ag)		금(Au)	은(Ag)		금(Au)	은(Ag)
1946 ~1952	–	–	1972	12.4	–	1984	67	–
			1973	–	–	1985	58	–
1953	35	–	1974	–	–	1986	50	–
1954	–	–	1975	–	–	1987	48	–
1955	90.3	–	1976	9.2	–	1988	31	–
1956	48.6	–	1977	3	–	1989	–	–
1957	10.1	–	1978	–	–	1990	–	–
1958	20.9	–	1979	–	–	1991 ~2022	–	–
1959	11.1	–	1980	9	–			
1960	0.2	–	1981	17.7	–	소계	617.5	
1961 ~1971	–	–	1982	32	–			
			1983	64	–			

자료 : 광산물수급현황, 산업통상자원부

금정광산의 주요 광맥은 본갱 지역의 본갱맥과 신보갱 지역의 신보갱맥 등이 있다.

본갱 지역의 본갱맥은 일제강점기부터 개발하던 맥으로 경북 봉화군 춘양면 우구치리와 강원도 영월군 상동면 덕구리의 경계지역에 있으며 민백산으로부터 290도 방향으로 약 500m 떨어진 지점부터 북서방향으로 약 300~400m 범위에 걸쳐 분포한다. 광맥의 전반적인 연장은 N55W-S55E 방향이지만 갱내에서는 습곡으로 변화가 심하여 북동-남서 방향으로 발달하는 구간도 있는데, 갱도 연장을 따라 약 400m 구간이 확인된다.

광맥의 경사 방향은 구역에 따라 다른데 70~80도 북동쪽으로 경사지거나 남동쪽으로 경사지며, 두께는 평균 1.2m 정도이나 습곡에 의한 영향으로 변화가 심하여 습곡의 축부는 넓고 날개부는 좁다. 이 맥을 개발하기 위해 2호갱, 4호갱, 6호갱, 7호갱 등의 수평갱도와 1사갱, 2사갱 및 3사갱 등을 만들어 금을 채굴했다. 2호갱은 민백산부터 285도 방향으로 670m 떨어진 해발 1,026mL 지점에 갱도 입구가 있고, 4호갱은 민백산부터 265도 방향으로 750m 떨어진 해발 952mL 지점에 갱도 입구가 있다.

7호갱은 민백산부터 252도 방향으로 1,150m 떨어진 해발 860mL 근처 도로변 골짜기에 입구가 있다. 4호갱 입구와 7호갱 입구 사이의 수평거리는 450m이다. 상동면 덕구리 골짜기에 위치한 북2통동갱(860mL)은 7호갱과 관통되어 있는데 7호갱 입구부터 5도 방향으로 1.15km 정도 떨어져 있다.

1사갱은 7호갱 입구부터 28도 방향으로 750m 떨어진 지점에 설치되어 하1편(해발 705mL)까지, 2사갱은 하1편부터 하7편(612mL)까지, 3수갱은 7편부터 하9편(566mL)까지 각각 설치되어 있다.

신보갱맥은 민백산 남쪽~남서쪽 약 1.1~1.2km 떨어진 곳인 금정골 북서측 사면에서 S50W-S50E 방향으로 600여m 단속적으로 연장되는 맥이다. 이 맥 또한 일제강점기부터 개발되던 맥으로 두께는 1.5m 정도이며 북동쪽으로 50~60도 경사진다. 광맥의 개발을 위해 신보본갱과 상1갱, 상2갱, 상3갱 등을 만들어 채굴하였다.

신보본갱은 7호갱 입구부터 140도 방향으로 670m 떨어진 해발 1,017mL 계곡 사면에 만들어져 있는데 150도 방향으로 800여m 이상 굴진했다. 신보본갱 방향의 상부 수준에는 상1갱, 상2갱, 상3갱 등의 소규모 갱도가 만들어져 있는데 신보본맥의 연장을 따라 만들어졌다.

전주일광산

전주일광산은 전북 완주군 운주면 장선리에 위치하는 광산으로 운주면의 한국게임과학고등학교 남쪽 500m 부근에 주 갱도가 있다. 이 광산은 1935년 7월에 최초 등록된 후 1936년에 광업 착수계가 제출된 광산이다. 1938~1942년에 금 18.4kg을 생산했으며, 1958년부터 다시 개발을 시작해 1969년까지 생산하였고, 이후 1979년~1991년까지 약 28년간 금과 은을 개발한 광산이다. 1976년도에 주 갱도인 본갱의 굴진 길이가 300m 정도였던 것을 고려하면 본격적으로 금과 은을 개발한 시기는 1979년부터인 것으로 판단된다.

이 광산은 금(Au)보다 은(Ag)을 더 많이 생산한 광산으로 은 함량이 상당히 높은데, 누계 생산량도 금(Au)은 392kg인데 비해 은(Ag)은 55,667.2kg으로 은 생산량이 금보다 140배 더 높은 함금(含金) 은(銀) 광산이다. 1990년대 초 은 가격의 하락으로 휴광하고 결국 폐광했다. 이 광산은 은 단일형 광산으로 분류할 수 있다.

◎ 해방 후 생산실적(1946~2022)

연도	생산량(kg)		연도	생산량(kg)		연도	생산량(kg)	
	금(Au)	은(Ag)		금(Au)	은(Ag)		금(Au)	은(Ag)
~1937	–	–	1964	–	–	1984	75	6,261
1938	9.6	–	1965	10.0	29.0	1985	59	4,851
1939	0.9	–	1966	25.6	48.0	1986	23	4,408
1940	2.3	–	1967	0.4	16.0	1987	20	3,584
1941	1.2	–	1968	2.5	–	1988	9	2,480
1942	4.4	–	1969	1.5	–	1989	9	2,041
1943 ~1957	–	–	1970 ~1978	–	–	1990	19	1,341
1958	1.0	–				1991	1	308
1959	3.2	–	1979	–	58	1992 ~2022	–	–
1960	2.8	–	1980	–	1,682			
1961	0.9	–	1981	44	8,406	합계	392.3	55,667.2
1962	–	–	1982	31	11,071			
1963	–	4.2	1983	36	9,079			

자료 : 광산물수급현황, 한국의 금광산(2010)

전주일광산의 주요 광맥은 장선구지역, 동상구지역, 가산갱 지구, 부엉갱지구, 삼창구지역, 완창갱지역 등에 분포한다.

장선구지역 광맥은 장선리에 있는 한국게임과학고등학교 남쪽 약 500여m 부근에 주 갱도인 본갱과 상1, 2갱, 하1, 2갱 등을 설치해 개발한 광맥이다. 남서쪽 190도 방향의 시루봉(해발 429mL)까지 약 700여m 정도 연장된다. 광맥은 북동–남서 방향인 N10E–S10W로 발달하며 남서쪽으로 70도 경사진다. 맥의 두께는 0.3~1.5m 정도이며 구간별로 좁아졌다가 넓어지기를 반복한다. 이 지역의 맥은 지표에서는 단일 맥이지만 갱내에서는 금이 우세한 금맥과 은이 우세한 은맥이 별도로 구분된다.

금맥은 두께 0.1~1.1m로 갱내에서 약 350m 연장되고, 은맥은 두께 0.5~1.5m로 200~250여m 연장된다. 은맥에는 자연은(Native silver)과 휘은석(Argentite)이 눈으로도 확인되는데, 사진에서 밝은 은색을 띤 부분이 자연은(自然銀)으로 검은색 부분이 은 함량이 높은 부분이다.

자연은(밝은 은색)이 관찰되는 은광맥

이 지역에는 본갱이 해발 110mL 수준에 있으며 상부 쪽으로 215mL까지, 하부 쪽으로 하2편 수준인 해발 30mL까지 수직심도 185m 구간에서 채굴이 이루어졌다. 하2편 수준인 해발 30mL 구간은 갱도만 뚫어 놓았으며 개발되지는 않았다.

동상구는 완주군 경천면 가천리 중북부에 있는데, 장선구 남남서쪽에 있는 동상골에서 안골로 향하는 도로변(해발 152mL)에 주 갱도가 있다. 장선구의 본갱 입구부터 남서쪽 192도 방향으로 2.2km 떨어져 있는데 장선구의 맥과 연결된다. 장선구의 상1갱 갱도와 동상구 본갱이 서로 연결되는데 상호 운반용 갱도로 사용된다. 동상갱 상부는 2~3개의 중단갱이 굴진되어 있으며 지표 노두와 연결되어 대부분 채굴되었다.

동상갱 하부는 하7편 수준인 해발 −110mL까지 수직갱도가 뚫려 있다. 맥은 북동−남서 방향인 N10E− S10W로 연장되며, 45~50도

서남쪽으로 경사지는데, 일부 60도 내외의 경사를 보이는 부분도 있다. 맥의 두께는 0.3~1.5m 정도이며 북쪽 장선구 쪽으로 갈수록 품위가 낮아지며 남쪽으로 갈수록 높아지는 경향을 보인다. 전반적으로 금(Au)보다 은(Ag) 함량이 월등히 높다.

가산갱 지구는 동상구 갱도 입구부터 남서쪽인 202도 방향으로 1.5km 정도 떨어진 가천리 중서부에 주 갱도가 위치하는데 동상구 광맥의 남서쪽 연장이다. 이 갱도 부근에는 2개의 맥이 있는데 이를 개발하기 위해 가산갱(해발 140mL)과 신선갱(해발 270mL)을 굴진하여 소규모로 굴진했다.

부엉갱지구는 장선구 본갱 입구로부터 북동쪽 7도 방향으로 1.8km 떨어진 부엉골 골짜기에 갱도 입구(157mL)가 있는 맥으로 갱도 입구부터 동쪽으로 약 80m 떨어진 곳에서 거의 남북 방향으로 연장된다. 부엉갱 갱내에서는 남북 방향의 맥

을 따라 남쪽으로 460m, 북쪽으로 490m 등 총 950m를 굴진하였는데 광맥의 품위가 낮아 본격적으로 개발되지는 않았다. 이 맥은 남쪽의 장선구 광맥과 동일 연장에 있고 또 후술할 북쪽의 삼창구 광맥과도 동일 연장에 있다.

삼창구는 부엉갱 갱도 입구부터 북동쪽 10도 방향으로 1.1km 떨어진 운주면 완창리 중동부에 본갱(150mL)이 있다. 맥을 따라 남쪽으로 840m 굴진하였는데 남쪽의 부엉갱과 연결된다. 본갱 상부에 있는 상1갱은 남쪽으로 380m 굴진하였고, 하부에 있는 하1갱과 하2갱은 남쪽으로 620m, 220m 각각 굴진하였다. 맥은 북동–남서 방향인 N10E–S10W로 연장되며 북동쪽으로 40~60도 경사지고 두께는 0.2~1.7m 정도이다. 이곳은 은 가격 하락으로 1984년 말까지만 개발하였다.

완창구는 삼창구 본갱 입구부터 북동쪽 33도 방향으로 1.7km 떨어진 운주면 완창리 안심마을 북쪽 골짜기에 주 갱도(240mL)가 있는데 갱도 입구부터 북서쪽으로 240m 떨어진 곳에서 광맥을 확인하여 맥을 따라 북동쪽 및 남서쪽으로 140m, 160m 등 300m 정도를 굴진하였다. 맥의 두께는 0.5~0.7m 정도이다.

전주일 광산의 광맥은 전반적으로 최북단 완창구 광맥부터 최남단 가산구 갱도맥까지 약 8km 정도 연장되는 것으로 확인되는데 중간중간에 갱도를 개설해 개발했다. 분포 방향은 전체 광맥 구간을 고려해 볼 때 N10~15E – S10~15W 방향이며 서쪽 또는 북서쪽으로 경사지면서 발달하는데 부분적으로 약간의 변화가 있다. 금과 은의 함량은 지역에 따라 다른데 개발된 갱도를 고려해 보면 장선구, 동상구, 완창구 등에서 금과 은 함량이 높다.

은산, 모이산, 가사도광산

은산광산은 전남 해남군 황산면 부곡리에 있는 노루목산(구 은산)과 모이산 및 전남 진도군 조도면 가사도리의 가사도 항 남서쪽에 각각 주갱도가 있는 광산이다. 이 광산은 1924년 1월에 광업권이 등록되었지만 일제강점기 때는 개발되지 않았다. 1995년 10월부터 2001년까지 캐나다의 아이반호라는 광산 개발 기업이 이 지역을 탐사했다.

2002년 4월 은산지역에서 처음 개발을 시작했고, 2006년 6월에는 모이산지역에서도 개발하기 시작했다. 이후 은산지역은 2015년까지 14년간, 모이산지역은 2021년까지 16년간 각각 개발했다. 2015년부터는 전남 진도군 조도면에 있는 가사도 광산을 새로 개발하기 시작했으며 2024년 현재까지도 개발 중이다. 누계 생산량은 금(Au)이 3.6톤이며 은(Ag)은 97.7톤으로 은 생산량이 금보다 27.4배나 높은 함금(含金)은(銀) 혼합형 금광이다.

◎ 해방 후 생산실적(2002~2023)

연도	생산량(kg)		금과 은의 산출비	연도	생산량(kg)		금과 은의 산출비
	금(Au)	은(Ag)			금(Au)	은(Ag)	
1946~1998	–	–	–	2013	415	3,575	1:8.6
				2014	334	3,698	1:11.0
1999	–	–	–	2015	254	4,190	1:16.4
2000	–	–	–	2016	203	6,693	1:32.9
2001	–	–	–	2017	264	8,919	1:33.7
2002	168	6,755	1:40.2	2018	244	7,365	1:30.1
2003	146	11,194	1:76.6	2019	188	5,474	1:29.1
2004	216	4,854	1:22.4	2020	149	6,117	1:41.0
2005	244	2,954	1:12.1	2021	152	9,633	1:63.3
2006	251	1,348	1:5.3	2022	130	7,537	1:57.9
2007	146	3,467	1:23.7	2023	55	3,920	1:71.2
2008~2012	–	–		소계	3,559	97,693	1:27.4

자료 : 광산자체자료, 광산물수급현황

은산광산의 주요 광맥은 은산, 모이산 지역의 은산맥과 모이산맥을 비롯해 가사도 지역에 있는 주맥(등대맥)과 등대 동맥이다.

은산지역 광맥은 해남군 황산면 부곡리에 있는 노루목산의 노천 광맥(35mL)부터 290도 방향인 황산면 옥동리 대산 쪽으로 약 800여 m 정도 연장되는 맥이다. 연장 방향은 N70W–S70E이며 북동쪽으로 70~75도 경사지고 두께는 0.1~1.3m 내외이다. 2001년부터 채굴하기 시작해 해발 –57mL, –70mL, –82mL 및 –115mL 등에 갱도를 개설했으며 수직 심도 150m 구간을 2015년까지 채굴 완료했다.

은산지역 함금 은광맥

모이산지역 광맥은 해남군 황산면 부곡리에 있는 모이산을 중심으로 북서-남동 방향으로 약 600m 정도 연장되는 맥이다. 방향은 N70~75W - S70~75E이며, 남서쪽으로 70도 경사지는데 부분적으로 북동쪽으로 경사지기도 한다. 맥의 두께는 평균 2~3m 정도인데 0.1~0.5m 폭의 세맥들이 여러 개 합쳐진다. 세맥이 많은 곳은 두께가 5m에 달하는 곳도 있다. 해발 10mL 수준에서 갱도를 만들어 -155mL, -170mL, -185mL 및 -200mL 심도에서 각각의 채굴 갱도를 뚫어 개발했다. 총 채굴 높이는 210m로 2021년도에 채굴을 완료했다.

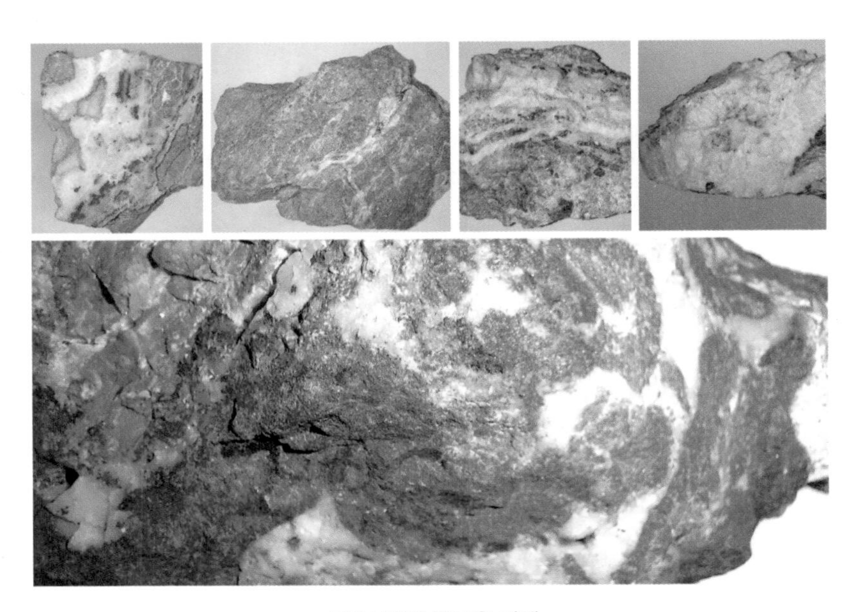

모이산지역 함금은 광맥

가사도지역 광맥(주맥 또는 등대맥)은 전남 진도군 조도면 가사도리에 있는 가사도항에서 305도 방향으로 약 400m 떨어진 해발 90mL 산봉우리부터 남서쪽 가사도 등대를 거쳐 대소동도 부근까지 약 1.7km 정도 연장되는 맥이다. 광맥의 연장은 북동-남서 방향인 N20E - S20W이며, 경사는 지표에서 거의 90도이나 지하로 내려갈수록 동남쪽으로 70도 내외로 경사진다.

맥의 두께는 2.5m 정도이다. 맥의 개발을 위해 가사도 항구 남서쪽 370m 지점(해발 10mL)에 주 갱도를 만들었으며 북서쪽으로 200m 굴진해 착맥한 다음, 맥을 따라 남서쪽 가사도 등대 방향으로 개발하고 있는데, 가사도 등대 남서쪽 바다에서는 -80mL 수준까지 굴진했다. 이

맥 동쪽에는 등대 동맥이 가사도 항에서 가사도 등대 방향인 북동–남서 방향, 즉 N40~50E – S40~50W 방향으로 발달하는데 가사도 등대 부근에서 전술한 주맥과 합쳐진다. 연장은 대략 900m 정도이며 폭은 1.5~2m 정도다. 가사도 등대 부근에서 주맥과 합쳐지기 때문에 함께 개발하는데, 2024년 10월 현재 해발 –72mL 수준에서 그 상부 구간을 채굴하고 있다.

가사도 지역 금광맥

이 밖에도 일제강점기 이후부터 2022년까지 100kg 이상의 금을 생산한 광산은 강원도 지역의 상동광산, 동원(몰운광산 포함)광산, 백암광산 등이 있고, 경기도 지역에서는 삼보광산, 충남지역에서는 천보(중앙)광산, 양지리광산, 세종시에서는 전의광산, 전남에서는 억만광산, 경남지역에서는 통영광산, 군북광산 등이 있다. 세부 내용은 다음과 같다.

:: 상동광산

상동광산은 강원도 영월군 상동읍에 소재하는 광산으로 주 생산물은 중석이지만 부산물로 금과 은을 생산했는데, 금은 1968~1991년까지 24년간 583.2kg, 은(銀)은 6,004.1kg을 각각 생산하였다.

◎ 해방 후 생산실적(1968~1992)

연도	1968	1969	1970	1971	1972	1973	1974	1975	1976	1977
금(kg)	26.8	22.1	22.3	19.7	17.1	19.8	25.0	22.1	35.4	33.4
은(kg)	164.3	166.3	202.1	336.1	174.4	259.7	243.8	463.2	381.2	319.7

연도	1978	1979	1980	1981	1982	1983	1984	1985	1986	1987
금(kg)	29.7	23.8	32.7	28.8	25.2	22.2	22.8	2.6	30.4	37.1
은(kg)	353.4	273.1	352.6	248.9	213.5	243.2	225.1	249.6	30.5	385.7

연도	1988	1989	1990	1991	다른 광물 생산량 (1954~1992)	소계(연평균)
금(kg)	31.1	20.1	20.0	13.0	중석 141천톤 몰리브덴 85.3천톤	583.2(24.3)
은(kg)	306.2	191.9	144.1	75.6		6,004.1(250.2)

:: 동원(몰운)광산

동원(몰운광산 포함)광산은 강원도 정선군 화암면 몰운리 일대에 있는 광산으로 1925~1943년 사이는 몰운광산이라는 이름으로 금 274.4kg과 은 69.5kg을 생산했고, 1955, 1957, 1959~1963, 1965~1970년, 1975~1977년 및 1984년부터 1990년까지는 동원광산이라는 이름으로 금 181.4kg과 은 631.58kg을 생산했다. 광맥은 가산지구, 제동지구, 천포지구 등지에 분포되며, 이들 금맥을 따라 갱도를 개설해 개발했다.

◎ 해방 전 몰운광산 생산실적(1925~1943)

연도	1925~1935	~	1938	1939	1940	1941	1942	1943	소계
금(kg)	260		3.3	3.4	2.6	4.4	0.2	0.5	274.4
은(kg)	69.5								69.5

◎ 해방 후 동원광산 생산실적(1955~1990)

연도	1955	~	1957	~	1959	1960	1961	1962	1963
금(kg)	0.6		금광석 9,200톤		22.3	2.7	3.9	–	0.004
은(kg)	–		–		59.7	145.5	–	–	–

연도	1965	1966	1967	1968	1969	1970	~	1975	1976	1977
금(kg)	1.7	5.0	8.3	7.7	3.4	1.2		1.2	0.3	0.1
은(kg)	22.5	–	–	–	–	–		5.6	0.2	0.08

연도	1984	1985	1986	1987	1988	1989	1990	~	소계
금(kg)	11	14	33	27	30	6	2		181.4
은(kg)	-	-	-	-	-	78	320		631.58

:: 백암, 삼보광산

백암광산(자은90호, 100호)은 강원도 홍천군 내촌면 광암리에 위치하는 광산으로 2002년도에 117kg의 금을 생산했으며, 삼보광산(용두리 10호)은 경기도 양평군 청운면 갈운리에 위치하는 광산으로 1995년과 1997년 등 2년간 145kg의 금을 생산한 것으로 보고된 광산이다.

:: 월유광산

월유광산(영동67호)은 충북 영동군 황간면 원촌리에 있는 광산으로 1942년부터 생산했으며 해방 후 1958년부터 1990년까지 33년간 본갱과 중앙 사갱을 통해 금과 은을 생산했다. 일제강점기 18.5kg을 포함해 총 246.4kg의 금을 생산하였고, 은은 16,809.2kg을 생산하였다. 금과 은의 산출비는 1:68로 은의 함량이 월등히 높은 함금(含金) 은(銀) 광산이다.

◎ 해방 전 생산실적(1942)

연도	1934~1936	~	1938	1939	1940	1941	1942	~	소계
금(kg)	-		-	-	-	-	18.5		18.5
은(kg)	-		-	-	-	-	-		-

◎ 해방 후 생산실적(1958~1990)

연도	1958	1959	1960	1961	1962	1963	1964	1965	1966	1967
금(kg)	1.7	4.6	35.3	6.8	2.8	0.7	1.4	1.4	1.1	1.3
은(kg)	31.5	498.7	660.1	332.4	344.8	82.8	156.8	136.0	104.0	133.0

연도	1968	1969	1970	1971	1972	1973	1974	1975	1976	1977
금(kg)	1.4	0.9	1.1	3.4	2.1	2.5	1.7	1.7	2.2	2.3
은(kg)	151.7	107.8	118.5	380.4	334.9	334.7	291.4	337.5	675.1	280.1

연도	1978	1979	1980	1981	1982	1983	1984	1985	1986	1987
금(kg)	1.8	–	24.7	–	–	–	–	–	124.6	0.4
은(kg)	165.2	127.3	337.1	645.5	784.6	907.0	1,124.3	1,284.3	1,234.0	1,008.2

연도	1988	1989	1990	~2022					소계
금(kg)	–	–	–	–	–	–	–	–	227.9
은(kg)	1,236.0	1,454.7	1,008.8	–	–	–	–	–	16,809.2

:: 양지리광산

양지리광산(대천84호)은 충남 보령시 청소면 정전리에 있는 광산으로 영성갱맥, 재정갱맥, 음지리갱맥 등이 있는데 본갱맥은 하11편까지 개발되었다. 일제강점기 동안 금 269.4kg을 생산했으며, 해방 후 1958년부터 1962년까지 5년 동안에도 204.5kg의 금을 생산한 광산이다. 합계 생산량은 473.9kg이다.

◎ 해방 전 생산실적(1938~1942)

연도	1934~1937	~	1938	1939	1940	1941	1942	~	소계
금(kg)	–		36.8	18.4	30.6	78.8	104.8		269.4
은(kg)	–		–	–	–	–	–		–

◎ 해방 후 생산실적(1958~1962)

연도	1958	1959	1960	1961	1962	~ 2022				소계
금(kg)	4.9	77.5	82.6	33.7	5.8	–				204.5
은(kg)	–	2.8	6.1	9.8	–	–				–

:: 천보(중앙)광산

천보(중앙)광산(평택29호)은 충남 천안시 성거읍 송남리에 있는 광산으로 남창지구에서 본사수갱과 독사갱을 개발한 광산이다. 일제강점기 동안 금 899.8kg과 은 538.8kg을 생산했으며, 해방 후 1955년부터 1966년까지와 1980년부터 1984년까지 17년 동안 388.9kg의 금과 18.7kg의 은을 생산했다. 누계 생산량은 금 1.29톤, 은 557.5kg이다.

◎ 해방 전 생산실적(1934~1942)

연도	1934~1936	~	1938	1939	1940	1941	1942	~	소계
금(kg)	348.9		274.6	27.3	79.4	169.6	81.9		899.8
은(kg)	(1929~36) 538.8		–	–	–	–	–		538.8

◎ 해방 후 생산실적(1955~1984)

연도	1955	1956	1957	1958	1959	1960	1961	1962	1963	1964
금(kg)	7.1	11.0	71.9	18.9	2.9	19.9	33.3	18.1	29.3	7.9
은(kg)	–	2.8	6.1	9.8	–	–	–	–	–	–

연도	1965	1966	~	1980	1981	1982	1983	1984	소계 (해방 후)
금(kg)	0.8	정광0.5		51.2	52.6	32.7	26.9	4.4	388.9
은(kg)	–	–		–	–	–	–	–	18.7

:: 전의광산

전의광산(광정42호)은 세종자치시 전의면 양곡리, 신방리, 영당리 등에 위치하는 광산으로 제1, 2 사수갱을 통해 하6편까지 개발한 광산이다. 일제강점기 동안 금은 10.5kg을 생산했으며, 해방 후는 금 162.1kg과 은 185.7kg을 각각 생산했다.

◎ 해방 전 생산실적(1938~1942)

연도	1934~1936	~	1938	1939	1940	1941	1942	~	소계
금(kg)	–		2.8	3.4	–	–	4.3		10.5
은(kg)	–		–	–	–	–	–		–

◎ 해방 후 생산실적(1960~1989)

연도	1960	1961	~ 1974	1975	1976	1977	1978	1979	1980	1981
금(kg)	4.3	13.1	–	10.3	22.3	5.9	11.0	10.2	8.9	3.6
은(kg)	–	–	–	10.0	14.8	0.5	–	–	–	–

연도	1982	1983	1984	1985	1986	1987	1988	1989	~ 2022	소계
금(kg)	–	0.8	11.7	10.8	9.2	13.6	18.1	11.9	–	162.1
은(kg)	–	–	8.9	11.5	10.1	5.2	95.9	28.8	–	185.7

:: 억만광산

억만광산(광양62, 63호)은 전남 광양시 광양읍 사곡리와 죽림리에 걸쳐 있는 광산이다. 일제강점기 동안 6.6kg의 금을 생산했으며, 해방 후에는 1959년부터 1975년까지 금 173.5kg과 은 468.2kg을 각각 생산했다.

◎ 해방 전 생산실적(1938~1942)

연도	1934~1936	~	1938	1939	1940	1941	1942	~	소계
금(kg)	–		1.2	1.7	0.5	2.4	0.8	–	6.6
은(kg)	–		–	–	–	–	–	–	–

◎ 해방 후 생산실적(1959~1975)

연도	1959	1960	1961	1962	1963	1964	1965	1966	1967	1968
금(kg)	7.0	10.5	–	152.8	정광1.3	–	정광0.8	정광0.6	정광0.8	–
은(kg)	–	446.3	–	–	–	–	–	–	–	–

연도	~ 1972	1973	1974	1975	1976	~ 2022			소계
금(kg)	–	정광0.2	–	3.2	–	–			173.5 정광 3.7
은(kg)	–	–	–	21.9	–	–			468.2

:: 군북광산

군북광산은 경남 함안군 군북면 오곡리에 있는 광산으로 일제강점기와 해방 후부터 1959년까지는 금은(金銀) 광산으로 개발하다가 1956~57년과 1964~77년 동안에는 주로 동(銅)을 생산한 광산이다.

◎ 해방 전 생산실적(1938~1942)

연도	1934~1937	1938	1939	1940	1941	1942	1943	~	소계
금(kg)	–	29.0	50.0	70.0	92.0	100.0	193.0	–	531.0
은(kg)	–	2,076						–	2,076

◎ 해방 후 생산실적(1956~1974)

연도	1956	1957	1958	1959	~ 1962	1963	1964	1965	1974	소계
금(kg)	43.8	91.9	120.7	46.8	–	정광 0.2	–	정광 0.2	–	303.2
은(kg)	270.5	483.9	506.7	57.8	–	–	–	정광 1.2	정광 0.3	1,318.9

:: 통영광산

통영광산은 경남 통영시 동호동에 위치한 광산으로 1916년부터 금을 생산했는데, 일제강점기 186.1kg의 금과 5천 톤의 금광석을 생산하였고, 그 이후 1969~1971년 사이와 1986~1989년에는 금 302kg과 은 1.69톤을 생산하였다.

◎ 해방 전 생산실적(1916~1945)

연도	1916~1927	~	1942	1943	1944	1945	~	~	소계
금(kg)	금광석 5,080톤		0.1	72	75	39			186.1
은(kg)	–		–	–	–	–			–

◎ 해방 후 생산실적(1970~1989)

연도	1969	1970	1971	~	1986	1987	1988	1989	~	소계
금(kg)	–	136.8	0.1		23	77	59	6.3		302.2
은(kg)	–	–	–		87.5	721.0	828.1	54.0		1,690.6

999.9
FINE
GOLD
NET WT
200g
HK20050H

제3부

황금 탐사 방법

황금 탐사와 추출

자연계에서 금이 들어 있는 광물은 자연금(Native Gold, Au)과 엘렉트럼(Electrum, AuAg-금 30~70%), 캘러버라이트(Calaverite, AuTe2-금 56.4%), 펫자이트(Petzite, Ag3AuTe2-금 23.4%)를 포함해 침상텔루루석(Sylvanite, AuAgTe4-금 25.4%)과 같은 것들이 있다.

금의 녹는점은 1,064℃이지만 통상 수백 도 내외의 온도에서 금 결정으로 정출되기 시작한다. 용융마그마 속에 금 성분이 풍부하다면 마그마가 식으면서 다량의 금이 만들어질 수 있고 금 성분이 없다면 금도 만들어지지 않는다. 광상의 형성 단계로 볼 때 스카른(Skarn) 광상이 만들어지는 온도는 500~350℃ 근처이며 그 이하의 온도에서는 열수광상이 형성될 수 있다. 금은 또 암석을 만드는 통상의 조암광물 내에는 포함되지 않기 때문에 금 성분이 포함된 마그마가 있다 하더라도 먼저 화강암과 같은 통상의 조암광물이 먼저 만들어지고 난 다음 금 성분이 들어 있는 잔류 마그마가 나중에 고결되면서 석영맥과 같은 열수광맥들이 만들어지게 된다.

금의 산출형태는 일반적으로 스카른형과 열수형으로 나눌 수 있는데 이들을 탐사하는 방법은 다음과 같다.

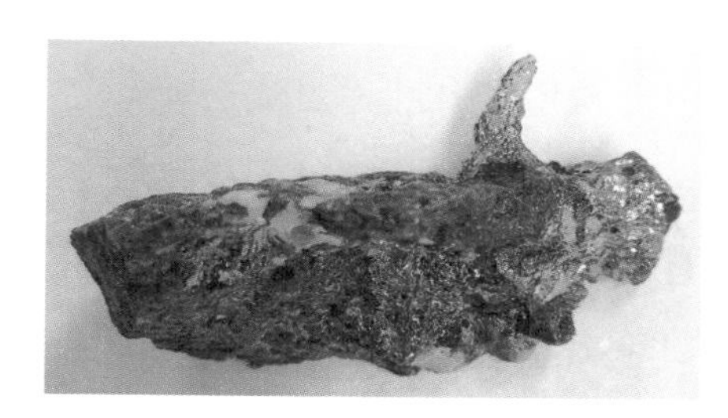
스카른형 금광맥
(위로 뾰족하게 나온 노란색 부분)

스카른형 금광상은 휘석이나 석류석 등의 스카른 광물들과 함께 산출되는 금광상을 말한다. 스카른 광물 사이에 포함된 금을 찾기 위해서는 먼저 스카른 분포지역을 지질도에서 확인하거나 야외지질 조사를 통해 확인해야 하며, 이러한 스카른 분포지역 내에서 금을 찾으면 된다.

스카른 광물 내에 포함되는 금은 석영맥이나 천열수 광상에서 발견되는 금보다 입자가 크기 때문에 육안(肉眼)으로도 충분히 관찰도 가능한데 사진의 뾰족한 부분처럼 좁쌀 크기나 손톱 크기 또는 그 이상의 크기로도 산출되는 경우가 많다. 스카른에는 금 외에도 황철석, 황동석, 자류철석과 같은 황화광물이 다량 포함되지만, 산발적으로 들어있는 경우가 많아 금속 탐지기를 활용해 찾는 편이 낫다.

열수형 광상 중 맥상형 금광맥이란 석영맥으로 불리는 하얀 백색의 암맥(巖脈)에 금이 들어가 있는 것을 말하는데, 석영맥은 용융마그마가 화강암과 같은 조암광물을 먼저 만들고 난 후 남은 규산질 성분이 풍부한 잔류 마그마가 주변의 퇴적암이나 변성암 또는 화강암 등에 생긴 틈을 뚫고 들어가 굳어져 만들어진 것으로 우리 주변의 산에서 흔히 볼 수 있다. 암맥의 두께는 보통 1.5~3m 정도 되는 것이 많으며 여러 종류의 암석을 절단하는 형태로 산출된다.

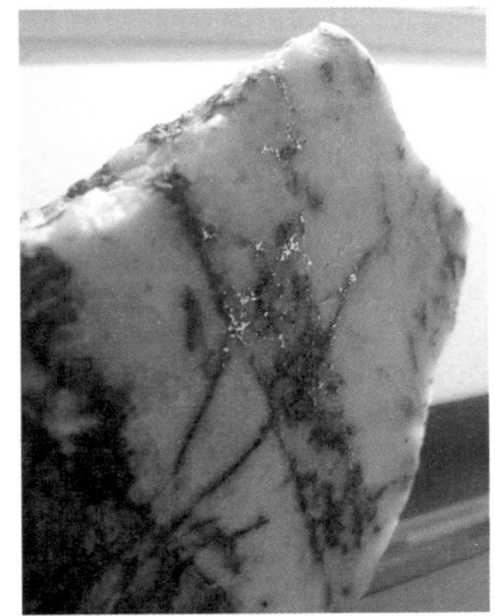

열수(맥상)형 금맥(상)과 은맥(하)

이 석영맥에는 금 또는 은 광물이 포함되는 경우가 많은데 금이 들어있으면 금광맥이라 하고 은이 포함되면 은광맥이라 부른다. 금광맥이나 은광맥에는 미립의 황철석(pyrite)이나 유비철석(Arsenopyrite)과 같은 광물들이 함께 관찰되는데 금은 이런 종류의 황화광물들과 함께 산출되거나 이 입자들 사이에 소립(小粒)으로 들어있다.

따라서 맥상형 금광맥을 찾기 위해서는 석영맥 내에 황화광물이 많은 곳을 찾아야 하는데 황화광물이 산출되지 않는 부분에도 금 입자가 산출되는 경우가 종종 있다. 또 암맥이 기존 모암을 관입하는 과정에 만들어진 미세한 균열이나 틈에도 금이 들어가는 경우가 있으니 금을 탐사할 때나 채굴할 때 특히 주의해야 한다. 맥상형 금맥을 탐사하는 방법은 탐사대상 지역에 먼저 야외 지질조사를 수행하는 것이 좋은데 금광맥이 하얀색을 띠어 일반적인 퇴적암이나 화성암 또는 변성암 등과 쉽게 구별되기 때문이다.

맥상형 금광맥은 길게 연장되는 특징이 있어 추적 조사하기도 좋은데, 연장되던 노두가 충적 퇴적물로 덮여 보이지 않는 경우는 맥의 주향 연장 방향을 따라 임의의 연장선을 설정해 놓고 추적하되 맥의 연장 상에서 깨진 석영 조각들이 발견되면 같은 맥의 연장으로 생각해야 한다. 지표에서 전혀 확인되지 않는 석영맥은 물리탐사 중 전기 비저항 탐사나 전자탐사법 등으로 찾을 수 있는데 석영맥의 전기 비저항이 다른 암석들과 차이 나기 때문이며, 파쇄대 내에 물이 들어있을 때 특히 유용하다. 맥상형 금광맥에는 금 입자들이 일반적으로 작고 또 소립(小粒)이어서 금속탐사기를 활용한 탐사방법은 바람직하지 않다.

천열수(淺熱水)형 금광맥은 석영맥이 만들어지는 온도보다 낮은 약 300℃ 이하의 온도에서 금을 함유한 열수 용액이 냉각되면서 만들어지는 금광맥이다. 주로 화산지대에서 화산분출물과 함께 만들어지는 석영맥이 이에 해당된다. 금 입자들은 맥상형 금 광맥보다 더 작고 미세하며 금보다는 은이 많이 포함된다. 석회암과 같은 탄산염퇴적암 지대에서 석영맥이 확인되지 않으면서 미세한 입자로 금이 산출되는 경우는 천열수형 금광맥과 달리 칼린형 금광맥이라 부른다.

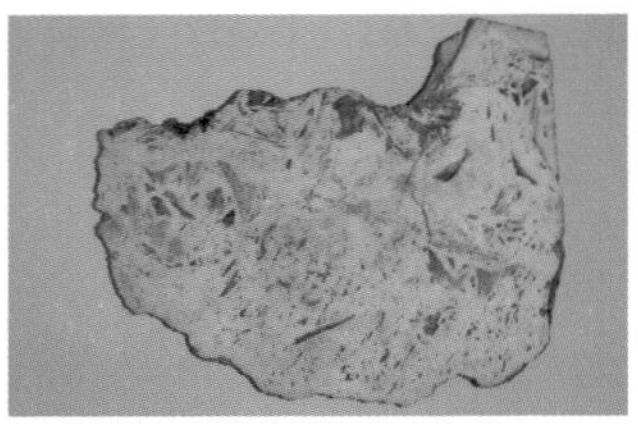

천열수형 금광맥 최상부

천열수형 하부 금광맥

천열수형 금광맥의 특징은 맥상형보다 더 얇은 광맥으로 여러 줄기 분산되면서 산출되는 특징이 있다. 최상부 석영맥에는 석영들이 거의 보이지 않으며 지하 심부로 갈수록 석영맥이 굵어지고 맥 내에 들어 있는 황화광물의 양도 많아지지만, 일정 심도를 지나면 광맥들이 갑자기 사라지는 경우도 많다.

천열수형 광맥을 탐사하기 위해서는 화산암 분포지대를 먼저 찾아야 하며 위 사진처럼 규산질 성분이 적은 화산쇄설물인지를 먼저 확인해야 한다. 그 후 이들의 연장 방향을 추적하고 계속 연장되지 않으면 그 하부나 연장 방향에서 시추로 확인하는 방법이 좋다. 우리나라의 천열수형 광맥은 수직 심도 연장이 그렇게 길지 않기 때문에 300m 이하의 시추가 적당하다.

금이 들어 있는 광물로부터 금을 추출하는 방법은 두 가지가 있는데, 첫째는 금 광물이 들어 있는 광석을 직접 채취한 다음 이를 파쇄, 선광한 후 제련을 통해 얻는 방법이 있고, 두 번째는 하천의 모래나 논, 밭과 같은 충적 퇴적물 내 포함된 사금(Placer Gold)을 채취해 얻는 방법이다.

첫 번째 방법은 먼저 금맥에서 채굴한 품위가 낮은 돌을 0.15mm 이하의 입자가 60% 정도가 되도록 파쇄(Crushing)나 분쇄(Grinding) 및 분립(Sizing)하는 1차 가공과정을 먼저 거친다. 파쇄는 콘크라샤나 죠크라샤 같은 장비로 큰 입자를 작은 입자로 만드는 과정이고, 분쇄는 원통형이나 원추형 볼밀을 사용해 밀가루와 같은 작은 입자로 마광(摩鑛-잘게 부숨)하는 과정이다. 사진은 파쇄, 분쇄 장비다.

죠크라샤(큰 광석 파쇄)

콘크라샤(소광석 파쇄)

볼밀(입자분쇄)

파쇄와 분쇄과정을 마친 금이 포함된 물질을 싸이클론이나 스파이럴 분급기에 넣어 파쇄된 입자를 분리하게 되는데, 이 과정을 분급(分級)이라 한다.

싸이클론 분급기(분급)

스파이럴분급기(분급)

이렇게 분급된 금광석을 부유선광을 통해 선별(Separation)하게 되면 금 입자가 집적된 정광(Concentrate)으로 만들어지게 된다. 부유선광(浮游選鑛)이란 분립과정을 마친 미세한 광석 가루에 포수제와 기포제 및 보조제(조절제) 등을 넣은 후 금이 포함된 유용 광물을 기포(氣泡)에 부착시켜 위로 뜨도록 만든 다음 그것을 걷어내는 과정을 말한다.

부유선광으로부터 얻어진 금이 많이 포함된 물질을 정광(精鑛)이라 부르는데 여기는 다량의 수분이 포함되어 있어 이를 제거하는 탈수과정을 거쳐야 한다. 탈수를 거치면 수분이 7~8% 정도로 낮아지는데 이렇게 만들어진 금이 많이 포함된 물질을 금(金) 정광(精鑛)이라 하며, 이 금 정광을 녹여 금만 추출하는 제련과정을 거치게 되면 순수한 금을 얻을 수 있다. 부유선광 과정을 거친 금이나 은 정광은 광산에서 처음 채굴한 금이나 은 원광석보다 금과 은의 함량이 약 40~50배 정도 높아지게 된다.

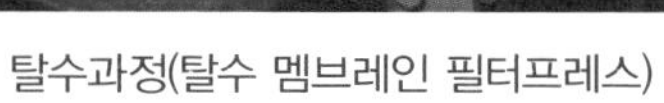

탈수과정(탈수 멤브레인 필터프레스)

판매용 금은 정광

또 다른 방법은 사금(砂金)을 채취해 얻는 방법이다. 사금이란 지표에 노출된 금광맥들이 풍화, 침식되면 그 속에 들어 있던 금 입자들이 자연적으로 분리되어 나와 주변 하천이나 논, 밭 또는 들판의 충적층에 쌓이게 되는데, 이러한 형태로 만들어진 금을 말한다. 사금으로 산출되는 금은 순수하게 100%의 금(Au)으로만 된 것도 있지만 보통은 은(Ag)이 약간 포함되어 있다.

사금으로 산출되는 금은 비교적 입자가 크기 때문에 이들을 모아 금 아말감법이나 청화제련을 통해 순수한 금을 얻는다. 금 아말감법이란 금이 포함된 광석을 마광(摩鑛)한 후 여기에 수은을 첨가해 금 아말감을 만들고, 이 금 아말감을 불에 태워 순수한 금만 남게 하는 것이다. 청화제련법은 금 광석을 분쇄한 후 시안화칼륨(KCN)이나 시안화나트륨(NaCN)에 넣으면 금이 녹은 용액이 만들어지는데, 이 용액에 아연사(亞鉛砂)를 넣어 금이 아연사에 부착되도록 하고, 이를 다시 질산에 넣어 아연을 제거하면 금가루가 남게 되는 방법이다.

사금은 금의 밀도(19.3g/㎤)가 일반 암석들의 밀도(2.7g/㎤)보다 7배 이상 크기 때문에 하천이나 충적층의 아랫부분에 모이는 경향이 있다. 사금이 섞여 있는 모래를 사금 채취용 패닝 접시나 비중 테이블로 분리해 보면 맨 위에는 모래나 자갈 같은 밀도가 낮은 광물이 자리하고, 그 아래에는 자철석, 티탄철석, 석류석, 지르콘, 모나자이트, 자연은(10.5g/㎤) 등과 같이 모래보다 밀도가 높은 광물들이 자리하며, 맨 아랫부분에 밀도가 가장 큰 노란색 금이 모이게 된다.

사금은 보통 Au 100%인 순금 상태로는 잘 산출되지 않으며 은(Ag)의 함량이 약 6~10% 내외로 들어있는 합금 상태로 산출된다. 은 함량이 20% 이상 들어있는 금을 일렉트럼(Electrun)이라 하는데 호박 색깔과 비슷하다고 호박금(琥珀金)으로 통용되고 있으며 순금보다 노란색을 덜 띤다. 상업적으로는 금에 포함된 은의 함량에 따라 24K, 18K, 14K 등으로 구분하는데 금과 은의 비율로 환산해 24K는 금 100%, 18K는 금 75%(18/24×100%)와 은 25%, 14K는 금 58.3%(14/24×100%)와 은 41.7%로 만들어진 것을 말한다.

사금 채취 장비는 패닝용 플라스틱 접시나 계단식으로 금을 선별, 분리할 수 있는 슬루이스 등이 기본적으로 필요하다. 또 기반암의 틈새에 들어있는 모래나 진흙 등을 빨아들이기 위한 석션 장비가 있어야 하는데, 사금 입자가 작고 무거워 암석의 미세한 틈이나 바닥에 깔리므로 틈에 들어있는 모래나 흙을 모아야 하기 때문이다. 흙이나 모래 속에 들어있는 비교적 큰 금은 금속탐사기를 활용하면 훨씬 더 쉽게 찾을 수 있다. 사금을 대규모로 채취하기 위해서는 전기설비나 동력장치가 있어야 하는데 하상의 모래를 대규모로 퍼 올리기 위해서는 바지선이나 배도 필요하다.

사금이 많은 장소는 과거 금광을 개발했던 지역으로 채광장이나 선광장 주변 또는 금광맥이 분포되는 주변으로 금광맥이 풍화되어 흘러내리는 하천 또는 주변 충적층이 가장 좋다. 채취 지점은 기반암 없이 쌓여 있는 충적층보다는 기반암 위에 쌓여 있는 충적층이 더 좋은데 금이 기반암 때문에 아래로 더 이상 내려갈 수 없기 때문이다. 기반암에 틈이나 구멍이 있으면 여기에 금이 많이 쌓이는데 사금 탐사 때 반드시 확인해야 할 필수 장소다.

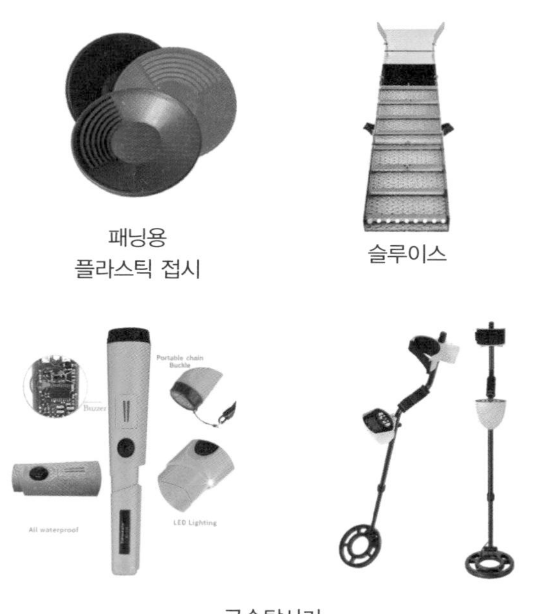

패닝용
플라스틱 접시

슬루이스

금속탐사기

사금 분포 유망지역

과거에 광산을 개발했던 지역의 하류 하천과 충적층은 사금 탐사에 적절한 지역으로 이러한 지역에서 사금을 채취하면 조금 더 유리할 것 같아 전국에 산재하는 145곳의 사금 분포 유망지역을 다음과 같이 정리하였다.

◎ 사금 탐사 유망지역 목록

광산 이름		유 망 구 역
강원	옥계	강릉 주수천 일대 (강릉시 옥계면 산계1리 마을회관~산계보건진료소 사이 하천)
	고명	명파 해수욕장 상류 계곡
	은치, 골지리	정선 골지천 일대 (삼척시 하장면 하장휴게소–정선군 임계면 낙천리 미락숲 사이 하천)
	둔전	둔전리 마을회관 주변 소하천 (삼척시 하장면 둔전리 오두재 부근~하장면 둔전리 역둔출장소 사이 소하천)
	추동	삼척시 하장면 추동리 마을회관 하류 방향 하천과 충적층 약 1km
	북동	정선군 화암면 북동리 마을회관 하류 방향 하천 및 충적층 약 1km 정선군 화암면 북동리 마을회관 남서쪽 계곡 주변 충적층
	몰운, 동원	정선군 화암면 호촌리 마을회관 ~ 화암면 행정복지센터까지의 하천 및 주변 충적층
	화창, 화표	화암4리 마을회관 상류 약 1km ~ 하류 약 2km 하천 및 주변 충적층

광산 이름		유 망 구 역
강원	중봉	삼척시 하장면 하장휴게소 북동쪽 골짜기 하천과 주변 충적층 약 2km
	주천	송학주천로와 평행하게 가는 판운리 소하천 (판운리 평창강 합류 지점 ~ 송학주천로 옆 소하천 상류 약 2km까지) 판운쉼터 상류 소하천 (평창강 합류 지점 ~ 판운쉼터 북서 방향 소하천 상류 약 1.5km)
	삼기	영월군 무릉도원면 법흥천 일대 (영월 주천강과 법흥천 합류 지점 상류 하천 약 3km 구간)
	상동	영월군 상동읍 구례리 중석길 주변 하천 및 충적층 약 1.5km
	신림	신림황둔로 주변 소하천 (신림면 주포천과 신림황둔로 주변 소하천 합류 지점 ~ 신림황둔로 주변 하천 상류 방향 약 1.5km까지)
	황둔	신림면 황둔천 상류 일대 (신림터널 주변 황둔천으로부터 하류 방향 약 2km)
	거도	태백시 혈동 소도천 상류 하천 (혈동 소도천과 버들골 쪽 하천 합류 지점 ~ 버들골 쪽 상류 약 1km) 어평길 초입 ~ 태백산로 어평재휴게소까지 주변 하천 어평길 초입 ~ 북동쪽 방향 소하천 상류 약 1.5km
	개수	평창군 개수면 황골길 주변 하천 (개수면 황골길 초입(금당교) ~ 황골길 주변 하천 상류 약 2km까지)
	화전리	홍천군 남면 화전리 길골길(길골교 상류) 주변 하천과 충적층 약 2km
	백암	홍천군 내촌면 광암리 광암리마을회관 서쪽 산사면 및 주변 충적층
	백우	홍천군 내촌면 내촌큰골길 옆 소하천 (내촌면 둔덕말교 ~ 내촌큰골길 옆 소하천 상류 방향 약 3km)
	동양홍천	홍천군 두촌면 평천 부근 (두촌면 평천 최상류 하천에서 하류 방향으로 약 2km)
	소림홍천	두촌초등학교 상류 소하천 (두촌초등학교 옆 하천 ~ 바른골, 광산골까지 상류 소하천 약 1.5km)
	도목동	홍천군 두촌면 장남천 상류 소하천 (장남천 부근 장남리 3층석탑 부근 ~ 북쪽 방향 소하천 상류 약 2.5km)
	황우	화천군 상서면 감성마을길 옆 소하천 부근 (상서면 다목버스터미널 부근 하천 ~ 상서면 감성마을길 옆 하천 상류 약 1.5km 구간 및 수피령로 옆 소하천 약 2km)
	산전	횡성군 우천면 경강로 산전6길 옆 소하천 약 2km 구간
	부귀	원주시 귀래면 운계천 일대 (남한강과 운계천 합류 지점 ~ 귀래면 용암1리 마을회관까지의 하천)

광산 이름		유 망 구 역
경기 인천	대금산	가평군 조종면 안골유원지 북동 방향 도로 옆 하천과 충적층 약 1.5km, 가평군 조종면 산골유원지 북동쪽 골짜기 하천과 충적층 약 1km
	명보(부영)	가평군 청평면 큰갈월로 주변 하천 및 충적층 약 2km
	은옥	안성시 금광면 마둔저수지 상류천
	적재	안성시 보개면 곡천 일대 (보개면 곡천마을회관 ~ 곡천과 한천 합류 지점까지)
	서교	안성시 서운면 신평리 청용천, 양대천(천안시 입장면 양대리) (서운면 청용리와 산평리 경계부 하천 ~ 서운면 신흥리 마을회관 주변 하천까지) (입장저수지 상류 쪽 양대천)
	삼성	양평군 양동면 고송리 방골길 주변 하천과 충적층 약 500m
	장재	양평군 양동면 매월1리 장재터 마을회관 서북쪽 골짜기 하천 (양평군 양동면 매월1리 서북쪽 골짜기~ 양동면 매곡역 부근까지)
	삼흥	양평군 용문면 삼성천 일대 (삼성천과 흑천의 합류 지점 상류 약 4km 구간)
	금동	양평군 지평면 일신3리 새마을회관 ~ 고래산 방향 상류 계곡과 충적층 약 2km
	삼보(대운)	양평군 청운면 갈운리 갈운3리마을회관 서쪽 골짜기 충적층 약 1km
	팔보	여주시 금사면 소유리 소유천 일대 (여주시 금사면 금사천과 소유천 합류 지점 상류 약 2km 구간)
	대남(여주)	여주시 산북면 용담리 은골과 은골 남서쪽 골짜기 주변 충적층
	삼창(풍산)	용인시 처인구 원삼면 헌산중학교 뒷산 주변 충적층 약 300m
	일산	파주시 광탄면 분수리 석산개발지역 하류 소하천 일대 (파주시 광탄면 분수1리 마을회관 ~ 분수2리 마을회관 사이)
	영중(일동)	포천시 영중면 금주저수지 북동, 남서쪽 상류 충적층 및 하천 약 2km
	영종(운서)	인천 중구 운서동과 운북동 경계지역 일대에서 일제강점기 사금광 개발

광산 이름		유 망 구 역
충북	창금	괴산군 사리면 이곡리 청용이골 하천 및 주변 충적층 (괴산군 사리면 성황천과 청용이골 합류지점 상류 약 1.5km 소하천) 이곡저수지 하류 하천 및 주변 충적층(이곡저수지 하류 1.5km 구간)
	영창	한국교통대학교 증평캠퍼스 하류 하천 및 주변 충적층 (한국교통대 증평캠퍼스 ~ 삼기천 합류 지점까지)
	대한광산 (금풍)	대한광산개발 하류 방향 약 1km 구간 주변 충적층
	금적산	옥천군 안내면 오덕천 상류 하천 및 주변 충적층 (삼승면 주민자치센터 상류 약 3km 구간)
	남성	옥천군 안내면 삼남1길 도로 옆 하천 및 충적층 약 1km 구간
	만명	옥천군 청성면 장수리 상류 하천 약 1.5km 및 장수마을 주변 충적층
	삼동	영동군 상촌면 고자리 삼봉산 하류 소하천 (구, 상촌초등학교 삼봉분교 부근 고자천 ~ 삼봉산 방향 상류 하천 약 1.5km 구간 및 주변 충적층)
	삼황학	영동군 상촌면 궁촌리 궁촌지(저수지) 상류 주변 하천 및 충적층
	대일	유곡1구마을회관 상류 소하천 약 1.5km 및 주변 충적층
	영보가리	영동읍 가리교차로 ~ 상가길 옆 주변 하천 상류 방향으로 약 2km
	금포	영동읍 중화사(절) 남동쪽 상류 계곡 약 1km 및 주변 충적층
	창곡	영동군 용화면 창곡마을회관 상류 하천 및 충적층 약 1.5km
	학산	영동군 학산면 백아사(절) 주변 및 하류 소하천과 충적층 약 1km
	월유	월류봉(황간면 마산리) 북서쪽 사면 ~ 초강천 사이 충적층
	금적산	옥천군 안내면 오덕1리 경로당 부근 오덕천 상류 하천 및 주변 충적층 약 1km
	남성	옥천군 청성면 삼남리 마을회관 상류 방향 하천 및 충적층 약 1km
	만명	옥천군 청성면 장수리 무회리경로당 북동쪽 골짜기 및 장수로 동쪽사면
	무극	금왕읍 용계리와 금석리 박산 주변 산사면 충적층 금왕읍 용계리 예은추모공원 남쪽(절골) 주변 충적층
	금왕, 서미트	금왕읍 봉곡리 상적봉 북서쪽 사면 충적층
	대경	청주시 남이면 부용외천리 즐거운요양원 주변 하천 및 충적층 약 1km 청주시 남이면 부용외천2길 도로 옆 하천 및 주변 충적층 약 1.2km
	충청	청주시 현도면 죽암도원로 도로 옆 하천 및 주변 충적층 약 1.5km (경부고속도로와 현도면 죽암천 합류 지점부터 상류 약 1.5km 구간)
	태창	충주시 노은면 연하리 보련산(764.4ml) 서쪽 부곡천 상류 계곡 (노은면 연하리 가막골 하류 하천 및 주변 충적층 약 1km)
	오복	충주시 소태면 복탄1길 옆 하천 및 주변 충적층 약 3km (소태면 복탄1길과 남한강 합류 지점부터 상류 약 3km)

광산 이름		유 망 구 역
전북	금구	김제시 금구면 오봉로 옆 하천 및 주변 충적층 약 2.5km (금구면 대화저수지 상류 방향 하천 및 꼬깔봉 주변 충적층 약 2.5km)
	금산	김제시 금산면 금평저수지 서북쪽 산사면 일대 충적층 약 500m
	풍전	김제시 금산면 우림로 주변 하천과 충적층 약 1km (금산초등학교 ~ 천국사 사이)
	김제사금	김제시 황산면 황산 주변 두월천 및 충적층 김제시 봉남면 종덕리 주변 원평천과 주변 충적층
	전주일	완주군 운주면 장선리 한국게임과학고등학교 주변 하천과 주변 충적층 완주군 경천면 가천리 시루봉(429.6ml) 남서쪽 산사면과 하류 방향 하천
	부흥	임실군 강진면 백련리 국립임실호국원 북동쪽 산 주변 충적층
	덕온	임실군 신덕면 외량리경로당 ~ 방길리 회관 사이 소하천 및 충적층 약 1.5km
	도장용흥	임실군 운암면 학암리 도장골 주변 하천 및 충적층 약 1.5km
	번암	장수군 번암면 번암면사무소 하류 하천 및 주변 충적층 약 2km
	장암	장수군 번암 동화호(농어촌공사댐) 동측 능선의 북서쪽 산사면 일대 하천과 충적층 약 500m
	팔공, 백운	장수읍 대성리 팔공산 남서쪽 방향 산사면 약 1km 진안군 백암면 신암리 742번 지방도 백운교 상류 쟁이골 ~ 장수군 장수읍 대성리 팔공산 방향 하천 및 충적층 약 2km
	대두	정읍시 덕천면 하학리 남서쪽 산사면 ~ 상학리 남서쪽 산사면 충적층
	풍월사금	정읍시 영월면 풍월리 주변 충적층
	대일	진안군 안천면 자노로 주변 하천과 충적층 약 2.5km (용담호 ~ 자노로 상류 약 2.5km)
	부귀	진안군 진안읍 정곡리 광산재골 부근 충적층 약 500m

광산 이름		유 망 구 역
충남	금성	계룡면 남양아스콘과 태양광 사이길 하천과 주변 충적층 약 500m
	보흥	공주시 우성면 보흥리 보흥1교와 보흥2교 사이 (서천-공주 간 고속도로 북서쪽 산사면 및 충적층)
	공주	탄천면 남산리 산골지(저수지) 상류 소하천 ~ 안경구덩이산까지의 하천과 주변 층적층 약 1.5km
	주우진산	금산군 진산면 석막리 월명동길 옆 하천 및 주변 충적층 약 1.5km
	양지리	보령시 청소면 성연저수지 하류 1km 지점 ~ 진죽천을 따라 하류 방향 약 2km 하천 및 주변 충적층
	임천	부여군 장암면 지토리 상룡소담지 상류 산사면 충적층 부여군 장암면 북고리 학산(168.3ml) 북동쪽 산사면과 주변 하천
	석성	석성면 현내리 석성북로 151번길 옆 하천 및 주변 충적층 약 1.5km 석성면 석성산성 남동쪽 방향 도로 옆 골짜기와 주변 충적층 약 1km
	대해미	서해안 고속도로 해미IC~해미천교 사이 고속도로 주변 충적층
	대영	예산군 광시면 서초정리 서초정1리회관 상류 약 500m
	설화	송악면 외암저수지 ~ 설화산 남동쪽 계곡 사이 하천 및 충적층 약 1km 배방읍 중리 금곡초등학교 ~ 설화산 사이 계곡 및 주변 충적층 약 1km
	천보	천안시 성거읍 송남리 남창저수지 상류 계곡 및 주변 충적층 약 1km
	일보	천안시 입장면 입장저수지 동쪽 산사면과 주변 충적층 약 1km 구간
	성거	천안시 입장면 시장리 시장저수지 상류 충적층 약 1km
	대흥	천안시 성거읍 천흥리 천흥1저수지 상류 남동쪽 계곡 및 충적층 약 1km
	충남	천안시 유량동 천안향교 북쪽 산사면 충적층
	구봉	청양군 남양면 구룡3리 마을회관 서쪽 야산 산사면 및 주변 충적층
	대봉	청양군 남양면 대봉리 봉은사 남서쪽 골짜기 및 주변 충적층 청양군 남양면 온암리 온암저수지 북서쪽 상류 충적층
	삼광	청양군 운곡면 신대리 배미실골 삼광광산 갱도 입구 상류 계곡 공주시 신풍면 조평리 국사봉(488.5ml) 남동쪽 산사면 충적층 일대와 갑파천 상류 하천 일대
	황보	홍성군 광천읍 담산천 주변 하천과 충적층
	결성	홍성군 서부면 판교리 철마산 정상부 주변 및 동쪽 사면 충적층
	전의	전의면 양곡리 가막골 및 신방리 목인동펜션 부근 충적층과 하천 ~ 조천 따라 하류 방향으로 약 3km까지 하천과 주변 충적층

광산 이름		유 망 구 역
전남	광양	광양시 광양읍 초남리 봉화산(399.4ml) 남서쪽 산사면 충적층 광양시 광양읍 사곡리 본정마을회관 ~점동마을회관 사이 소하천 및 주변 충적층 약 2km
	억만	광양시 사곡면 통천동골 부근 하천 및 충적층 약 500m와 남해고속도로 건너편 골짜기 약 500m 구간
	덕음	나주시 공산면 백사리 수학산(116.8ml) 북서쪽 산사면 및 주변 충적층 나주시 공산면 신곡리 사암제(저수지) 북동쪽 산사면 충적층
	무동	담양군 가사문학면 무동리 배남정재 부근에서 하류 충적층 약 500m
	삼중	무안군 해제면 유월리 아성산(123.6mL) 북서~남서쪽 주변 충적층
	문덕	보성군 문덕면 귀산리 귀사제(저수지) 상류 하천 및 충적층 약 1km
	청월	보성군 복내면 동교리 내판제(저수지) 북서쪽 산사면 충적층 약 1km
	순천	순천시 서면 운평리 노정골 하류 충적층 및 하천 500m
	돌산	여수시 돌산읍 신복리 범바위산에서 주변평야지까지 (범바위산 북동쪽 및 남동쪽 산사면 충적층과 소하천)
	여천	여수시 소라면 덕양리 덕곡저수지 북서쪽 산 방향 충적층과 하천 500m 여수시 화장동 성산초등학교 북서쪽 야산 충적층
	가사도	진도군 조도면 가사도리 가사도 등대 ~ 가사도항 사이 산사면과 주변 충적층 약 1.3km
	은산 모이산	해남군 황산면 부곡리 노루목산 주변 충적층 해남군 황산면 부곡리 모이산 주변 산사면과 충적층

광산 이름		유 망 구 역
경북	행성	고령군 덕곡면 옥계마을회관 상류 약 500m ~ 옥계마을회관 하류 방향 오리천 및 주변 충적층 약 1km
	세원(운수)	고령군 운수면 대평리 사곡부지(저수지) 상류 하천 및 주변 충적층 약 500m
	고령	고령군 운수면 월산2리 마을회관 상류 하천과 충적층 약 1km
	우복	구미시 옥성면 옥관리 옥관저수지 하류 방향 하천 및 충적층 약 1km 구간
	대량	김천시 부항면 해인리 해인산장 북동쪽 돌미기골 계곡과 충적층 약 1.5km
	다덕	봉화군 법전면 풍정리 마을회관 ~ 옥마로길 방향으로 약 1km 구간 하천 및 주변 충적층
	삼귀	봉화군 소천면 임기리 금잔골 계곡 및 주변 충적층 약 400m 구간
	금당	봉화군 춘양면 서벽리 금룡사(절) 상류 하천 3km
	옥석	봉화군 춘양면 우구치리 구점골계곡 남서쪽 상류 계곡 및 충적층 1.5km
	금정	봉화군 춘양면 우구치리 금정골 남서쪽 하류 방향 하천 및 주변 충적층 약 3km
	상주	상주시 병성동 병풍산 동쪽 계속 약 2km 구간 (병성동 마을회관 ~ 낙동면 성동리 마을회관 사이 계곡 및 주변 충적층)
	성주	성주군 선남면 관하리, 오도리 주변 하천 및 충적층
	금덕	성주군 수륜면 계정리 동일교회 수련원 ~ 대가천 합류 지점까지 약 1km 고령군 덕곡면 반성리 원전지(저수지) 상류 계곡과 주변 충적층 약 500m
	봉명	성주군 수륜면 봉양리 동원저수지에서 연감산(466.9mL) 방향 산사면과 주변 충적층 약 1km
	다락	성주군 수륜면 송계4길 주변 하천 및 충적층 약 500m
	문명	영덕군 지품면 신양리 마을회관과 오천1리 마을회관 사이 하천과 주변 충적층
	삼성	영천시 고경면 삼포지(저수지) 동남쪽 상류 계곡과 주변 충적층 약 1km 고경면 삼포리 삼포지(저수지) ~ 기내미골 상류 골짜기 및 충적층 약 1km
	광신유봉	영천시 금호읍 봉죽리 죽림사 계곡 및 하류 방향 하천과 충적층 약 500m
	황금산	예천군 풍양면 고산리 수산지(저수지) 상류 하천 및 충적층 약 2km
	금화	칠곡군 가산면 팔공산금화 자연휴양림 → 가산면 가산(901.8mL) 방향의 동남쪽 계곡 및 주변 충적층 약 1km
	청계	칠곡군 석적읍 포남리 포남3리 마을회관과 석적읍 반계리 반지2교 사이 충적층과 하천

광산 이름		유 망 구 역
경남	쌍봉	거창군 고제면 봉산리 금봉암(절) 하류 계곡과 주변 충적층 약 1.5km
	거창(풍원)	거창군 남하면 대야리 오가1길 하천 및 주변 충적층 약 2km 거창군 남하면 대야리 감토산(518.6mL) 동쪽 능선 주변부 충적층
	삼산	고성군 삼산면 미룡리 성지산 북서쪽 정상부 및 북동쪽, 남서쪽 산사면과 주변 충적층 약 2km
	대장	진주시 지수면 청원리 지철골소류지(저수지) 상류 계곡과 충적층 약 1km 지수면 천호사 ~ 괘병산(456.9mL) 사이 충적층(천호사 상류 약 500m)
	용장	창원시 내서읍 용담리 수자골 주변 하천과 충적층 약 500m
	경진	창원시 진해구 태백동 도불산 부근 충적층 약 500m
	통영	통영시 동호동 산1번지 일대 충적층 및 동호동 남망산 조각공원 북동쪽 사면 충적층 일대
	군북	함안군 군북면 오곡리 오곡마을회관 서쪽 산사면, 주변 충적층 및 하천 약 1.5km
	삼정	함안군 칠원면 장암리 장암1지(저수지) 남서쪽 골짜기 및 함안군 산인면 신산리 모곡제1저수지 상류 충적층
	용주	합천군 용주면 가호리 합천영상테마파크 북동쪽 산사면과 충적층
	대민	합천군 율곡면 율곡저수지 상류 방향 소하천과 주변 충적층 약 500m
	봉산	합천군 봉산면 술곡1길 주변 하천 및 충적층 (합천호 합류 지점 ~ 술곡1길 도로 주변 하천과 충적층 약 1.5km)

참고문헌

- 삼국사기 고구려 본기, 한국사 데이터베이스, 국사편찬위원회
- 삼국사기 백제 본기, 한국사 데이터베이스, 국사편찬위원회
- 삼국사기 신라 본기, 한국사 데이터베이스, 국사편찬위원회
- 삼국유사, 한국사 데이터베이스, 국사편찬위원회
- 삼국유사 별본, 한국사 데이터베이스, 국사편찬위원회
- 한국문화의 기원, 김원룡, 1977
- 한국고대금석문, 한국사 데이터베이스, 국사편찬위원회
- 중국정사조선전, 신당서(新唐書) 동이열전, 한국사 데이터베이스, 국사편찬위원회
- 중국 원사 15권, 한국사 데이터베이스, 국사편찬위원회
- 삼국지 위서 동이전, 한국사 데이터베이스, 국사편찬위원회
- 삼국지 위서 열전, 한국사 데이터베이스, 국사편찬위원회
- 삼국지 북사 열전, 한국사 데이터베이스, 국사편찬위원회
- 진단국사 중세편, 한국사 데이터베이스, 국사편찬위원회
- 고려사, 한국사 데이터베이스, 국사편찬위원회
- 고려사절요, 한국사 데이터베이스, 국사편찬위원회
- 고려사 열전, 한국사 데이터베이스, 국사편찬위원회
- 조선왕조실록, 한국사 데이터베이스, 국사편찬위원회
- 세종실록, 한국사 데이터베이스, 국사편찬위원회
- 비변사등록, 한국사 데이터베이스, 국사편찬위원회
- 연려실기술, 한국사 데이터베이스, 국사편찬위원회
- 승정원일기, 한국사 데이터베이스, 국사편찬위원회

- 사료 고종시대사, 한국사 데이터베이스, 국사편찬위원회
- 고종시대사, 한국사 데이터베이스, 국사편찬위원회
- 고종순조실록, 한국사 데이터베이스, 국사편찬위원회
- 조선광상조사요보, 1935, 한국사 데이터베이스, 국사편찬위원회
- 한국근현대잡지자료 삼천리, 한국사 데이터베이스, 국사편찬위원회
- 일제침략하한국36년사, 한국사 데이터베이스, 국사편찬위원회
- 조선총독부관보, 한국사 데이터베이스, 국사편찬위원회
- 동아일보, 한국사 데이터베이스, 국사편찬위원회
- 조선중앙일보, 한국사 데이터베이스, 국사편찬위원회
- 대한민국사연표, 한국사 데이터베이스, 국사편찬위원회
- 항일독립운동사, 한국사 데이터베이스, 국사편찬위원회
- 무장독립운동비사, 한국사 데이터베이스, 국사편찬위원회
- 조선민족운동연감, 한국사 데이터베이스, 국사편찬위원회
- 조선의학사, 한국사 데이터베이스, 국사편찬위원회
- 황성신문, 한국사 데이터베이스, 국사편찬위원회
- 조선총독부 통계연보, 한국사 데이터베이스, 국사편찬위원회
- 한국사, 한국사 데이터베이스, 국사편찬위원회
- 한국광업개사, (사) 한국자원공학회, 김종사, 1989
- 한국의 광상 제10호 금은편, 대한광업진흥공사, 1987
- 한국의 금광산, 한국지질자원연구원, 2010
- 한국광업백년사, 한국광업협회, 2012
- 태창, 광양광산 매장량조사보고서, 대한광업진흥공사, 1971
- 광산물 수급현황, 한국지질자원연구원
- 한국 중생대 화강암류와 이에 수반된 금-은광화작용, 최선규 등 4인, 자원환경지질 제34권, 2001

사진자료

- 한국광해광업공단(구, 한국광물자원공사, 대한광업진흥공사) 국가광물정보센터
- 박맹언 (전) 부경대학교 제4대 총장, 지구환경과학과 교수
- 최선규 (현) 고려대학교 지구환경과학과 명예교수
- 썬시멘트㈜ 해남지점 은산·모이산·가사도 광산
- 국립중앙박물관
- 국립경주박물관
- 한국은행 화폐박물관
- ㈜한국금거래소

자문위원

- 박맹언 (전) 부경대학교 제4대 총장, 지구환경과학과 교수
- 최선규 (현) 고려대학교 지구환경과학과 명예교수
- 장윤득 (현) 경북대학교 지구시스템과학부 지질학전공 교수
- 박정우 (현) 서울대학교 지구환경과학부 교수
- 서정훈 (현) 서울대학교 지구환경과학부 교수
- 민동준 (현) 연세대학교 신소재공학부 명예특임교수
- 최상훈 (현) 충북대학교 지구환경과학과 명예교수
- 박영록 (현) 강원대학교 자연과학대학 지질물리학부 지질학전공 교수
- 최진범 (현) 경상대학교 지질과학과 명예교수
- 정명채 (현) 세종대학교 지구자원시스템공학과 교수, 한국자원공학회 회장
- 김명준 (현) 전남대학교 에너지자원공학과 교수
- 차종문 (현) 동아대학교 미래에너지공학과 교수
- 한상욱 (현) 전북대학교 사범대학 과학교육학부 물리교육전공
- 고상모 (전) 한국지질자원연구원 광물자원연구본부 본부장
- 허철호 (현) 한국지질자원연구원 광물자원연구본부 본부장
- 권태호 (현) 세계광물보석박물관 관장
- 이춘호 (현) KBS 전략기획실장(본부장)
- 송종길 (현) 한국금거래소 대표이사

FINE
999,9

FINE
GOLD
999.9
NET WT
1000g

황금 역사와 분포지를 알면
누구나 금을 채굴할 수 있다

대한민국 황금

초판 1쇄 2024년 11월 13일

지은이 신종기
발행인 김재홍
교정/교열 김혜린
디자인 박효은
마케팅 이연실

발행처 도서출판지식공감
등록번호 제2019-000164호
주소 서울특별시 영등포구 경인로82길 3-4 센터플러스 1117호{문래동1가}
전화 02-3141-2700
팩스 02-322-3089
홈페이지 www.bookdaum.com
이메일 jisikwon@naver.com

가격 35,000원
ISBN 979-11-5622-901-8 93980